Die Methode der Festpunkte

Ernst Suter

Die Methode der Festpunkte

Vereinfachtes Verfahren
zur Berechnung statisch unbestimmter Konstruktionen
mit Beispielen aus der Praxis, insbesondere von
Stahlbetontragwerken

Dritte, neu bearbeitete Auflage

von

Dipl.-Ing. **Ernst Traub**

Mit 232 Abbildungen und 7 Tafeln

Springer-Verlag
Berlin/Göttingen/Heidelberg
1951

ISBN 978-3-642-49012-5   ISBN 978-3-642-92565-8 (eBook)
DOI 10.1007/978-3-642-92565-8

Alle Rechte,

insbesondere das der Übersetzung in fremde Sprachen, vorbehalten.

Copyright 1932 and 1951 by Springer-Verlag OHG., Berlin/Göttingen/Heidelberg.

Softcover reprint of the hardcover 3nd edition 1951

Vorwort zur dritten Auflage.

Die Grundlagen für die „Methode der Festpunkte" wurden im III. Band des von Professor W. Ritter im Jahre 1888—1900 herausgegebenen Werkes „Die Anwendungen der graphischen Statik" geschaffen. Dieses Werk bildete die Fortsetzung des im Jahre 1875 erschienenen I. Bandes der „Graphischen Statik" von Professor Dr. G. Culmann, der leider mitten in seiner Arbeit verstorben ist und sein Werk nicht abschließen konnte. Schon in diesem I. Band zeigte Culmann, in welch klarer, anschaulicher und leicht verständlicher Weise die vielen Aufgaben der Statik und Festigkeitslehre auf graphischem Wege gelöst werden können. Die grundlegenden Gedanken und Methoden Culmanns stehen auch heute noch größtenteils unübertroffen da. Der III. Band von Ritter enthält in ausführlicher Darlegung die Anwendung der Festpunkte für die Berechnung des kontinuierlichen Balkens. Dabei stützt sich Ritter vor allem noch auf die Arbeiten von Professor Dr. O. Mohr über die einfache graphische Ermittlung der elastischen Linie und der Formänderungswinkel.

Unter Benutzung dieser grundlegenden Arbeiten hat Privatdozent Dr. E. Suter in seiner 1916 veröffentlichten Dissertation „Über die Berechnung des kontinuierlichen Balkens mit veränderlichem Trägheitsmoment auf elastisch drehbaren Stützen" gezeigt, wie besonders geeignet diese Methode für die Berechnung der vor allem im Stahlbetonbau vorkommenden vielfach statisch unbestimmten Rahmentragwerke ist. In dem von ihm im Jahre 1921 in erster Auflage und nach seinem Tode von Dr. O. Baumann und Dipl.-Ing. F. Häussler im Jahre 1932 in zweiter Auflage herausgegebenen Werk „Die Methode der Festpunkte" wird eine vollständige Darstellung des Verfahrens gegeben und durch eine Anzahl praktischer Beispiele seine vielseitige Anwendung gezeigt. Es ist das große Verdienst Suters, die Methode der Festpunkte so vervollkommnet zu haben, daß sie vielseitig und umfassend für die Berechnung fast sämtlicher statisch unbestimmter Konstruktionen, Stockwerkrahmen, Rahmen mit schräg und bogenförmigen Stäben u. a. m. angewendet werden kann. Die Methode der Festpunkte kann deshalb mit gutem Recht als die klassische Methode für die Berechnung von Rahmentragwerken bezeichnet werden.

Wenn man nun noch an Stelle der bisherigen etwas zeitraubenden Ermittlung der Festpunkte und Verteilungsmasse das von Guldan in seinem Buch[1] hierfür veröffentlichte vereinfachte Verfahren anwendet, so wird die Rechenarbeit derart abgekürzt, daß die Anwendung der Festpunktmethode stets von Vorteil sein wird. Die Methode ist so einfach und übersichtlich, daß in jedem Stadium der Berechnung der Verlauf der Kräfte verfolgt werden kann. Sie ist deshalb auch besonders leicht nachprüfbar. Die Berechnung kann teils rechnerisch, teils graphisch durchgeführt werden. Es empfiehlt sich aber stets, bei rechnerischer Ermittlung die Momente der einzelnen Belastungsfälle noch graphisch aufzutragen.

Die somit erzielbare wesentliche Vereinfachung der Methode hat eine vollständige Neubearbeitung des Buches erforderlich gemacht, die zugleich eine straffere Zusammenfassung des Stoffes und eine nicht unerhebliche Verringerung des Umfanges ermöglichte. Es wurde auch im Gegensatz zu den früheren Auflagen bei der Darlegung der Methode nicht vom allgemeinen Fall der Tragwerke mit auf Stablänge veränderlichem Trägheitsmoment ausgegangen, sondern zuerst die sehr vereinfachte Methode für die Berechnung der in der Praxis am meisten vorkommenden Tragwerke mit von Stab zu Stab veränderlichem, aber auf Stablänge konstantem Trägheitsmoment behandelt. Dieses vereinfachte sog. k-Verfahren erleichtert das rasche Verständnis für die Anwendung der Methode sehr. Es wird deshalb das k-Verfahren genannt, weil mit Hilfe des Stabfestwertes $k = \dfrac{J}{l}$ die sämtlichen Grundgrößen des Tragsystems bestimmt werden können.

Im einzelnen ist in der *Einleitung* eine allgemeine Übersicht der Festpunktmethode für die Berechnung der verschiedensten Tragsysteme gegeben, ferner sind einige grundlegende Sätze der Statik, die für das Verständnis der Methode erforderlich sind, angeführt.

In den *ersten beiden Abschnitten* wird das vereinfachte k-Verfahren für Tragwerke mit unverschieblichen (Rechnungsabschnitt I) und mit verschieblichen Knotenpunkten (Rechnungsabschnitt II) dargelegt.

Im Abschnitt III wird dann der allgemeine Fall für Tragwerke mit auf Stablänge veränderlichem Trägheitsmoment mit Hilfe der Drehwinkelmethode, wie sie von SUTER in den früheren Auflagen entwickelt wurde, behandelt, wobei noch gezeigt wird, wie in manchen Fällen zur Vereinfachung auch das k-Verfahren zweckmäßig angewendet werden kann.

Die Bestimmung der Grenzwerte der Momente und Querkräfte sowie der Einfluß der Temperaturänderung und Stützensenkung sind in Abschnitt IV angegeben.

Der V. Abschnitt enthält eine Anzahl Hilfstafeln, die die Anwendung des Verfahrens sehr erleichtern.

---

[1] GULDAN: Rahmentragwerke und Durchlaufträger. 3. Auflage 1949.

Im VI. Abschnitt werden zunächst eingehende Richtlinien für die zweckmäßigste Aufstellung der Berechnung gegeben. Anschließend wird in einer Reihe von Beispielen die Anwendung der Festpunktmethode gezeigt.

Die Berechnung von bogenförmigen Tragwerken ist in dieser Neubearbeitung nicht mit aufgenommen; sie bleibt einer späteren Veröffentlichung vorbehalten.

Besonderen Dank möchte ich Herrn Dipl.-Ing. HALTENHOFF aussprechen, der mich durch wertvolle Hinweise unterstützte und bei der Aufstellung einiger Beispiele mitgewirkt hat.

Möge nun die vorliegende Neubearbeitung der Festpunktmethode dazu beitragen, daß das Verfahren möglichst vielseitige Anwendung findet und sich als fühlbare Erleichterung der statischen Berechnungen auswirkt.

Berlin, im Oktober 1950.

ERNST TRAUB.

Inhaltsverzeichnis.

Sechster Abschnitt.
Beispiele aus der Praxis.

Abkürzungsverzeichnis der Symbole.

$1, 2, 3, 4$ ... Bezeichnung der Stäbe des Tragsystems.

I, II, III, IV ... Bezeichnung der einzelnen Verschiebungszustände.

A, B, C, D ... Bezeichnung der Knotenpunkte des Tragsystems.

a, b, c, d ... Koeffizienten der Gleichungen für die Bestimmung der Momente mehrstöckiger Rahmen aus den einzelnen Verschiebungszuständen.

A — Auflagerkraft.

c_1, c_2 — Koeffizienten der Tabellen für die Drehwinkel und Kreuzlinienabschnitte.

E — Elastizitätsmodul.

E — Erzeugungskraft.

e — Hebelarm des Konsolmoments bei Kranbahnstützen.

F — Festhaltungskraft.

F_0 — Inhalt der Momentenfläche des frei aufliegenden Balkens.

ΔF — Inhalt einer Teilmomentenfläche.

f — Festpunktabstand, z. B. f_1^A = Festpunktabstand des Stabes 1 vom Stabende A.

G — Eigengewicht.

g — Belastungseinheit für ständige Last.

H — Horizontalkraft.

J — Trägheitsmoment.

J u. K — Bezeichnung der Festpunkte links und rechts.

i — Trägheitsradius.

K — Kreuzlinienabschnitte, z. B. K_1^A = Kreuzlinienabschnitt am Stab 1 vom Stabende A.

$k = \dfrac{J}{l}$ — Stabfestwert, z. B. k_1 = Stabfestwert des Stabes 1 (Steifigkeit).

L — Teil des Kreuzlinienabschnitts.

l — Stablänge.

M — Biegungsmoment.

$\overline{M}$ — Biegungsmoment des Rechnungsabschnitts II (Zusatzmomente).

$\mathfrak{M}$ — Biegungsmomente der einzelnen Verschiebungszustände.

m — Momentenabschnitt für die Momentenschlußlinie auf der Senkrechten durch die Festpunkte.

m^* — Momente für die Verschiebekraft $V = 1$.

m', m'', m''' ... reduzierte Momentenflächen bei Konsolbelastung.

m_α, m_β — Momentenflächen.

$\mathfrak{m}$ — Momente infolge gegenseitiger Knotenpunktverschiebung eines Stabes.

N — Normalkraft.

n — Koeffizient für den Festpunktabstand $n = \dfrac{f}{l}$.

n' — Koeffizient für den Winkelfestwert $n' = \dfrac{w}{k} = \dfrac{1 - \dfrac{f}{l}}{1 - 1{,}5\,\dfrac{f}{l}}$.

P — äußere Belastung.

p — Belastungseinheit für die Nutzlast.

Q — Querkraft des Tragsystems.

$\mathfrak{Q}$ — Querkraft des frei aufliegenden Trägers.

R — Resultierende.

R^a u. R^b — Auflagerdrücke

S — Schwerpunkt.

s — Schwerpunktsabstand.

T — Temperatur.

t Koeffizient für die Verschiebungswerte bei Rahmen mit schrägen Stielen und Balken.

V Verschiebekraft

v_1, v_2 Abstände der verschränkten Drittellinien.

w Winkelfestwert des Stabes $w = n' \cdot k = \dfrac{1 - \dfrac{f}{t}}{1 - 1{,}5\dfrac{f}{t}} \cdot k$.

$$\text{z. B. } w_1{}^A = n'^B \cdot k_1 = \frac{1 - n_1^B}{1 - 1{,}5 \cdot n_1^B} \cdot k_1.$$

X unbekannte Stabkraft.

x Abstand der Last vom Auflager.

y Ordinaten der Kreuzlinienabschnitte und der Einflußlinien.

z Übergangszahl.

α_1 Drehwinkel der Stabenden des Stabes 1 bei freier Lagerung infolge *gleichzeitiger* Belastung von $M = 1$ an beiden Stabenden und bei konstantem Trägheitsmoment.

α_0 Drehwinkel des Stabendes infolge der *äußeren* Belastung bei freier Auflagerung des Stabes.

α_A Drehwinkel des Stabendes A des frei aufliegenden Stabes bei veränderlichem Trägheitsmoment.

β_1 Drehwinkel des einen Stabendes bei freier Auflagerung infolge Belastung des Stabes 1 durch das Moment $M = 1$ am anderen Stabende.

γ_1 Drehwinkel des Stabendes, an welchem das Moment $M = 1$ angreift, bei freier Auflagerung.

$\varDelta$ gegenseitige Verschiebung der Knotenpunkte,

$\varDelta_s$ Längenteil der Spannweite.

$\varDelta_\delta$ Winkelverdrehung eines Querschnittes.

$\varDelta_F$ reduzierte Momentenfläche.

δ Drehwinkel des elastisch eingespannten Stabendes infolge der äußeren Belastung.

        z. B. $\delta_1^A =$ Drehwinkel des elastisch eingespannten Stabes 1 am Stabende A infolge der äußeren Belastung.

$\delta \cdot t$ Verlängerung des Stabes infolge Temperatur.

ε Verdrehungswinkel des Stabauflagers infolge Belastung durch das Moment $M = 1$ oder

        gemeinsamer Drehwinkel der anschließenden Stäbe infolge Belastung durch das Moment $M = 1$

        z. B. $\varepsilon_1^B =$ Verdrehungswinkel des Stabauflagers B vom Stab 1 infolge $M = 1$

η Ordinaten der Einflußlinien.

$\varkappa$ Koeffizient zur Bestimmung der Momente bei gegenseitiger Verschiebung der Stabenden.

Literatur.

Guldan: Rahmentragwerke und Durchlaufträger. 3. Aufl. 1949.

Mörsch: Der durchlaufende Träger. 1946.

Mohr: Technische Mechanik. 1906.

Ritter: Anwendungen der graphischen Statik. III. Teil. Der kontinuierliche Balken. 1900.

Traub: Beitrag zur Berechnung von Stockwerkrahmen und sonstigen Rahmentragwerken. Deutsche Bauzeitung, Mittlg. über Zement, Beton- und Eisenbetonbau 1920, S. 69.

Berichtigung.

S. XI, Symbole : Einfügen $l'_1 = l_1 - f_1^A - f_1^B =$ Stablänge zwischen den Festpunkten, und $\mu =$ Verteilungsmaß

S. 12, Z. 6 v. u. : statt B_2B_2 **lies** $B_2B'_2$

S. 20, Z. 2 v. u. : statt m **lies** m_β

S. 21, Z. 4 v. o. (Formel) : statt f^B **lies** f_1^B

S. 21, Z. 2 v. u. : statt Gl. (3) **lies** Gl. (5)

S. 25, Abb. 69 a : statt b_1 **lies** 1

S. 27, Gl. (20) : statt k **lies** k_1

S. 33, 4. Formel v. o. : statt f_1 **lies** f_1^A

S. 40, Formel für α_0^A : statt x **lies** x'

S. 44, Abb. 89 b : Pfeil von M_1^B umkehren

S. 46, Z. 21 v. o. : statt BAB'' **lies** BAB'''

S. 47, Z. 20 v. o. : statt Q_6^B **lies** Q_6^C

S. 58, Abb. 99 d : β und γ sind zu vertauschen

S. 60, Gl. (40), (41) : statt l **lies** l_1

S. 61, Gl. (45) : statt f_1 **lies** f_1^B

S. 61, Gl. (46) : statt $l_1 =$ **lies** $l'_1 =$

S. 88, 1. Formel v. o. : statt $\dfrac{1}{E}\cdot\dfrac{\varDelta_s}{l}\cdot\dfrac{x'}{J}$ **lies** $\dfrac{1}{E}\cdot\dfrac{\varDelta_s}{J}\cdot\dfrac{x'}{l}$

S. 91, Formel 101 für K_1^B : statt $x \cdot x$ **lies** $x \cdot x'$

S. 106, Z. 12 v. o. : statt $P = 1$ **lies** $M = -1$

S. 106, Z. 12 v. o. : statt $P = 1$ **lies** $M = -1$

S. 127, 2. Reihe v. u. für $- K^B$: statt $\dfrac{p \cdot c^2}{4\, l^2}\,(2\, i^2 - c^2)$ **lies** $\dfrac{p \cdot c^2}{4\, l^2}\,(2\, l - c)^2$

S. 128, 2. Reihe v. o. : statt $n = \dfrac{p_1}{p_1 - p_2}$ **lies** $n = \dfrac{p_1}{p_2 - p_1}$

S. 128, 3. Reihe v. o. für K^A : statt $\dfrac{p\, l^3}{5}$ **lies** $\dfrac{p\, l^2}{5}$

S. 130, Tafel 5 a unten : statt $\dfrac{f}{l}$ **lies** $\dfrac{a}{l}$

S. 141, Tabelle, Spalte 6 bei Stab 3 : statt 0,63 **lies** 0,36

S. 142, Z. 1 u. 2 v. u. : statt tm **lies** t/m

S. 144, Z. 3 u. 4 v. u. : statt tm **lies** t/m

S. 149, Tabelle, letzte Spalte : statt $\mu_{2-4} = 0,465$ **lies** $\mu_{2-4} = 0,455$

S. 153, Z. 16 v. u. : statt $80\,\mathrm{kg/m^2}$ **lies** bestimmungsgemäß $96\,\mathrm{kg/m^2}$

S. 161, Z. 16 v. u. : statt 2,20 **lies** 2,38

S. 161, Z. 15 v. u. : statt 2,70 **lies** 2,94

S. 165, Abb. 194 g : zu streichen $V_1 = 1,432\,\mathrm{t}$ und $F_2 = 0,039\,\mathrm{t}$

S. 171, Z. 3 v. u. : statt $+ 0,189$ **lies** $- 0,189$ und statt $0,16\,\mathrm{t}$ **lies** $0,10\,\mathrm{t}$

S. 174, Abb. 198 a : statt 0,144 rechts vom Stiel 5 **lies** 0,144 links vom Stiel 5

S. 181, Tabelle, Spalte μ : statt v **lies** μ

Einleitung.

1. Allgemeine Übersicht des Berechnungsverfahrens.

Durch die Entwicklung des Stahlbetonbaues, der monolithischen Bauweise, wurde der Ingenieur gezwungen, sich mit vielfach statisch unbestimmten Konstruktionen zu befassen, wie z. B. mit dem kontinuierlichen Balken auf elastisch drehbaren Stützen, d. h. mit dem kontinuierlichen Rahmen (Abb. 1)

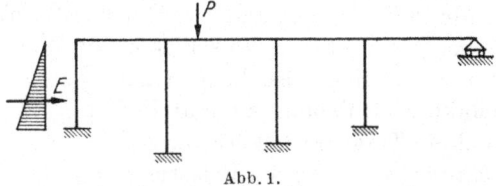

Abb. 1.

oder mit dem mehrstöckigen Rahmen, bei welchem die Momente infolge Winddruck sehr bedeutend sind (Abb. 2).

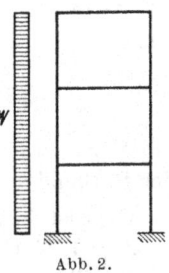

Abb. 2.

Solche Tragwerke mit Hilfe der Elastizitätsgleichungen zu berechnen, ist in der Praxis kaum denkbar; denn erstens ist die Auflösung dieser Gleichungen sehr zeitraubend und zweitens — und dies ist der eigentlich noch wichtigere Punkt —, können wir bei einer Berechnung nach den Elastizitätsgleichungen erst die Schlußresultate einer Rechnungsprobe unterziehen, ganz abgesehen davon, daß wir sehr genau, d. h. mit sehr vielen Zahlenstellen rechnen müssen. Nur ein sehr geübter Statiker wird es verstehen, die statisch unbekannten Größen so günstig zu wählen, daß die Elastizitätsgleichungen nicht zu empfindlich werden, und die Auflösung der Gleichungen einwandfrei möglich ist. Bei einer Berechnung nach der Methode der Festpunkte dagegen bieten verschiedene Zwischenstadien der Berechnung eine leichte Kontrolle, so daß man bei einem Rechenfehler nicht die ganze Berechnung wiederholen muß; außerdem genügt die Genauigkeit des Rechenschiebers für die meisten Fälle.

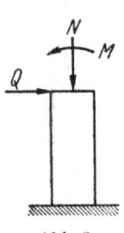

Abb. 3.

Bei den hier betrachteten Konstruktionen liefern von den in einem Querschnitt auftretenden inneren Kräften (Abb. 3) die Biegungsmomente den Hauptbeitrag zu den Formänderungen, während der Beitrag herrührend von den Normalkräften und den Querkräften nur gering ist. Der Einfluß der Normal-

kräfte auf die Formänderungen und damit auf die gesuchten inneren
Kräfte kann daher in den meisten Fällen, und derjenige der Querkräfte überhaupt immer, vernachlässigt werden.

Wir unterscheiden nun *2 Gattungen* von statisch unbestimmten
Konstruktionen, nämlich:

1. *Tragwerke mit unverschiebbar festgehaltenen Knotenpunkten,*
2. *Tragwerke mit verschiebbaren Knotenpunkten* (Rahmenkonstruk-
tionen).

Ein Tragwerk gehört zur *ersten Gattung*, wenn bei der Belastung der
Stäbe mit den äußeren Kräften nur Verbiegungen der Stäbe, jedoch
keine gegenseitigen Verschiebungen
der Stabenden, also keine Knotenpunktsverschiebungen stattfinden,
und ein Tragwerk gehört zur *zweiten
Gattung*, wenn bei der Belastung der
Stäbe mit den äußeren Kräften nicht

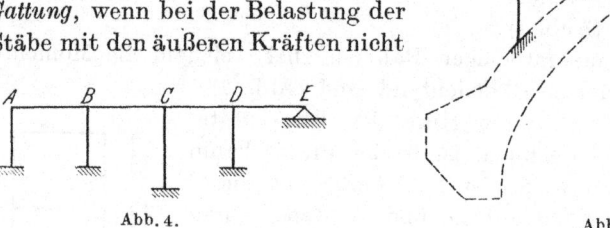

Abb. 4.   Abb. 5.

nur Verbiegungen der Stäbe, sondern auch gegenseitige Verschiebungen
der Stabenden, also sog. Schwenkungen der Stäbe, stattfinden.

Dies ist folgendermaßen zu verstehen:

Zur I. Gattung gehört z. B. der Brückenträger der Abb. 4 mit
festem Endauflager, da sich seine Knotenpunkte, d. h. Säulenköpfe

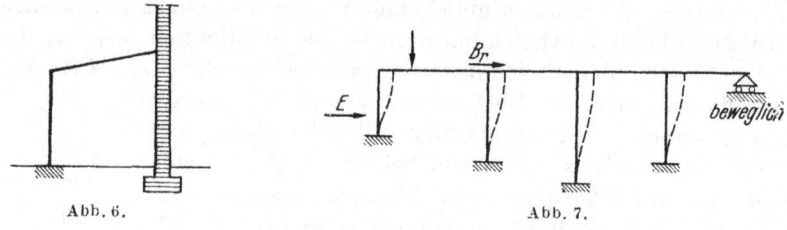

Abb. 6.   Abb. 7.

nicht verschieben können, immer abgesehen von der Längenänderung
der Stäbe infolge der in Richtung der Stabachsen wirkenden Normalkräfte. Dasselbe gilt für einen Brückengewölbeaufbau der Abb. 5 oder
den Vordach-Halbrahmen Abb. 6.

Zur II. Gattung dagegen gehören z. B. folgende Konstruktionen:
Der Brückenträger von Abb. 4, jedoch mit beweglichem anstatt festem
Auflager an seinem rechten Ende (Abb. 7), weil sich seine Säulenköpfe

jetzt verschieben können, und zwar verschieben sie sich nicht nur bei
einer waagrechten Säulenbelastung, wie z. B. bei Erddruck an seinem
linken Ende, oder infolge einer Bremskraft in Richtung der Balkenachse, sondern auch, natürlich in
geringerem Maße, infolge einer unsymmetrisch liegenden senkrechten
Belastung. Dasselbe gilt für den
einfachen Rahmen der Abb. 8. In
beiden Belastungsfällen verschieben
sich die Säulenköpfe A und B. Ver-

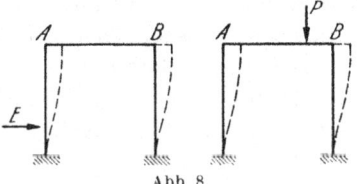

Abb. 8.

schieben sich aber die Säulenköpfe der angeführten Tragwerke, so
erleiden die Säulen gegenseitige Verschiebungen ihrer Endpunkte,
d. h. sog. Schwenkungen.

Da bei den meisten Rahmentragwerken in der Praxis das Trägheitsmoment auf Stablänge konstant angenommen werden kann, so
wird das Berechnungsverfahren im Abschnitt I und II zunächst unter
dieser Voraussetzung aufgestellt, um das Verfahren möglichst zu vereinfachen und leichter verständlich zu machen.

Im Abschnitt I wird deshalb die Berechnung der Tragwerke mit
unverschieblichen Knotenpunkten und mit auf Stablänge konstantem
Trägheitsmoment behandelt. Wir bezeichnen diese Berechnung nach
Abschnitt I als den sog.

Rechnungsabschnitt I „RI“.

Die Berechnung eines Tragwerks mit *verschiebbaren* Knotenpunkten und mit auf Stablänge konstantem Trägheitsmoment ist im Abschnitt II erläutert. Diese Berechnung nach Abschnitt II wird der sog.

Rechnungsabschnitt II „RII“

genannt.

Bei der Berechnung nach RI wird das Tragwerk mit verschiebbaren Knotenpunkten, sei es einstöckig oder mehrstöckig in ein sol-
ches mit unverschiebbaren Knotenpunkten verwandelt; dies geschieht
dadurch, daß das Tragwerk in den Knotenpunkten durch gedachte
Lager unverschiebbar festgehalten wird, so daß kein Knotenpunkt eine
Verschiebung ausführen kann. Die Anzahl der notwendigen gedachten
Lager ergibt den Grad der „Stöckigkeit“ des Tragwerks. Die Berechnung des Tragwerks wird dann zunächst für diesen festgehaltenen Zustand durchgeführt, d. h. wie für ein Tragwerk der ersten Gattung nach
den Ableitungen in Abschnitt I. In den gedachten Lagern treten Auflagerdrücke („Reaktionen“) auf, welche wir als Festhaltekräfte bezeichnen. Der Rechnungsabschnitt II besteht darin, daß wir die während RI am Tragwerk gedachten Lager entfernen und die *Zusatzmomente* infolge der nun auftretenden tatsächlichen Verschiebungen

der Knotenpunkte ermitteln. Beim Entfernen der während RI am
Rahmen gedachten Lager tritt an jedem der betreffenden Knotenpunkte die umgekehrt gerichtete Festhaltekraft, nämlich die sog.
Verschiebekraft („Aktion") in Tätigkeit, welche, allein am Rahmen
wirkend, die tatsächlichen Verschiebungen und die davon herrührenden
Zusatzmomente hervorruft. Am *einstöckigen* Tragwerk ergibt sich
aus RI nur *eine* Festhaltekraft, die dann für RII als Verschiebekraft einzuführen ist (Abb. 9). Am zweistöckigen Tragwerk gibt es

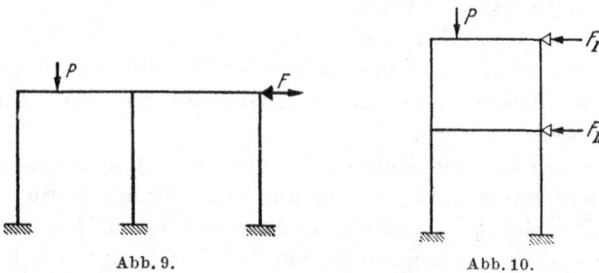

Abb. 9.   Abb. 10.

nach RI *zwei* Festhaltekräfte, die dann wieder als Verschiebekräfte in
RII einzuführen sind (Abb. 10). Addieren wir zum Schluß die Momente aus RI und RII, so erhalten wir die richtigen Momente und die
übrigen inneren Kräfte (Quer- und Normalkräfte) für das Rahmentragwerk.

Zur besseren Erläuterung der bestehenden Unterschiede von Rahmentragwerken nach Gattung I und Gattung II sind in Abb. 11 ff.
einige Beispiele dargestellt.

Setzen wir bei den Tragwerken von Abb. 11 voraus, daß sich ihre
Fußpunkte nicht verschieben können und der Einfluß der Normal-

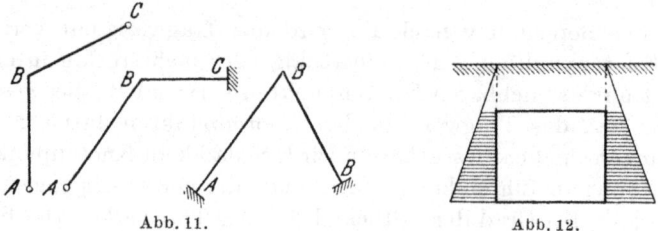

Abb. 11.   Abb. 12.

kräfte vernachlässigt wird, so muß bei diesen Tragwerken der Knotenpunkt *B* bei jeder beliebigen Belastung des Tragwerkes in Ruhe bleiben. Diese Tragwerke der Abb. 11 gehören daher zur Gattung I.

Der in Abb. 5 dargestellte Fahrbahnträger *ABCDE* einer Bogen-
brücke, welcher mit den Stahlbetonpfeilern biegungsfest (elastisch
drehbar) verbunden ist, gehört ebenfalls zur Gattung I, weil sein Ende

E mit dem Bogenscheitel fest verbunden ist, dasselbe gilt von dem Brückenbinder der Abb. 4.

Der in Abb. 12 im Querschnitt dargestellte symmetrische Kanal aus Stahlbeton mit biegungsfest miteinander verbundenen Wänden ist ein gewöhnlicher durchlaufender, in sich geschlossener Balken für den Fall, daß er symmetrisch belastet ist, wie z. B. mit beidseitigem Erddruck, weil in diesem Falle die Eckpunkte keine Verschiebung erleiden. Überhaupt gehört jedes zu seiner senk-rechten Achse symmetrische Rahmentragwerk zur Gattung I, wenn es auch *symmetrisch* belastet ist (Abb. 13), ausgenommen die Tragwerke mit schrä-gen Stielen oder Balken (wie z. B. Abb. 28). Wer-den jedoch symmetrische

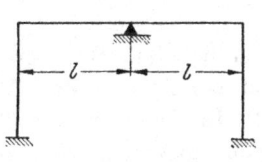

Abb. 13.

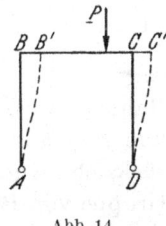

Abb. 14.

Tragwerke unsymmetrisch belastet (Abb. 14), so erleiden deren Stäbe Schwenkungen und das Stabwerk ist für solche Belastungsfälle als

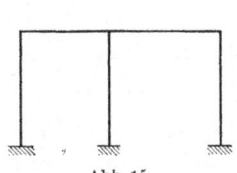

Abb. 15.

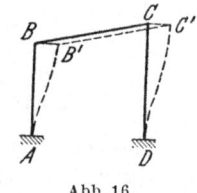

Abb. 16.

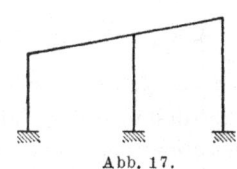

Abb. 17.

Rahmentragwerk nach Gattung II zu betrachten, d. h. es ist außer R I auch R II durchzuführen.

Die Rahmen nach Abb. 15—19 werden als einstöckig und je nach der Anzahl der Säulen als ein- oder mehrstielig bezeichnet. Die Rah-

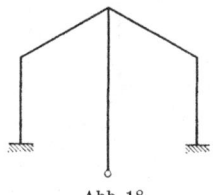

Abb. 18.

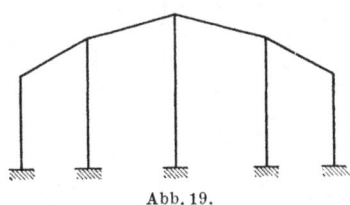

Abb. 19.

men der Abb. 20 und 21 sind einstöckig mit Aufsatz, die Rahmen der Abb. 22 und 23 sind geschlossene Rahmen, bei welchen sich die Momente im Kreise herum fortleiten, während sie bei den offenen Rah-men (Abb. 19, 21) nur in einer Richtung fortlaufen.

Abb. 24 stellt einen 2stöckigen dreistieligen Rahmen, Abb. 25 einen 2stöckigen dreistieligen Rahmen mit einem Aufsatz von Schnitt

a—a aufwärts und Abb. 26 einen 4stöckigen Rahmen dar. Die Rahmen der Abb. 27 und 28 geben einen 2stöckigen und einen 3stöckigen

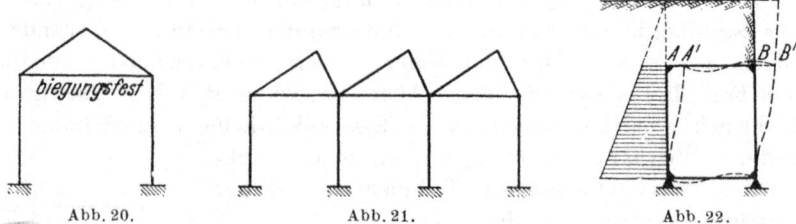

Abb. 20.   Abb. 21.   Abb. 22.

Rahmen wieder, da bei dem Rahmen nach Abb. 27 zwei Verschiebungszustände und bei Abb. 28 drei Verschiebungszustände zu berücksichtigen sind. In den Abb. 29—33 ist eine Gruppe von Rahmen mit verschieden gerichteten Säulen dargestellt, deren Berechnung etwas länger dauert

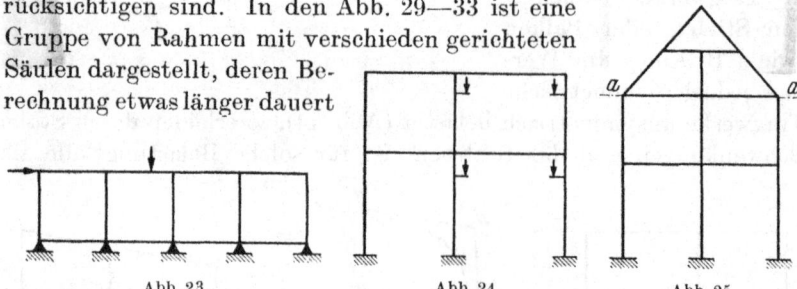

Abb. 23.   Abb. 24.   Abb. 25.

als diejenige der Rahmen mit gleichgerichteten Säulen; erteilt man nämlich dem Riegel BC der Rahmen von Abb. 14 und 16 eine gewisse Verschiebung, so sehen wir, daß bei den Rahmen mit gleichgerichteten Säulen (Abb. 14

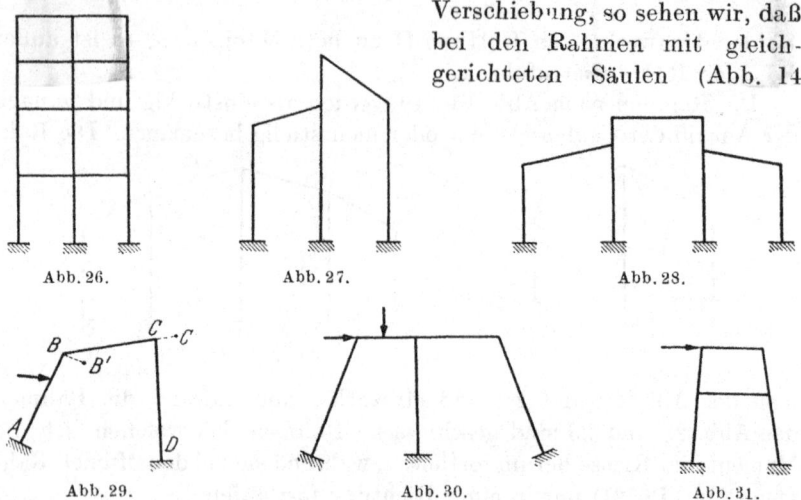

Abb. 26.   Abb. 27.   Abb. 28.

Abb. 29.   Abb. 30.   Abb. 31.

und 16) die Verbindungslinie der beiden verschobenen Knotenpunkte B' und C' parallel geblieben ist zur ursprünglichen Richtung des Stabes

BC, d. h. der Stab BC hat keine Schwenkung erlitten, während beim
Rahmen mit verschieden gerichteten Säulen (Abb. 29) der Riegel BC
eine Schwenkung vollführt hat. Aus diesem Grunde ergeben sich bei
den Rahmen mit verschieden gerichteten Säulen (Abb. 29—33) bei

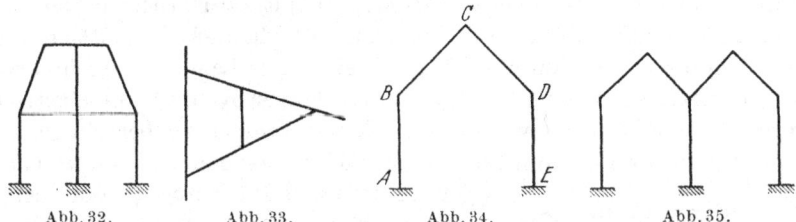

Abb. 32.   Abb. 33.   Abb. 34.   Abb. 35.

einer Verschiebung desselben mehr Stäbe mit Schwenkungen als bei
den Rahmen mit gleichgerichteten Säulen (Abb. 14—28), was die
Rechnung natürlich etwas verlängert. Die Neigung des Riegels hat
dagegen keinen Einfluß.

In den Abb. 34—38 sind Sonderfälle von „nach der Seite" mehrstöckigen Rahmen dargestellt, welche ebenfalls zur Gattung II ge-

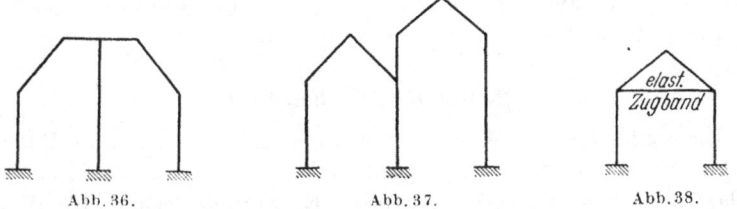

Abb. 36.   Abb. 37.   Abb. 38.

hören. Der Rahmen der Abb. 34 ist nach der Seite zweistöckig, weil
man zwei der Knotenpunkte, nämlich B und D während des RI durch
je ein gedachtes Lager unverschiebbar festhalten muß, damit kein
Knotenpunkt der Tragwerke eine Verschiebung ausführen kann.

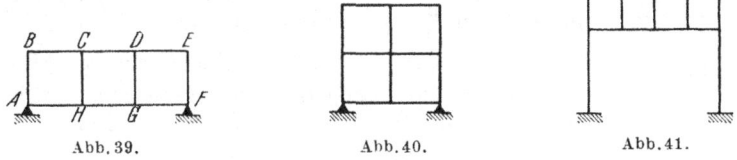

Abb. 39.   Abb. 40.   Abb. 41.

Ferner stellt die Abb. 35 und 36 je einen „nach der Seite" 3 stöckigen
und Abb. 37 einen „nach der Seite" 4 stöckigen Rahmen dar. Der
Rahmen der Abb. 38 ist ebenso zu behandeln, wie der Rahmen Abb. 34,
obwohl er ein Zugband (elastisches) besitzt; er ist also ebenfalls „nach
der Seite" zweistöckig.

In den Abb. 39, 40 und 41 sind sog. Rahmenträger (System VIEREN-
DEEL) dargestellt, welche nach demselben Prinzip wie mehrstöckige

Rahmen zu berechnen sind. Der in Abb. 39 dargestellte einfache Rahmenträger ist wie ein dreistöckiger Rahmen zu behandeln, da man während RI an seinen Knotenpunkten H, G und E je ein festes Lager anbringen muß, damit sich kein Knotenpunkt des Stabwerks verschieben
kann. Abb. 40 zeigt einen Rahmenträger mit zwei Stockwerken, der
wie ein 3stöckiger Rahmen zu berechnen ist, da auch der mittlere untere Knotenpunkt während RI durch ein festes Lager unverschiebbar
festgehalten werden muß. Der Rahmenträger Abb. 41 auf elastisch
drehbaren Stützen ist wie ein 5stöckiger Rahmen zu berechnen, da
sowohl seine drei inneren Pfosten als auch seine obere und untere Gur-

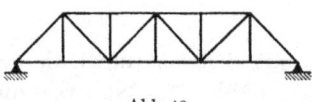

Abb. 42.

tung während RI durch je ein festes
Lager unverschiebbar festgehalten werden müssen.

In Abb. 42 ist noch ein biegungs-
festes Fachwerk, ein Parallelträger aus
Eisen, dargestellt, dessen Biegungsmomente in Gurtungen und
Streben, herrührend von der biegungsfesten Knotenpunktausbildung
mit Hilfe der Festpunkte verhältnismäßig leicht ermittelt (WILLIOT-
scher Verschiebungsplan) und damit die Nebenspannungen im Stahl-
fachwerk genau festgestellt werden können.

2. Die MOHRschen Sätze.

Die statische Berechnung kontinuierlicher Balken und Rahmentragwerke mit Hilfe der Festpunkte stützt sich auf die Theorie der
„elastischen" oder „Biegungs"linie. Es werden deshalb für die Ableitung der Theorie der Festpunkte die Größe der Drehwinkel, Ver-

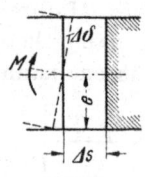

Abb. 43.

siebungen bzw. Durchbiegungen der elastischen Linie
benötigt, wobei vom einfachen Balken auf zwei Stützen
ausgegangen wird.

Im folgenden werden *die* MOHR*schen Sätze* für den
einfachen Balken und den Kragarm abgeleitet.

Es sei Δs die Länge eines Balkenelements (Abb. 43),
auf welches das gegebene Biegungsmoment M wirke.
Dann ist die Spannung in der untersten Faser dieses Balkenelements

$$\sigma = \frac{M}{J} \cdot e,$$

wenn J das Trägheitsmoment des Balkenquerschnittes bedeutet. Unter dem Einfluß von σ verlängert sich die unterste Faser um die Strecke

$$\frac{\sigma}{E} \cdot \Delta s,$$

wenn E den Elastizitätsmodul des Baumaterials bezeichnet.

Ist $\varDelta\delta$ der Winkel, um den sich der eine Querschnitt in bezug auf den anderen dreht, so ist die Verlängerung der untersten Faser auch gleich $e \cdot \varDelta\delta$ (da der Winkel $\varDelta\delta$ sehr klein ist). Es ist also

$$e \cdot \varDelta\delta = \frac{\sigma}{E} \cdot \varDelta s,$$

woraus

$$\varDelta\delta = \frac{\sigma \cdot \varDelta s}{e \cdot E}.$$

Durch Einsetzen des Wertes für $\sigma = \dfrac{M}{J} \cdot e$ in diese Gleichung erhalten wir den allgemeinen Ausdruck für den „Formänderungswinkel"

$$\varDelta\delta = \frac{M \cdot \varDelta s}{E \cdot J}. \tag{1}$$

Es sei $A\,B$ ein belasteter einfacher Balken (Abb. 44a), $\varDelta s$ die Länge eines in C befindlichen Balkenelements und M das Biegungsmoment für den Schnitt C. Trägt man nun (Abb. 44b) die Größe $\dfrac{M \cdot \varDelta s}{E \cdot J}$ senkrecht (in beliebigem Kräftemaßstab) auf, und zieht aus ihren Endpunkten Linien nach einem im Abstande 1 (im Kräftemaßstab abzutragen) gelegenen Punkte 0, so schließen diese Linien den Winkel $\varDelta\delta$ ein. Zieht man ferner (Abb. 44c) zwei Linien $A_2 C_2$ und $C_2 B_2$, die zu den Linien aus 0 parallel laufen und sich senkrecht unter C schneiden, so stellt $A_2 C_2 B_2$ die Form dar, in welche die Balkenachse übergeht, wenn nur das Element bei C elastisch gedacht wird.

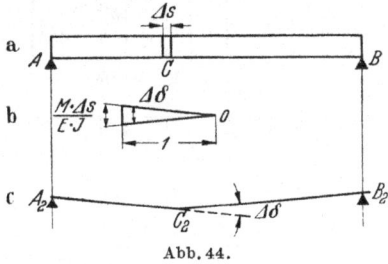

Abb. 44.

Denkt man sich nun den ganzen Balken in Elemente zerlegt und jedes von ihnen elastisch, so wird die Balkenachse ebensoviele Knikkungen erleiden, und die Wirkungen dieser Knickungen werden sich alle summieren. Die Form, welche die Balkenachse hierbei annimmt, wird daher gefunden, wenn man für jedes Balkenelement $\varDelta s$ die Größen $\dfrac{M \cdot \varDelta s}{E \cdot J}$ berechnet, diese Größen senkrecht aufträgt, mit dem Punkt 0 als Pol ein Krafteck und mit dem letzteren das Vieleck $A'' B''$ (Abb. 45) als zugehöriges Seileck zeichnet, dessen Ecken senkrecht unter den entsprechenden Elementen liegen. Auf diese Weise kommen wir zu dem *allgemeinen Mohrschen Satz*:

Um die elastische Linie eines Balkens zu erhalten, betrachte man seine Momentenfläche als Belastungsfläche und zeichne zu dieser ein Seileck.

Wir leiten nun noch die für Durchhiegung und Achsendrehung (Drehwinkel) des einfachen Balkens und des Kragarmes geltenden *besonderen Sätze* ab:

Zu der in Abb. 45 gegebenen beliebigen äußeren Belastung des *einfachen Balkens A B* denken wir uns die zugehörige reduzierte Momentenfläche (Abb. 45a) gebildet, teilen diese in Streifen von der Breite Δs und zeichnen zu den *im Schwerpunkt* dieser Streifen wirkenden Kräften $\Delta F = \dfrac{M \cdot \Delta s}{E \cdot J}$ mit der Polweite $H = 1$ das Krafteck der Abb. 45c und das Seileck der Abb. 45b. Dann ist die Verschiebung (Durchbiegung) in einem beliebigen Balkenpunkt C gleich der Ordinate y_c zwischen dem Seileck und der Schlußlinie $A'' B''$; anderer-seits ist aber noch

$$H \cdot y_c = 1 \cdot y_c = y_c$$

gleich dem Balkenmoment in C infolge der Belastung mit den Kräften $\Delta F = \dfrac{M \cdot \Delta s}{E \cdot J}$.

Daraus folgt:

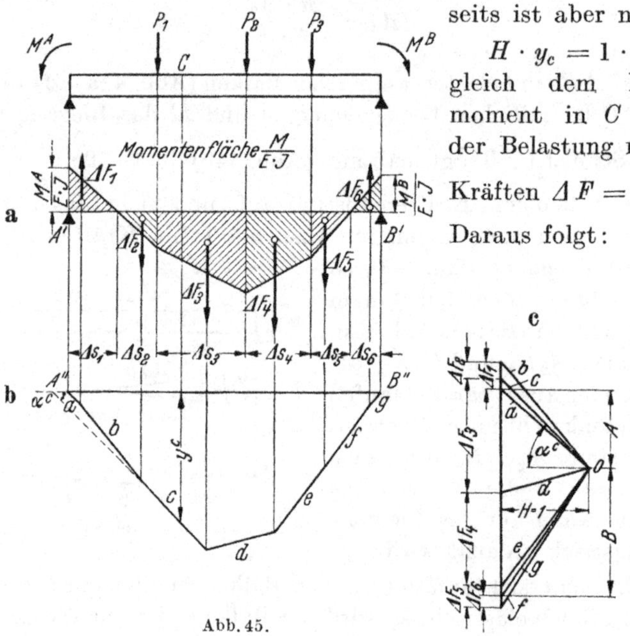

Abb. 45.

Satz I: *Die Verschiebung (Durchbiegung) in einem Punkt C eines Balkens auf 2 Stützen ist gleich dem Balkenmoment in diesem Punkte des mit seiner $\dfrac{1}{E \cdot J}$ fachen (reduzierten) Momentenfläche belasteten Balkens.*

Ferner ist in Abb. 45b der Winkel α_C, den die Seite c des Seilecks mit der Schlußlinie einschließt, gleich dem Winkel, welchen die Tangente an die elastische Linie in C mit der ursprünglichen Balkenachse bildet; im Krafteck (Abb. 45c) schließen die entsprechenden Polstrahlen ebenfalls den Winkel α_C ein und es folgt

$$Q_C = H \cdot \mathrm{tg}\, \alpha_C .$$

Durch Einsetzen von $H = 1$ und tg $\alpha_C = \alpha_C$ (da α_C sehr klein ist) in diesem Ausdruck folgt: $Q_C = \alpha_C$ d. h.

Satz II: Der Drehwinkel (Achsendrehung) in einem Punkte C eines Balkens auf zwei Stützen ist gleich der Balkenquerkraft in diesem Punkt des mit seiner $\dfrac{1}{E \cdot J}$ fachen (reduzierten) Momentenfläche belasteten Balkens. Somit auch: *Der Drehwinkel am Auflager ist gleich dem Auflagerdruck des mit seiner reduzierten Momentenfläche belasteten Balkens.*

Zu der in Abb. 46a gegebenen beliebigen äußeren Belastung des *Kragarms A B* denken wir uns die zugehörige reduzierte Momenten-

fläche (Abb. 46b) gebildet, teilen dieselbe in Streifen von der Breite Δs und zeichnen zu den im Schwerpunkt dieser Streifen wirkenden Kräften $\Delta F = \dfrac{M \cdot \Delta s}{E \cdot J}$ mit der Polweite $H = 1$ das Krafteck der Abb. 46d und das Seileck der Abb. 46c. Richten wir es dabei so ein, daß die erste Seileckseite a waagerecht verläuft und daher die Ordinaten der elastischen Linie von dieser Waagerechten aus gemessen werden, so ist y_C gleich der Verschiebung des Punktes C

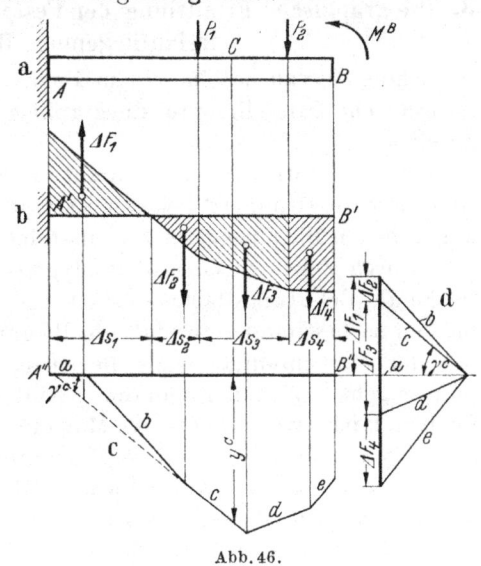

Abb. 46.

senkrecht zur Balkenachse; andererseits ist y_C gleich dem statischen Moment M der zwischen der Einspannstelle und dem Punkte C gelegenen Kräfte ΔF_1, ΔF_2, in bezug auf die Verschiebungsrichtung, denn $M = H \cdot y_C = 1 \cdot y_C = y_C$ d. h.

Satz III: *Die Verschiebung in einem Punkt C eines am Ende fest eingespannten Kragarmes ist gleich dem statischen Moment der zwischen der Einspannstelle und dem Punkte C gelegenen $\dfrac{1}{E \cdot J}$ fachen (reduzierten) Momentenfläche in bezug auf den Punkt C.*

Ferner ist in Abb. 46c der Winkel γ^C der Tangente c an die elastische Linie in C gleich dem Winkel zwischen den Polstrahlen a und c der Abb. 49c; aus dieser Abb. folgt

Strecke $(\Delta F_1 + \Delta F_2) = H \cdot \text{tg}\,\gamma^C = 1 \cdot \text{tg}\,\gamma^C$

und da γ^C sehr klein, so kann gesetzt werden tg $\gamma^C = \gamma^C$, somit $\Delta F_1 + \Delta F_2 = \gamma^C$, worin ΔF_1, ΔF_2, die Inhalte der Streifen bedeuten, in welche die reduzierte Momentenfläche zerlegt wurde. Daraus folgt:

Satz IV: *Der Drehwinkel (Achsendrehung) in einem Punkte C eines an einem Ende fest eingespannten Kragarmes ist gleich dem Inhalt der zwischen der Einspannungsstelle und dem Punkte C gelegenen $\frac{1}{E \cdot J}$fachen (reduzierten) Momentenfläche.*

Mit Hilfe dieser Sätze werden nun später die zur Bestimmung der Festpunkte benötigten Grundwinkel ermittelt. (Kapitel I.)

3. Die graphische Ermittlung der Festpunkte eines kontinuierlichen freiaufliegenden Balkens.

Schon RITTER hat in seinem Buch „Die graphische Statik" eine ausführliche Darstellung für die graphische Ermittlung der Festpunkte gegeben.

Betrachten wir einen Balken mit vier Öffnungen, bei dem beispielsweise nur die Öffnung 2 belastet ist, wobei die auf Abb. 47 b schraffiert angegebenen Biegungsmomente entstehen, so ergibt sich die Biegungslinie durch Zeichnen eines Seilpolygons, indem man die Momentenfläche als Belastungsfläche einsetzt. Die Größe der Stützenmomente müssen so bestimmt sein, daß die Biegungslinie, d. h. das Seilpolygon aus der Momentenfläche als Belastungsfläche durch die Auflagerpunkte geht. Wir teilen nun die in Abb. 47 b dargestellten Momentenflächen in positive und negative Momentenflächen auf, wie in Abb. 47 c angegeben, und zerlegen diese Momentenflächen mit Ausnahme von Momentenfläche 3 in dreieckförmige Momentenflächen. Den Inhalt dieser einzelnen Momentenflächen vereinigen wir in ihren Schwerpunkten und zeichnen zu diesen Belastungskräften den Linienzug $A_3 E_3$, d. h. das Seilpolygon, welches auch durch die Auflagerpunkte B_3, C_3, D_3 gehen muß, Abb. 47 d. Sämtliche einzelne Momentenflächen mit Ausnahme der dritten sind Dreiecke, infolgedessen liegen ihre Schwerpunkte je im Drittel der betreffenden Öffnung. Sind die Spannweiten l_1, l_2, l_3 und l_4, so ist z. B. die Kraft 1 um $^1/_3 \, l_1$, die Kraft 2 um $^1/_3 \, l_2$ vom Auflager B entfernt.

Die Dreiecke $A_2 B_2 B_2'$ und $B_2 B_2' C_2'$ haben ferner die gemeinschaftliche Höhe $B_2 B_2'$; ihre Flächeninhalte verhalten sich somit zueinander wie ihre Grundlinien, d. h. wie $l_1 : l_2$. Verlängert man im Seilpolygon die Linie $A_3\,1$ und 3—2 zum Schnitt in b_3, so liegt daher dieser Punkt auf einer Linie, die die Entfernung der Kräfte 1 und 2 im umgekehrten Verhältnisse derselben, also im Verhältnisse $l_2 : l_1$ teilt. Der Schnittpunkt b_3 gibt also die Lage der Resultierenden der beiden Kräfte

1 und 2 an. Die Entfernung der beiden Kräfte 1 und 2 beträgt nun $\frac{l_1}{3} + \frac{l_2}{3}$, daraus folgt, daß der Punkt b_3 auf einer Linie liegt, die man

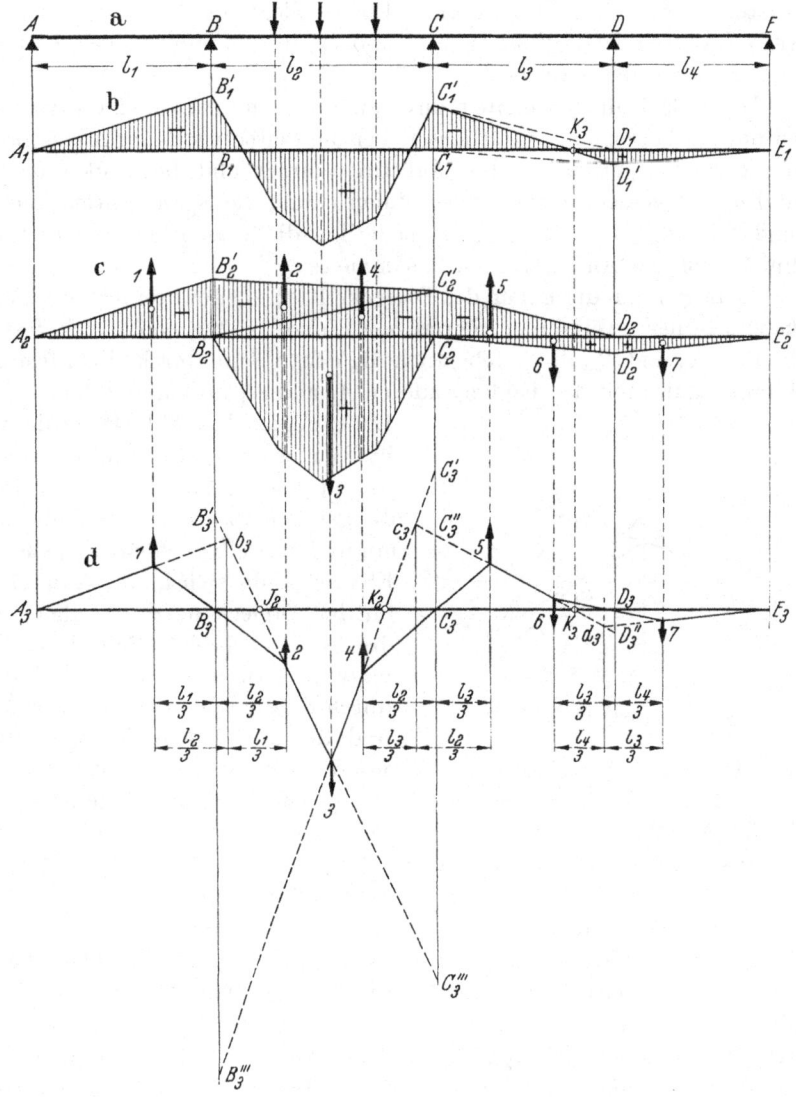

Abb. 47.

erhält, wenn man die beiden Spannweitendrittel in ihrer Lage vertauscht oder verschränkt. Diese Linie nennen wir deshalb die „verschränkte Drittellinie".

In gleicher Weise schneiden sich die Seiten 3—4 und die Seite 6—5 in dem Punkte c_3, der auf einer Geraden liegt, die dadurch gefunden wird, daß man die an die Auflagerlinie C anstoßenden Spannweitendrittel in ihrer Lage vertauscht. Ebenso liegt der Punkt d_3 auf der verschränkten Drittellinie von l_3 und l_4, d. h. wenn man $^1/_3\, l_3$ und $^1/_3\, l_4$ miteinander vertauscht.

Diese Beziehungen bleiben unverändert, wenn man auch die zweite Öffnung belasten mag; sämtliche Ecken des Seilpolygons mit Ausnahme der Ecke 3 liegen daher stets auf Drittellinien und die Punkte b_3, c_3 und d_3 auf verschränkten Drittellinien (wenn die Spannweiten gleich sind, also $l_1 = l_2 = l_3 = l_4 \ldots$, so fallen die verschränkten Drittellinien mit den Auflagerlinien zusammen).

Es liegen nun die Ecken des Dreiecks 1—2—b_3 auf drei festen vertikalen, ferner zwei seiner Seiten b_3—1 und 1—2 gehen durch feste Punkte A_3 und B_3, dann geht auch die dritte Seite durch einen festen Punkt J_2, der mit den beiden anderen A_3 und B_3 auf ein und derselben

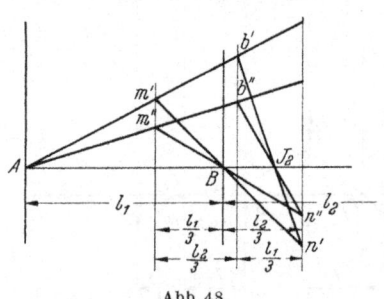

Abb. 48.

Linie liegt. Aus Abb. 48 ist deutlich zu ersehen, daß für beliebige Linien $A\,m'\,b'$, $A\,m''\,b''$ die Verbindungslinien $b'n'$, $b''n''$ stets durch ein und denselben Punkt J_2 gehen. Ebenso ergibt sich in der Abb. 47d für das Dreieck 6—d_3—7, das die drei letzten Seiten des Seilecks $A_3 E_3$ bilden, bei welchen die eine Seite durch E_3, die andere Seite durch D_3 und die drei Ecken des Dreiecks auf drei festen Vertikalen liegen, daß die dritte Seite 5—6 durch den festen Punkt K_3 geht; ebenso geht die Seite 3—4 durch den festen Punkt K_2. Wäre nicht die zweite, sondern die erste Öffnung belastet, so ergäbe sich ein weiterer fester Punkt K_1 links vom Punkt B_3. Ebenso ergäbe sich ein Punkt J_3 in der dritten und ein solcher in der vierten Öffnung, falls die dritte bzw. die vierte Öffnung belastet wäre.

Für die Punkte J und K ergibt sich noch folgende Eigentümlichkeit: Die Seilseite 5—6 schneidet die Auflagerlinien C und D in den Punkten C''' und D'''. Nun kann man nach der Theorie paralleler Kräfte die Abschnitte $C_3\, C_3''$ und $D_3\, D_3''$ als die statischen Momente der Kräfte 5 und 6 auffassen. Da die Hebelarme für beide Kräfte gleich sind, nämlich gleich $^1/_3\, l_3$, so folgt, daß sich die Abschnitte $C_3\, C'''$ und $D_3\, D_3''$ zueinander verhalten wie die Kräfte 5 und 6. Diese Kräfte verhalten sich aber auch zueinander wie die Strecken $C_1\, C_1'$ und $D_1\, D_1'$. Daraus folgt, daß der Punkt K_3 von Abb. 47b, in welchem die Momentenfläche null ist, lotrecht über K_3 von Abb. 47d liegt. Wäre nicht die zweite, sondern die erste Öffnung belastet, so ergäbe sich auch das Biegemoment lotrecht über K_2 gleich null. Dasselbe läßt sich auch für den Punkt J nachweisen.

Für den kontinuierlichen Balken ergeben sich demnach folgende Sätze:

In jeder Öffnung eines kontinuierlichen Balkens gibt es 2 feste Punkte J und K, die von den Spannweiten, nicht aber von den Belastungen abhängen. Das Biegungsmoment in einem J-Punkte ist für alle Belastungen der rechts davon liegenden Öffnungen gleich null.

Das Biegungsmoment in einem K-Punkte ist für alle Belastungen der links davon liegenden Öffnungen gleich null.

Die Punkte J und K spielen in der Theorie des kontinuierlichen Balkens eine wichtige Rolle; sie werden

Festpunkte, oder auch

Wendepunkte genannt, da die Biegungslinie stets da einen Wendepunkt hat, wo das Biegungsmoment null ist. Die durch die Festpunkte gelegten Vertikalen heißen „Festlinien".

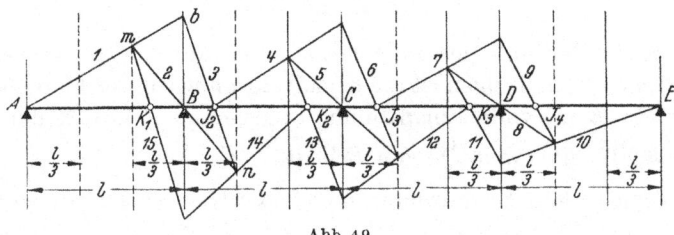

Abb. 49.

Für den kontinuierlichen Träger ergeben sich nun zur Bestimmung der Festpunkte die folgenden graphischen Konstruktionen:

1. gleiches Trägheitsmoment in allen Feldern und gleiche Spannweiten (die verschränkten Drittellinien fallen dann mit den Auflagersenkrechten zusammen). Abb. 49: Man zeichnet die Stützensenkrechten und die Drittellinien, wenn bei A freie Auflagerung, dann ziehe man von A aus die beliebige Gerade 1 bis zum Schnittpunkt m mit der Drittellinie und Schnittpunkt b mit der Auflagersenkrechten, ziehe den Strahl 2 durch den Auflagerpunkt B bis zur Drittellinie der zweiten Öffnung, verbinde b mit n, so erhält man den Festpunkt J_2. Ebenso wird dann vom Punkt J_2 der Strahl 4 gezogen, der dann mit Hilfe der Linien 5 und 6 den Festpunkt J_3 ergibt. Ebenso ergeben sich von E aus die Festpunkte K_3, K_2 und K_1 mit Hilfe der Linien 10, 8, 11, 12 . . ., wobei zweckmäßig der Strahl 10 durch den Schnittpunkt von 8 und 9 gelegt wird, um die zur Bestimmung der J-Punkte gezogenen Linien mitzubenutzen.

Falls ein Endpunkt nicht frei aufliegend, sondern eingespannt ist, so ist der Ausgangspunkt der beliebig gerichteten Linie 1 nicht der Auflagerpunkt A, sondern der erste Festpunkt J_1, der bei voller Einspannung in der Entfernung $\dfrac{l}{3}$ vom Auflager liegt.

2. gleiches Trägheitsmoment in allen Feldern, aber ungleiche Spannweiten (Abb. 50).

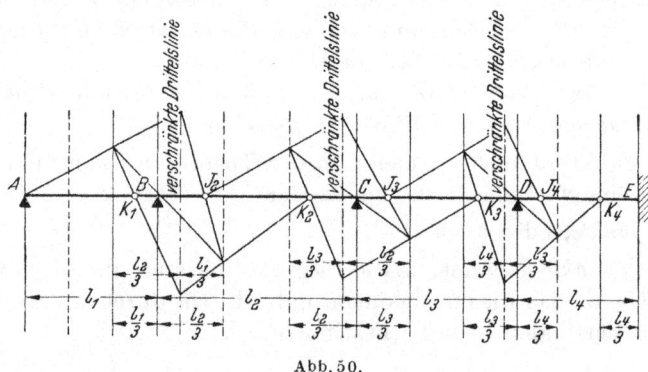

Abb. 50.

An Stelle der Auflagersenkrechten treten nun die „verschränkten Drittellinien"; im übrigen ist die Konstruktion wie unter 1. Beim Auflagerpunkt E ist volle Einspannung angenommen, so daß der Festpunkt K_4 im Abstande $\dfrac{l_4}{3}$ von E liegt.

3. verschiedene Spannweiten und felderweise verschiedenes Trägheitsmoment (Abb. 51).

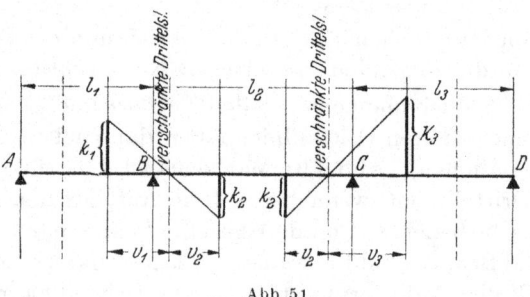

Abb. 51.

Gegenüber der Konstruktion unter 2 müssen hier bei der Bestimmung der verschränkten Drittellinien noch die verschiedenen Trägheitsmomente der einzelnen Felder berücksichtigt werden. Bei felderweise konstantem Trägheitsmoment sind die reduzierten Momentenflächen ebenfalls wieder Dreiecke, so daß auch ihre Schwerlinien wieder die Drittellinien der Felder sind. Die verschränkte Drittellinie, d. h. die Schwerlinie der beiden reduzierten Dreiecke teilt den Abstand zwischen den Schwerlinien dieser Dreiecke im umgekehrten Verhältnis der Dreiecke. Es ist

$$v_1 : v_2 = \frac{l_2}{2 \cdot J_2} : \frac{l_1}{2 \cdot J_1} = \frac{l_2}{J_2} : \frac{l_1}{J_1} = \frac{1}{k_2} : \frac{1}{k_1} \Bigg\}$$

oder $\qquad \dfrac{v_1}{v_2} = \dfrac{k_1}{k_2},$ (2)

wenn für $\dfrac{J}{l}$ die Stabfestwerte k eingesetzt werden.

Hieraus ergibt sich die in Abb. 51 angegebene Konstruktion zur graphischen Bestimmung der verschränkten Drittellinie, indem der Abstand zwischen den Drittellinien im Verhältnis der Stabfestwerte k geteilt wird. Die verschränkte Drittellinie rückt gegen die Öffnung mit dem kleineren Trägheitsmoment hin, weil das reduzierte Momentendreieck bei kleinerem Trägheitsmoment größer wird.

Rechnerisch ergeben sich die Abstände v_1 und v_2 aus den Gleichungen

$$\frac{v_1}{v_2} = \frac{k_1}{k_2} \quad \text{und} \quad v_1 + v_2 = \frac{l_1 + l_2}{3} \Bigg\}$$

zu $\qquad\qquad v_1 = \dfrac{l_1 + l_2}{3} \cdot \dfrac{k_1}{k_1 + k_2}$ (3)

und $\qquad\qquad v_2 = \dfrac{l_1 + l_2}{3} \cdot \dfrac{k_2}{k_1 + k_2}.$

Ebenso ergibt sich

$$\frac{v_2}{v_3} = \frac{k_2}{k_3}$$

und $\qquad\qquad v_2 = \dfrac{l_2 + l_3}{3} \cdot \dfrac{k_2}{k_2 + k_3}$

$$v_3 = \frac{l_2 + l_3}{3} \cdot \frac{k_3}{k_2 + k_3}.$$

Sind die Lage der verschränkten Drittellinien eingetragen, so ist die Konstruktion zur Bestimmung der Festpunkte dieselbe wie unter 2 und wie in Abb. 50 angegeben.

Tragwerke mit unverschieblichen Knotenpunkten und mit von Stab zu Stab veränderlichen, aber auf Stablänge konstantem Trägheitsmoment.

I. Das k-Verfahren zur Bestimmung der Festpunkte, Verteilungsmaße und Übergangszahlen.

In derselben Weise wie der kontinuierliche Balken hat auch jeder Stab eines Rahmentragwerkes, dessen Enden keine Verschiebungen ausführen, 2 Festpunkte J und K, in welchen die Momente gleich null sind für den Fall, daß an einem seiner beiden Enden ein Moment eingeleitet wird, und dieser Stab von keinen anderen äußeren Lasten beansprucht wird.

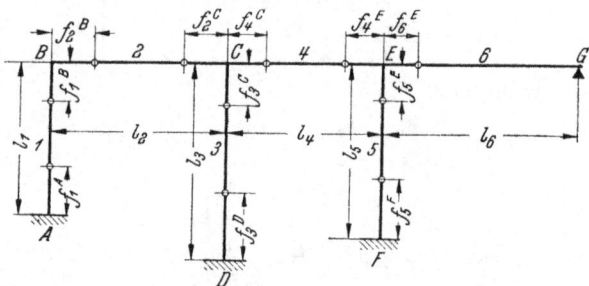

Abb. 52.

Bei Rahmentragwerken ist es nun einfacher, die Festpunkte auf analytischem Wege zu bestimmen, weshalb wir auf die weitere Ableitung der graphischen Bestimmung der Festpunkte auch von einstieligen Rahmentragwerken verzichten.

Diese Festpunkte eines elastisch eingespannten Stabes des Rahmentragwerkes können nun unter Zuhilfenahme der Verdrehungswinkel des einfachen Balkens bestimmt werden.

Es werden folgende Bezeichnungen eingeführt:

Abb. 52: f_1^A = Festpunktabstand des Stabes 1 vom Stabende A

$f_1^B =$ „   „   „   1 „   „ B

$f_2^B =$ „   „   „   2 „   „ B

Abb. 53: l_1 = Länge des Stabes 1,
        J_1 = Trägheitsmoment des Stabes 1

$k_1 = \dfrac{J_1}{l_1}$ = Stabfestwert des Stabes 1 (Steifigkeit).

Abb. 54: α_1 = Drehwinkel der Stabenden des Stabes 1 bei frei aufliegender Lagerung infolge *gleichzeitiger* Belastung von $M = 1$ an *beiden* Enden.

Abb. 55: β_1 = Drehwinkel des einen Stabendes bei freier Auflagerung infolge Belastung des Momentes $M = 1$ am anderen Stabende.

    γ_1 = Drehwinkel des Stabendes bei freier Auflagerung, an welchem das Moment $M = 1$ angreift.

Abb. 53.   Abb. 54.

Da für die folgenden Ableitungen das Trägheitsmoment auf Stablänge konstant vorausgesetzt wird, so sind die Drehwinkel α und β an

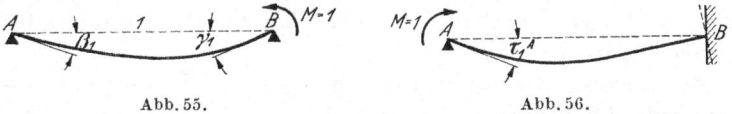

Abb. 55.   Abb. 56.

beiden Stabenden gleich, so daß es für jeden Stab nur je einen Drehwinkelwert α, β, γ gibt.

Abb. 56: τ = Stabdrehwinkel des frei drehbaren Stabendes, wenn das andere Ende elastisch eingespannt ist, d. h. also

z. B. τ_1^A = Stabdrehwinkel am frei drehbaren Ende A des Stabes 1, wenn das Stabende B elastisch eingespannt ist.

Abb. 57: ε = Verdrehungswinkel eines Stabauflagers infolge Belastung eines Moments $M = 1$, oder

Abb. 58: ε = dem gemeinsamen Drehwinkel der anschließenden Stäbe

z. B. ε_1^B = Verdrehungswinkel des Stabauflagers B von Stab 1 infolge $M = 1$.

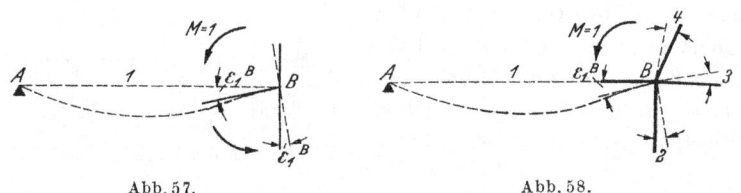

Abb. 57.   Abb. 58.

Die vorstehend genannten Drehwinkel, welche zur Bestimmung der Festpunkte benötigt werden, können nun in einfacher Weise mit Hilfe des in der Einleitung erläuterten MOHRschen Satzes angegeben werden:

Satz II: *Der Drehwinkel am Auflager ist gleich dem Auflagerdruck des mit seiner reduzierten Momentenfläche belasteten Balkens.*

Es wird also nach Abb. 59 und 60

$$\alpha = \frac{1}{E \cdot J} \cdot \frac{1}{2} \cdot l \cdot 1 = \frac{l}{2 \cdot E \cdot J} \text{ oder } E \cdot \alpha = \frac{l}{2\,J}$$

$$\beta = \frac{1}{E \cdot J} \cdot \frac{1}{2} \cdot l \cdot 1 \cdot \frac{l}{3} \cdot \frac{1}{l} = \frac{l}{6 \cdot E \cdot J} \text{ oder } E \cdot \beta = \frac{l}{6 \cdot J} \quad\quad (4)$$

$$\gamma = \frac{1}{E \cdot J} \cdot \frac{1}{2} \cdot l \cdot 1 \cdot \frac{2\,l}{3} \cdot \frac{1}{l} = \frac{l}{3 \cdot E \cdot J} \text{ oder } E \cdot \gamma = \frac{l}{3\,J}$$

und mit $k = \dfrac{J}{l}$ wird

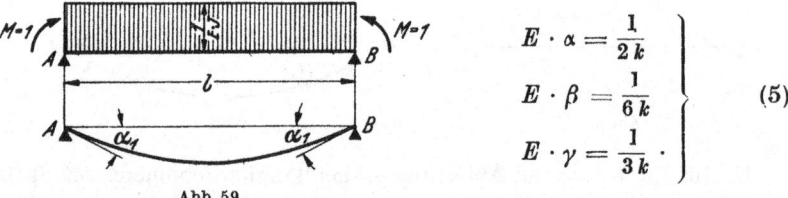

$$E \cdot \alpha = \frac{1}{2\,k}$$

$$E \cdot \beta = \frac{1}{6\,k} \quad\quad (5)$$

$$E \cdot \gamma = \frac{1}{3\,k} \cdot$$

Abb. 59.

Setzen wir nun zunächst am Stab 1 den Festpunktabstand f_1^B als bekannt voraus, so bestehen für den Stabdrehwinkel τ_1^A folgende Beziehungen (Abb. 61a und b): Da die Momentenlinie des am freidrehbaren Ende A des Stabes $A B$ angreifenden Moments $M = 1$ durch den Festpunkt K_1 des Stabes 1 mit dem Festpunktabstand f_1^B gehen muß, so entsteht im Punkte B das Moment

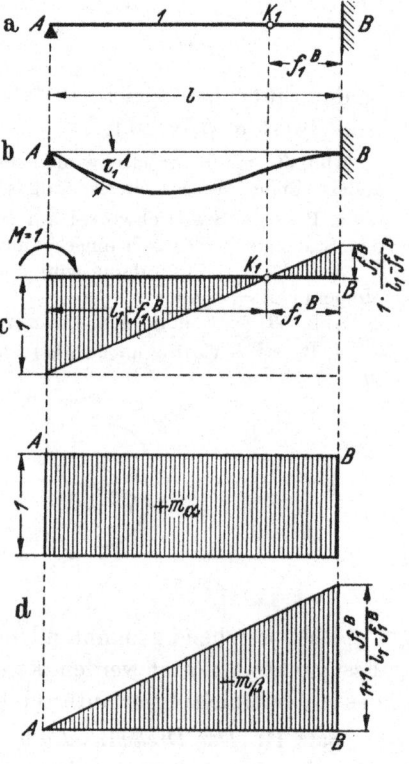

$$M = 1 \cdot \frac{f_1^B}{l_1 - f_1^B}$$

mit entgegengesetztem Vorzeichen (Abb. 61c).

Diese Momentenfläche entsteht auch durch Addition der beiden Momentenflächen m_α und m_β (Abbildung 61d), wobei die Momentenfläche m mit negativem Vorzeichen einzusetzen ist. Für die Momenten-

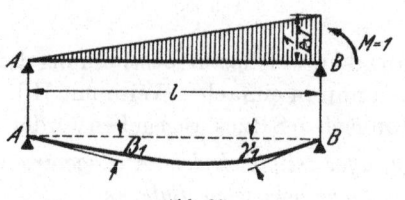

Abb. 60.

Abb. 61.

fläche m_α ergibt sich der Drehwinkel α_1, für die Dreiecksmomenten-
fläche m_β im Punkt A der Drehwinkel β, welcher jedoch noch mit
$\dfrac{l_1}{l_1 - f_1^B}$ zu multiplizieren ist, da das in B wirkende Moment mit

$$1 + 1 \cdot \frac{f^B}{l_1 - f_1^B} = \frac{l_1}{l_1 - f_1^B}$$

einzusetzen ist.

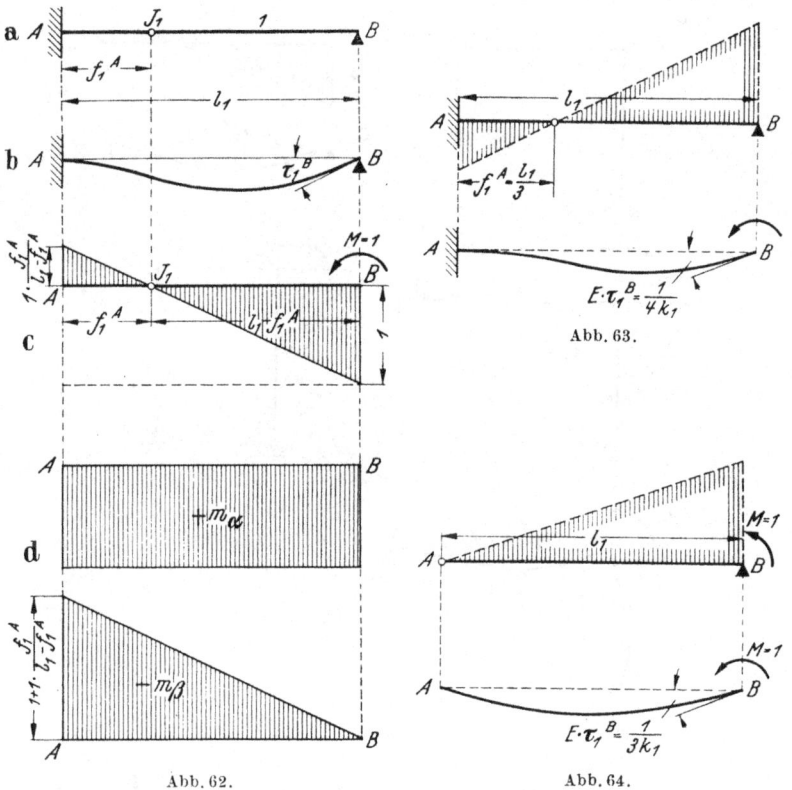

Abb. 63.

Abb. 62.

Abb. 64.

Es wird also der Stabdrehwinkel τ_1^A im Punkt A

$$\tau_1^A = \alpha_1 - \beta_1 \cdot \frac{l_1}{l_1 - f_1^B}$$

und entsprechend im Punkte B (Abb. 62a—d) $\qquad\qquad$ (6)

$$\tau_1^B = \alpha_1 - \beta_1 \cdot \frac{l_1}{l_1 - f_1^A}$$

Setzen wir für α_1 und β_1 die Werte der Gleichung (3) ein, so wird

$$E \cdot \tau_1^A = \frac{1}{2\,k_1} - \frac{1}{6\,k_1} \cdot \frac{l}{l - f_1^B}$$

oder
$$E \cdot \tau_1^A = \frac{1}{2\,k_1} \cdot \left(1 - \frac{1}{3} \cdot \frac{l}{l - f_1^B}\right)$$

und
$$E \cdot \tau_1^B = \frac{1}{2\,k_1}\left(1 - \frac{1}{3} \cdot \frac{l}{l - f_1^A}\right).$$
(7)

Der Drehwinkel τ ist also abhängig von dem Stabfestwert k und den Festpunktabständen f.

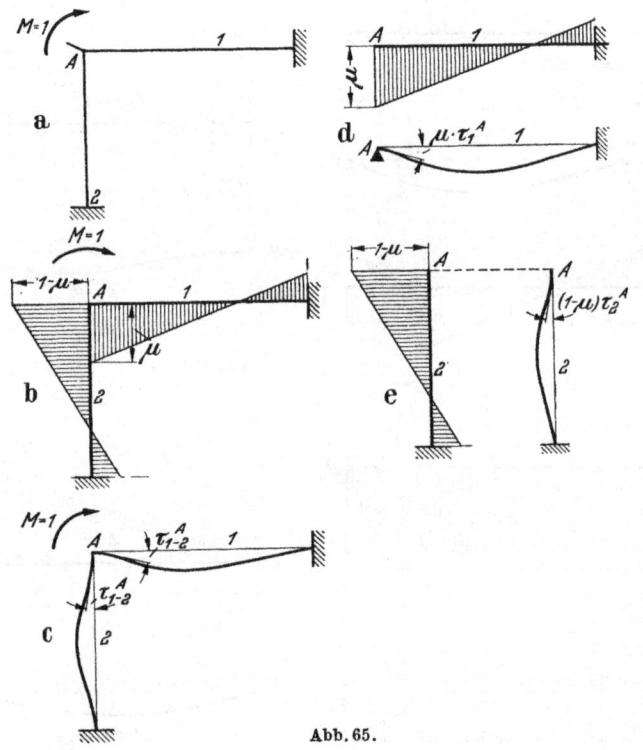

Abb. 65.

Bei fester Einspannung im Punkt A, d. h. bei $f_1^A = \frac{l_1}{3}$ wird

Abb. 63
$$E \cdot \tau_1^B = \frac{1}{4\,k},$$
(8)

bei gelenkiger Lagerung im Punkte A d. h. bei $f_1^A = 0$ wird

Abb. 64
$$E \cdot \tau_1^B = \frac{1}{3\,k}.$$
(9)

Die Gleichungen (8) und (9) geben also die beiden Grenzwerte der Größen von den Stabdrehwinkeln $E \cdot \tau$ an.

Diese Stabdrehwinkel $E \cdot \tau$ können also nur zwischen den Werten

$$0{,}25 \cdot \frac{1}{k} \quad \text{und} \quad 0{,}333 \ldots \frac{1}{k} \text{ liegen.}$$

Gemeinsamer Drehwinkel $E \cdot \tau_{1-2}^A$ (Abb. 65). Der gemeinsame Drehwinkel $E \cdot \tau_{1-2}^A$ (Abb. 65c) von 2 im Punkte A angeschlossenen Stäben 1 und 2 durch das Moment $M = 1$ errechnet sich nun aus der Bedingung, daß der Drehwinkel des einen Stabes, beansprucht mit dem Teilmoment μ und der Drehwinkel des anderen Stabes, beansprucht mit dem Teilmoment $(1 - \mu)$ einander gleich und gleich dem gemeinsamen Drehwinkel $E \cdot \tau_{1-2}^A$ sein müssen (Abb. 65b und c),

also Abb. 65d $E \cdot \tau_{1-2}^A = \mu \cdot E \cdot \tau_1^A$

und Abb. 65e $E \cdot \tau_{1-2}^A = (1 - \mu) \cdot E \cdot \tau_2^A$, woraus mit $\mu = \dfrac{\tau_{1-2}^A}{\tau_1^A}$

$$E \cdot \tau_{1-2}^A = \left(1 - \frac{\tau_{1-2}^A}{\tau_1^A}\right) \cdot E \cdot \tau_2^A \text{ sich ergibt}$$

$$E \cdot \tau_{1-2}^A = \frac{1}{\dfrac{1}{E \cdot \tau_1^A} + \dfrac{1}{E \cdot \tau_2^A}} \tag{10}$$

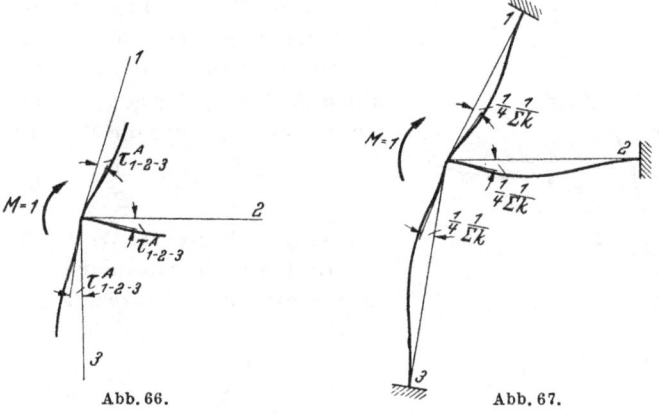

Abb. 66.   Abb. 67.

Gemeinsamer Drehwinkel $E \cdot \tau_{1-2-3}^A$ (Abb. 66). In derselben Weise ergibt sich der *gemeinsame Drehwinkel* $E\,\tau_{1-2-3}^A$ von 3 im Punkte A angeschlossenen Stäbe durch das Moment $M = 1$ zu

$$E \cdot \tau_{1-2-3}^A = \frac{1}{\dfrac{1}{E \cdot \tau_1^A} + \dfrac{1}{E \cdot \tau_2^A} + \dfrac{1}{E \cdot \tau_3^A}} \tag{11}$$

oder allgemein

$$E \cdot \tau_{1-2-3\,\cdots\,n}^A = \frac{1}{\dfrac{1}{E \cdot \tau_1^A} + \dfrac{1}{E \cdot \tau_2^A} + \dfrac{1}{E \cdot \tau_3^A} + \cdots \dfrac{1}{E \cdot \tau_n^A}}. \tag{12}$$

Als Grenzfälle ergeben sich wieder:

a) *Feste Einspannung* aller Stäbe am anderen Ende (Abb. 67) durch Einsetzen von Gl. (8)

$$E \cdot \tau_{1-2-3\ldots n} = \frac{1}{4} \cdot \frac{1}{\sum\limits_1^n \cdot k} \tag{13}$$

b) *Freie Auflagerung* aller Stäbe am anderen Ende (Abb. 68) durch Einsetzen von Gl. (9)

$$E \cdot \tau_{1-2-3\ldots n}^{A} = \frac{1}{3} \cdot \frac{1}{\sum\limits_1^n k} \cdot \tag{14}$$

c) Bei teils fester Einspannung, teils freier Auflagerung der Stäbe am anderen Ende ergibt sich durch entsprechendes Einsetzen von Gl. (8) u. (9).

$$E \cdot \tau_{1-2-3-4\ldots}^{A} = \frac{1}{4 k_1 + 4 k_2 + 3 k_3 + 4 k_4 + \ldots} \cdot \tag{15}$$

wobei also für die Stäbe 1, 2, 4 feste Einspannung und für Stab 3 freie Auflagerung angenommen ist.

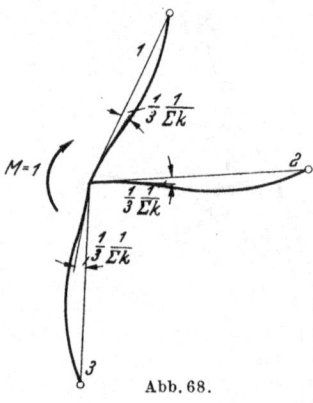

Abb. 68.

Da die beiden Lagerungen — feste Einspannung und freie Lagerung — bereits Grenzwerte darstellen, so kann auch die Größe der gemeinsamen Drehwinkel $E \cdot \tau_{1-n}$ nur die Werte zwischen

$$\frac{1}{4} \cdot \frac{1}{\sum k} \text{ und } \frac{1}{3} \cdot \frac{1}{\sum k}, \text{ d. h. also}$$

nur sehr engbegrenzte Werte annehmen.

In den meist vorkommenden Fällen der *elastischen Einspannung* könnte also der Mittelwert, d. h.

$$\frac{1}{2} \left(\frac{1}{4} + \frac{1}{3} \right) = \frac{7}{24},$$

also $E \cdot \tau_{1-2-3-\ldots n}^{A} = \dfrac{7}{24} \cdot \dfrac{1}{\sum\limits_1^n k} = 0{,}29 \cdot \dfrac{1}{\sum\limits_1^n k}$ \tag{16}

als genügend genau eingesetzt werden.

Zwischen den Festpunktabständen f und den Drehwinkeln α, β, ε und τ bestehen nun folgende Beziehungen:

Ist der Stab $A\,B$ bei B elastisch eingespannt, f_1^B der Festpunktabstand für den Festpunkt K_1 und wird im Punkt A das Moment $M = 1$ eingeleitet (Abb. 69 u. a), so geht die Momentenlinie durch den Festpunkt K_1 und es entsteht bei B das Moment $1 \cdot \dfrac{f_1^B}{l - f_1^B} \cdot$

Der Drehwinkel τ_1^B dieser Momentenlinie im Punkt B muß nun gleich sein dem Drehwinkel ε_1^B des Auflagers in B (Abb. 69e).

Der Drehwinkel τ_1'' im Punkt B ergibt sich aber wieder durch Subtraktion der Winkel β und α aus den beiden Momentenflächen m_β und m_α zu (Abb. 69 b und c):

$$\beta_1 \cdot \frac{l_1}{l_1 - f_1^B} - \alpha_1 \cdot \frac{f_1^B}{l_1 - f_1^B} = \varepsilon_1^B \cdot \frac{f_1^B}{l_1 - f_1^B} \quad \text{oder}$$

$$\beta_1 \cdot l_1 - \alpha_1 \cdot f_1^B = \varepsilon_1^B \cdot f_1^B \quad \text{und hieraus}$$

$$f_1^B = \frac{\beta_1 \cdot l_1}{\alpha_1 + \varepsilon_1^B} \tag{17}$$

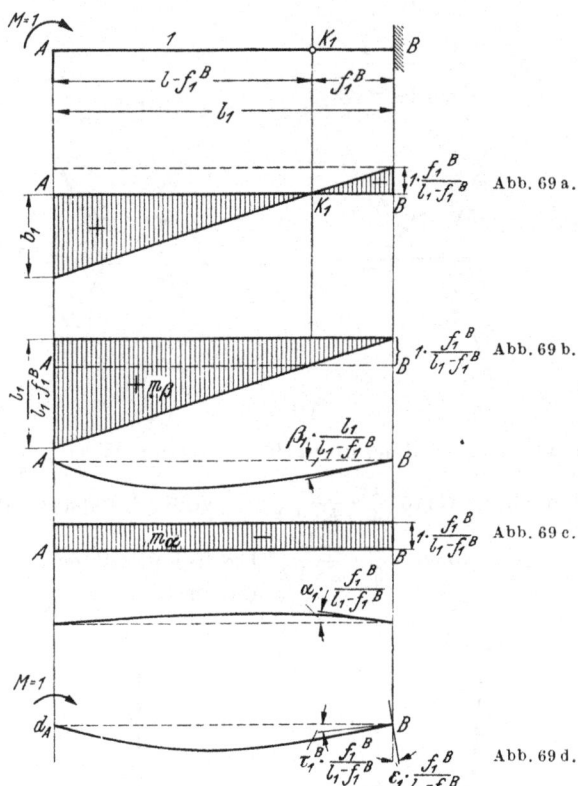

Abb. 69 a.

Abb. 69 b.

Abb. 69 c.

Abb. 69 d.

Ebenso ergibt sich für den Festpunkt f_1^A der Wert

$$f_1^A = \frac{\beta_1 \cdot l_1}{\alpha_1 + \varepsilon_1^A}. \tag{18}$$

Der Drehwinkel ε_1^B bzw. ε_1^A des Auflagers in B bzw. A ist, wenn der Stab AB zu beiden Seiten an mehreren Stäben angeschlossen ist, gleich dem

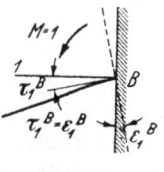

Abb. 69 e.

gemeinsamen Drehwinkel τ dieser Anschlußstäbe (Abb. 70),

$$\text{d. h. } \varepsilon_1^B = \tau_{2-3-4}^B \ldots$$
$$\text{und } \varepsilon_1^A = \tau_{5,6,7}^A \ldots$$

und setzen wir für $\beta = \dfrac{\alpha_1}{3}$, so gehen die Gl. (17) u. (18)

über in
$$f_1^B = \frac{\dfrac{\alpha_1}{3} \cdot l_1}{\alpha_1 + \tau_{2,3,4}^B} \text{ oder}$$

$$\left. \begin{array}{l} f_1^B = \dfrac{l_1}{3} \cdot \dfrac{1}{1 + \tau\dfrac{B}{\alpha_1}^{2,3,4}} \\[4ex] f_1^A = \dfrac{l_1}{3} \cdot \dfrac{1}{1 + \tau\dfrac{A}{\alpha_1}^{5,6,7}} \end{array} \right\} \qquad (19)$$

und

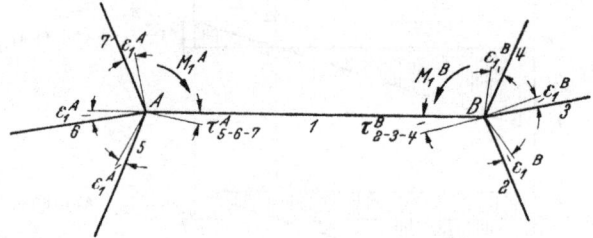

Abb. 70.

Setzen wir nun in Gleichung (19) für α_1 den Wert $\dfrac{1}{2 \cdot k_1 \cdot E}$ und für

τ die beiden Grenzwerte $\dfrac{1}{4} \cdot \dfrac{1}{E \cdot \varSigma k}$ bei voller Einspannung

bzw. $\qquad \dfrac{1}{3} \cdot \dfrac{1}{E \cdot \varSigma k}$ bei freier Auflagerung der Stabenden

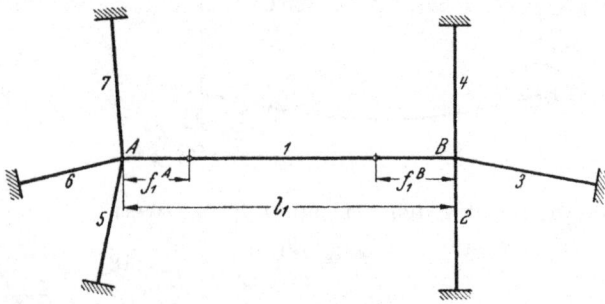

Abb. 71.

und berücksichtigen wir, daß der Elastizitätsmodul E in der Gleichung
herausfällt, so wird:

$$f_1^B = \frac{l_1}{3} \cdot \frac{1}{1 + \frac{1}{2} \cdot \frac{k_1}{\sum\limits_2^4 k}}$$

und $\quad f_1^A = \dfrac{l_1}{3} \cdot \dfrac{1}{1 + \dfrac{1}{2} \cdot \dfrac{k}{\sum\limits_5^7 k}}$ $\qquad$ (20) $\quad$ bei voller Ein-spannung der Stäbe 2 bis 4 bzw. 5 bis 7. (Abb. 71.)

bzw.

$$f_1^B = \frac{l_1}{3} \cdot \frac{1}{1 + \frac{2}{3} \cdot \frac{k_1}{\sum\limits_2^4 k}}$$

und $\quad f_1^A = \dfrac{l_1}{3} \cdot \dfrac{1}{1 + \dfrac{2}{3} \cdot \dfrac{k_1}{\sum\limits_5^7 k}}$ $\qquad$ (21) $\quad$ bei freier Auf-lagerung der Stäbe 2 bis 4 bzw. 5 bis 7.

Mit den vorstehenden Werten für die beiden Festpunktabstände f_1^A und f_1^B sind die beiden Grenzfälle und damit die größtmöglichen Schwankungen dieser Festpunktabstände erfaßt.

Die Lage eines Festpunktes ist also nur vom Verhältnis des Stab-festwerts des betreffenden Stabes (Steifigkeit) zum Verdrehungs-widerstand seines „Widerlagers" an dem betreffenden Stabende ab-hängig. Für diesen Verdrehungswiderstand der „Widerlagerstäbe" gelten nun die in Gl. (13) u. (14) angeführten Grenzwerte. Für die Lage der Festpunkte ist also nicht nur die Steifigkeit des be-treffenden Stabes maßgebend, sondern hierfür ist auch noch der Ein-spannungsgrad an dem gegenüberliegenden Stabende von Einfluß. Es zeigt sich jedoch, daß der Einfluß dieses Einspannungsgrades ver-hältnismäßig gering ist, so daß bei richtiger Anwendung der For-meln (20) und (21) eine direkte Bestimmung der Festpunktabstände jedes beliebigen Stabes in einfacher und rascher Weise möglich ist.

Zu diesem Zwecke sind nun auf Tafel 1 die Werte

$$\frac{f}{l} \text{ d. h. } \frac{\text{Festpunktabstand}}{\text{Spannweite}} \text{ als Funktion von } \frac{k}{\sum k}$$

aufgetragen und zwar für die beiden Grenzwerte der *vollen Einspan-nung* und der *gelenkigen Lagerung* der Widerlagerstäbe.

Da der Einfluß des Einspannungsgrades gering ist, so genügt es in der Mehrzahl der Fälle die Mittelwertkurve zu benutzen, die einem in der Summe „mittleren" Einspannungsgrad $\left(f = \sim \dfrac{l}{5}\right)$ an den gegenüberliegenden Enden der Widerlagerstäbe entspricht.

Von dieser Mittelwertkurve wird man mehr oder weniger in Rich-tung auf die obere oder untere Grenzwertkurve abweichen, falls ein

Teil der Widerlagerstäbe voll eingespannt oder gelenkig gelagert ist;
sind *alle* Widerlagerstäbe $\dfrac{\text{voll eingespannt}}{\text{gelenkig gelagert}}$, so gilt *genau* die $\dfrac{\text{obere}}{\text{untere}}$
Grenzwertkurve.

*Mit Hilfe dieser Festpunktkurve auf Tafel 1a ist es also möglich,
jeden Festpunktabstand eines beliebigen Stabes zu bestimmen, ohne daß
die Festpunkte der benachbarten Stäbe bekannt sind.*

Diese Bestimmung der Festpunkte mit Hilfe der Tafel 1 kann nun
in der Praxis bei fast allen Berechnungen von Rahmentragwerken angewendet werden. Nur in besonderen Fällen, wo die Veränderlichkeit
der Trägheitsmomente auf Stablänge berücksichtigt werden muß, ist
bei diesen Stäben die besondere Ermittlung der Festpunkte, wie sie
in Abschnitt III dargelegt wird, notwendig.

Die Verteilungsmasse. Wird in einem Knotenpunkt A durch den
Stab 1 das Moment M_1^A eingeleitet, so verteilt sich dieses Moment auf
die anschließenden Stäbe 2, 3, 4 mit den Momenten M_2^A, M_3^A und M_4^A.
Diese Momente sind nun alle kleiner als M_1^A, denn die Summe der Momente M_2^A, M_3^A und M_4^A muß gleich M_1^A sein, folglich sind auch die

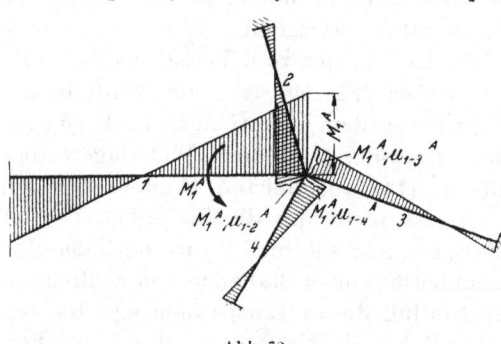

Koeffizienten, mit denen
M_1^A zu multiplizieren ist,
um die Anschlußmomen-
te zu erhalten, kleiner als
1 und die Summe dieser
Koeffizienten gleich 1.
Diese Koeffizienten be-
zeichnen wir als *Ver-
teilungsmasse am Knoten-
punkt A* für den Über-
gang des Moments M_1^A,
weil man dieses erzeu-

Abb. 72.

gende Moment nur mit diesen Zahlen zu multiplizieren hat, um die
gesuchten Momente M_2^A, M_3^A und M_4^A zu erhalten.

Für diese Verteilungsmasse wird die Bezeichnung μ eingeführt und
zwar bedeutet der Koeffizient μ_{1-2}^A das Verteilungsmaß des Momentes
M_1^A für den Übergang nach dem Stab 2 (Abb. 72).

Es ist also:

$$M_2^A = M_1^A \cdot \mu_{1-2}^A \qquad\qquad \mu_{1-2}^A = \frac{M_2^A}{M_1^A}$$

$$M_3^A = M_1^A \cdot \mu_{1-3}^A \quad \text{und} \qquad \mu_{1-3}^A = \frac{M_3^A}{M_1^A}$$

$$M_4^A = M_1^A \cdot \mu_{1-4}^A \qquad\qquad \mu_{1-4}^A = \frac{M_4^A}{M_1^A}$$

Aus der Bedingung, daß die Stabdrehwinkel an einem Knotenpunkt gleich sein müssen, folgt (Abb. 73):

$$M_2^A \cdot \tau_2^A = M_3^A \cdot \tau_3^A = M_4^A \cdot \tau_4^A = M_1^A \cdot \tau_{2-3-4}^A .$$

Hieraus

$$\left.\begin{aligned} \frac{M_2^A}{M_1^A} = \frac{\tau_{2-3-4}^A}{\tau_2^A} = \mu_{1-2}^A ; \qquad \frac{M_3^A}{M_1^A} = \frac{\tau_{2-3-4}^A}{\tau_3^A} = \mu_{1-3}^A , \\ \frac{M_4^A}{M_1^A} = \frac{\tau_{2-3-4}^A}{\tau_4^A} = \mu_{1-4}^A \end{aligned}\right\} \tag{22}$$

und allgemein

$$\mu_{1-n} = \frac{\tau_{2-3-4\,\ldots\,n}^A}{\tau_n^A} \tag{23}$$

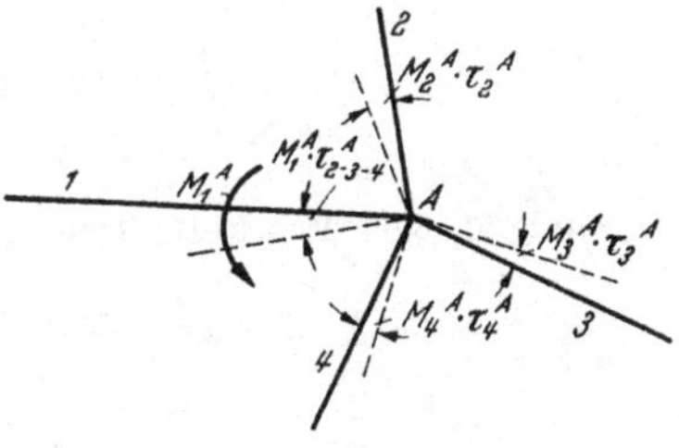

Abb. 73.

nach Gleichung (11) ist z. B.:

$$\tau_{2-3-4}^A = \frac{1}{\frac{1}{\tau_2^A} + \frac{1}{\tau_3^A} + \frac{1}{\tau_4^A}} ,$$

somit

$$\mu_{1-2} = \frac{\frac{1}{\tau_2^A}}{\frac{1}{\tau_2^A} + \frac{1}{\tau_3^A} + \frac{1}{\tau_4^A}} \quad \text{und} \quad \mu_{1-3} = \frac{\frac{1}{\tau_3^A}}{\frac{1}{\tau_2^A} + \frac{1}{\tau_3^A} + \frac{1}{\tau_4^A}} \tag{24}$$

Der Wert τ ergibt sich nun nach Gl. (7)

$$\tau^A = \frac{1}{E} \cdot \frac{1}{2k} \left(1 - \frac{1}{3} \cdot \frac{l}{l - f^B}\right)$$

oder

$$\tau^A = \frac{1}{E}\left[\frac{1}{2k} - \frac{1}{6k} \cdot \frac{l}{l - f^B}\right] = \frac{1}{\mathrm{E}} \cdot \frac{2l - 3f^B}{6k(l - f^B)} .$$

Hieraus

$$\tau^A = \frac{1}{E} \cdot \frac{1}{3k} \cdot \frac{1 - 1{,}5\frac{f^B}{l}}{1 - \frac{f^B}{l}}$$

und

$$\frac{1}{\tau^A} = E \cdot 3k \cdot \frac{1 - \frac{f^B}{l}}{1 - 1{,}5\frac{f^B}{l}} . \tag{25}$$

Setzen wir nun

$$k \cdot \frac{1 - \frac{f^B}{l}}{1 - 1{,}5\frac{f^B}{l}} = w$$

und bezeichnen diesen Wert w den ,,*Winkelfestwert*" des Stabes, wobei also w_1^A den ,,Winkelfestwert" des Stabes 1 am Knotenpunkt A bedeutet; es ist dann

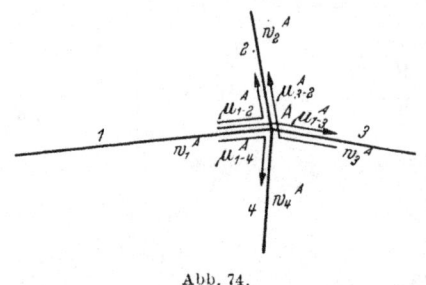

$$w_1^A = k_1 \cdot \frac{1 - \dfrac{f_1^B}{l}}{1 - 1{,}5\dfrac{f_1^B}{l}}. \qquad (26)$$

Der Winkelfestwert w_1^A am Knotenpunkt A des Stabes 1 ist also abhängig vom Stabfestwert k_1 des Stabes und dem Festpunktabstand f_1^B am gegenüberliegen

Abb. 74.

den Stabendpunkt B. Unter Benutzung dieses Winkelfestwertes wird

$$\frac{1}{\tau_1^A} = E \cdot 3 \cdot w_1^A$$

$$\frac{1}{\tau_2^A} = E \cdot 3 \cdot w_2^A \quad \text{usw. und somit nach Gl. (24)}$$

$$\mu_{1-2} = \frac{E \cdot 3 \cdot w_2^A}{E \cdot 3 \cdot w_2^A + E \cdot 3 \cdot w_3^A + E \cdot 3 \cdot w_4^A}$$

und, da $E \cdot 3$ aus der Gleichung hinausfällt (Abb. 74):

$$\mu_{1-2}^A = \frac{w_2^A}{\overset{4}{\underset{2}{\Sigma}} \cdot w^A} \qquad (27)$$

Der Winkelfestwert $w^A = \dfrac{1 - \dfrac{f^B}{l}}{1 - 1{,}5\dfrac{f^B}{l}} \cdot k$ kann nun folgende Grenzwerte annehmen:

bei freier Auflagerung des Stabendes mit $f^B = 0$: $w^A = 1{,}0\,k$ und

bei voller Einspannung des Stabendes mit $f^B = \dfrac{1}{3}\,l$: $w^A = 1{,}333\,k$.

Der Wert $\dfrac{w}{k} = \dfrac{1 - \dfrac{f}{l}}{1 - 1{,}5\dfrac{f}{l}} = n'$ läßt sich nun wieder aus der Tafel 2

für jedes $\dfrac{f}{l}$ direkt ablesen, so daß durch Multiplikation dieses Wertes n' mit dem entsprechenden k-Wert auch der Winkelfestwert

$$w = n' \cdot k \quad \text{gegeben ist.}$$

Durch Einsetzen der w-Werte in die Gleichung (27) ergeben sich dann die Verteilungsmasse μ.

Übergangszahl z (Abb. 75). Bezeichnen wir als Übergangszahl z_1^{B-A} den Koeffizienten, mit dem das am Stabende B eingeleitete Moment M_1^B zu multiplizieren ist, um das Moment in A zu erhalten, vorausgesetzt, daß Stab AB unbelastet ist:

$$M_1^A = \frac{f_1^A}{l - f_1^A} \cdot M_1^B = z^{B-A} \cdot M_1^B$$

und die Übergangszahl $z_1^{B-A} = \dfrac{f_1^A}{l - f_1^A} = \dfrac{\dfrac{f_1^A}{l}}{1 - \dfrac{f_1^A}{l}}$ (28)

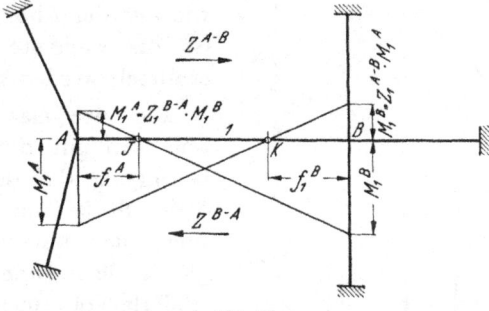

Abb. 75.

ebenso umgekehrt, wenn am Stabende A das Moment M_1^A eingeleitet wird, so ist das Moment in B

$$M_1^B = z_1^{A-B} \cdot M_1^A$$

und die Übergangszahl $z_1^{A-B} = \dfrac{\dfrac{f_1^B}{l}}{1 - \dfrac{f_1^B}{l}}$.   (29)

Die Übergangszahl z kann nun wieder aus der Tafel 2 für jedes $\dfrac{f}{l}$ direkt abgelesen werden.

II. Das k-Verfahren zur Bestimmung der Kreuzlinienabschnitte und Momente infolge beliebiger Belastung des Tragwerks. (Abb. 76.)

Setzen wir die Stützenmomente M_1^A und M_1^B an den Enden des belasteten Stabes 1 als bekannt voraus, ziehen die Schlußlinine $A'B'$ und die Senkrechte zur Stabachse in den Festpunkten J und K und bestimmen deren Schnittpunkte J' und K' mit der Schlußlinie, ziehen dann die zwei sich kreuzenden und daher *Kreuzlinien* genannten Geraden $BK'A''$ und $AJ'B''$, so werden die durch diese Kreuzlinien auf der Senkrechten durch A und B abgeschnittenen Strecken

$$AA'' = K^A$$
und
$$BB'' = K^B$$

die *Kreuzlinienabschnitte* genannt.

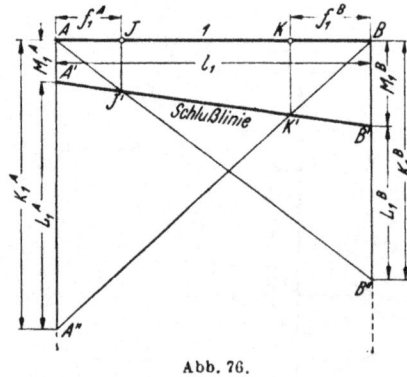

Abb. 76.

Diese Kreuzlinienabschnitte K^A und K^B lassen sich nun in nachstehender Weise errechnen, woraus dann umgekehrt mit Hilfe der Festpunkte J und K, wie aus der Abb. 76 ersichtlich ist, die Momente M_1^A und M_1^B ermittelt werden können.

Für den elastisch gelagerten Stab gilt die Elastizitätsbedingung, daß der Drehwinkel δ des Stabes am Stabende infolge der äußeren Belastung gleich dem Drehwinkel ε des Widerlagers (meist bestehend aus mehreren anschließenden Stäben) an diesem Stabende sein muß (Abb. 77a).

Es wird also

$$\delta_1^A = M_1^A \cdot \varepsilon_1^A \qquad (30)$$

Der Drehwinkel δ_1^A setzt sich zusammen aus dem Drehwinkel α_0^A infolge der äußeren Belastung bei freier Auflagerung und den Drehwinkeln β und γ aus der Belastung durch die Stabendmomente M_1^A und M_1^B (Abbildung 77b u. 77c).

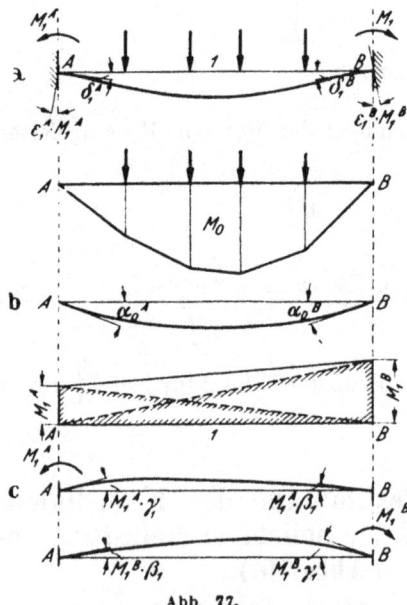

Abb. 77.

Es wird also:

$$\delta_1^A = \alpha_0^A - M_1^A \cdot \gamma_1 - M_1^B \cdot \beta_1$$
$$= M_1^A \cdot \varepsilon_1'.$$

Setzt man in diese Gleichung M_1^A und M_1^B mit ihren Vorzeichen (—) ein, so erhält man die Elastizitätsgleichung

$$\alpha_0^A + M_1^A \cdot \gamma_1 + M_1^B \cdot \beta_1 + M_1^A \cdot \varepsilon_1^A = 0$$

aus Gl. (18) ergibt sich für

$$\varepsilon_1^A = \frac{\beta_1 \cdot l_1 - \alpha_1 \cdot f_1^{\,1}}{f_1^A}.$$

und, da nach Gl. (4): $\alpha_1 = 3 \cdot \beta_1$

$$\varepsilon_1^A = \beta_1 \cdot \left(\frac{l_1}{f_1^A} - 3\right) \text{ und ferner } \gamma_1 = 2 \cdot \beta_1$$

wird

$$\alpha_0^A + 2\,\beta_1 \cdot M_1^A + \beta_1 \cdot M_1^B + \beta_1 \cdot \left(\frac{l_1}{f_1^A} - 3\right) \cdot M_1^A = 0$$

oder $\quad \alpha_0^A + \beta_1 \cdot M_1^B + \beta_1 \cdot \left(\frac{l_1}{f_1} - 1\right) \cdot M_1^A = 0$

oder $\quad \alpha_0^A + \beta_1 \left[M_1^B + M_1^A \left(\frac{l_1}{f_1^A} - 1\right)\right] = 0.$ \hfill (31)

Nun ist aber der Kreuzlinienabschnitt K_1^B nach Abb. 76

$$K_1^B = M_1^B + L_1^B, \text{ worin } L_1^B$$

sich aus der Beziehung ergibt: $L_1^B : M_1^A = (l_1 - f_1^A) : f_1^A$

also $\quad L_1^B = \frac{l_1 - f_1^A}{f_1^{\,1}} \cdot M_1^A = M_1^A \cdot \left(\frac{l_1}{f_1^A} - 1\right)$

somit also:

$$K_1^B = M_1^B + M_1^A \left(\frac{l_1}{f_1^A} - 1\right) \hfill (32)$$

und diesen Wert in Gleichung (31) eingesetzt, gibt:

$$\alpha_0^A + \beta_1 \cdot K_1^B = 0,$$

woraus dann $\quad K_1^B = -\dfrac{\alpha_0^A}{\beta}$

ebenso $\quad K_1^A = -\dfrac{\alpha_0^B}{\beta}$ \hfill (33)

Der *Kreuzlinienabschnitt ist also gleich dem Drehwinkel α_0 am gegenüberliegenden Stabende infolge der äußeren Belastung bei freier Auflagerung des Stabes dividiert durch den Drehwinkel β des Stabes.*

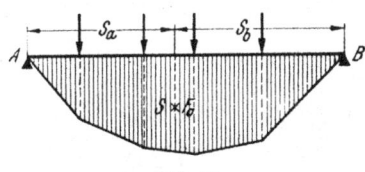

Abb. 78.

Nach dem MOHRschen Satz ist nun der Drehwinkel α_0 infolge der äußeren Belastung gleich dem Auflagerdruck des mit seiner $\frac{1}{E \cdot J}$ fachen (reduzierten) Momentenfläche belasteten frei aufliegenden Balkens (Abb. 78).

Es ist also $\quad \alpha_0^A = \dfrac{F_0}{E \cdot J} \cdot \dfrac{s_b}{l}$ \hfill (34)

worin F_0 = Inhalt der Momentenfläche aus äußerer Belastung
                        des frei aufliegenden Balkens

und s_b = Schwerpunktsabstand der Momentenfläche vom
                        Punkte B

bedeuten.

Wird ferner eingesetzt nach Gl. (4): $\beta = \dfrac{l}{6\,E\,J}$, so wird

$$K_1^B = -\,\frac{F_0 \cdot s_b}{E \cdot J \cdot l} \cdot \frac{6 \cdot E \cdot J}{l}$$

oder $$K_1^B = -\,\frac{1}{l^2} \cdot 6 \cdot F_0 \cdot s_b \ \Big|$$

ebenso $$K_1^A = -\,\frac{1}{l^2} \cdot 6 \cdot F_0 \cdot s_a \ \Big|$$

$$(35)$$

wobei s_a der Schwerpunktsabstand der Momentenfläche vom Punkte A bedeutet (Abb. 78).

Aus Gl. (35) können also für jede beliebige Belastung die Kreuzlinienabschnitte errechnet werden.

Für alle häufig vorkommenden Belastungsfälle sind in den Tafeln 3 und 4 die Kreuzlinienabschnitte angegeben.

Bestimmung der Momente M^A und M^B mit Hilfe der Kreuzlinienabschnitte K^A und K^B.

Mit Hilfe der Kreuzlinienabschnitte K_1^A und K_1^B können nun die Momente M_1^A und M_1^B graphisch in einfacher Weise ermittelt werden.

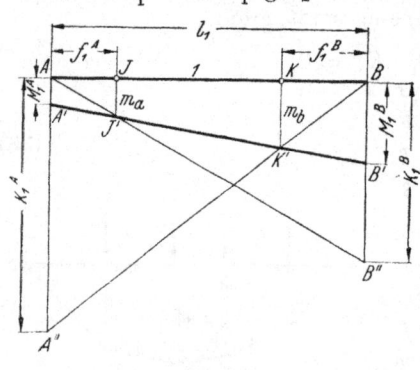

Abb. 79.

Zu diesem Zwecke werden diese Kreuzlinienabschnitte K_1^A und K_1^B, wie aus Abb. 79 zu ersehen ist, auf den Senkrechten durch A und B abgetragen und die Kreuzlinien durch Verbindung der Punkte A'' mit B und B'' mit A gebildet, durch die Festpunkte J und K die Senkrechten gezogen, die dann die Kreuzlinien in den Punkten J' und K' schneiden. Die Verbindungslinie $J'K'$ ergibt schließlich die Momentenschlußlinie, die auf den Senkrechten durch A und B die gesuchten Momente M_1^A und M_1^B abschneidet.

Die Momentenschlußlinie $J'K'$ kann auch dadurch gefunden werden, daß (Abb. 80) die Momentenabschnitte $m_a = J\,J'$

$$m_b = K\,K'$$

rechnerisch ermittelt werden.

Nach Abb. 79 ist $\quad m_a = \dfrac{f^A}{l} \cdot K^B = n^A \cdot K^B$

und $\quad m_b = \dfrac{f^B}{l} \cdot K^A = n^B \cdot K^A.$ $\qquad\qquad$ (36)

Aus Tafel 1 sind nun n^A und n^B bereits für jeden Stab bekannt, so daß auch die Werte m_a und m_b gegeben sind und in den Festpunkten abgetragen werden können, wodurch dann wieder die Momenten-
schlußlinie $J'K'$ auf den Senkrechten durch A und B die Momente M_1^A und M_1^B abschneidet.

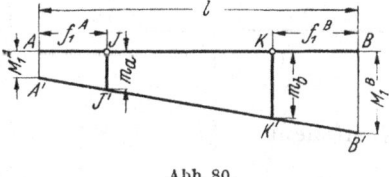

Abb. 80.

Die Weiterleitung der Momente M^1 und M^B auf die anschließenden Stäben erfolgt dann mit Hilfe der Verteilungsmasse μ (Gl. (27)) und weiter in den anschließenden Stäben entweder graphisch durch Ziehen der Momentenlinie durch den gegenüberliegenden Festpunkt des Sta-bes oder rechnerisch mit Hilfe der Übergangszahl z (Gl. (28) und (29)).

III. Rechnungsabschnitt I.
Übersichtliche Zusammenstellung des Rechnungs-vorganges.

In den Kapiteln I und II wurde die Theorie der Methode der Fest-punkte dargelegt. Im vorliegenden Kapitel III sollen nun als Ergebnis dieser theoretischen Untersuchungen diejenigen Werte in übersicht-licher Form zusammengestellt werden, die für die praktische Durch-führung des Rechnungsabschnitts I notwendig sind. Außerdem wer-den zur Vereinfachung und Erleichterung der Rechnung eine Anzahl Tafeln im Abschnitt V beigefügt.

Sind diese Werte ermittelt, so sind damit sämtliche für die Be-rechnung eines Rahmentragwerkes notwendigen Grundgrößen, soweit sie von der Belastung unabhängig sind, gefunden (s. S. 36).

Die Ausrechnung dieser Grundgrößen wird am zweckmäßigsten in tabellarischer Form durchgeführt. Als einfach und übersichtlich hat sich die nachstehende Form der Tabelle (S. 37) bewährt. Aus ihr können für jeden Stab und für jeden Knotenpunkt sofort die Festpunkt-abstände, die Verteilungsmasse und Übergangszahlen entnommen werden. Z. B. findet man den Festpunktabstand f_4^C des Stabes 4 vom Knotenpunkt C beim Stab 4 in der Reihe des Knotenpunktes C. Ebenso sind die Verteilungsmasse μ in der Spalte 11 jeweils in der Reihe des Ausgangsstabes angegeben; ferner sind die Übergangszahlen z in

Die Berechnung gestaltet sich nun wie folgt:

1. Bestimmung der Grundgrößen des Rahmentragwerks.

Stabfestwert	$k = \dfrac{J}{l}$	
Verhältniswert	$\dfrac{k}{\Sigma k} =$	Stabfestwert des Stabes für den der Festpunktabstand zu bestimmen ist, _____ Summe der übrigen Stabfestwerte des betreffenden Knotenpunktes.
Koeffizient	$n = \dfrac{f}{l}$	Für die einzelnen Werte $\dfrac{k}{\Sigma k}$ ergibt sich aus Tafel 1 oder 1a der Koeffizient n unter Berücksichtigung des Grades der Einspannung der angeschlossenen Stäbe.
Festpunkt-abstand	$f = n \cdot l$	
Winkelfestwert	$w = n' \cdot k$	Aus Tafel 2 kann für jedes $\dfrac{f}{l}$ der Wert n' abgelesen werden. Es ist dabei zu beachten, daß der Winkelfestwert w_1^A des Stabes 1 am Knotenpunkt A abhängig ist vom Festpunktabstand f_1^B am gegenüberliegenden Stabendpunkt B. Für w_1^A ist also n' bei dem Wert $\dfrac{f_1^B}{l}$ in Tafel 2 abzulesen.
Verteilungsmaß	$\mu_{1-2} = \dfrac{\dfrac{w_2^A}{n}}{\underset{2}{\Sigma} r^A}$ (ohne 1) oder $\mu_{2-3} = \dfrac{\dfrac{w_3^A}{n}}{\underset{1}{\Sigma} w^A}$ (ohne 2)	$=$ Winkelfestwert des für den Übergang bestimmten Stabes _____ Summe der Winkelfestwerte der am Knotenpunkt angeschlossenen Stäbe jedoch ohne des Ausgangsstabes.
Übergangszahl	$z^{A-B} = \dfrac{\dfrac{f^B}{l}}{1 - \dfrac{f^B}{l}}$ und $z^{B-A} = \dfrac{\dfrac{f^A}{l}}{1 - \dfrac{f^1}{l}}$	Für jeden Wert von $\dfrac{f}{l}$ können aus Tafel 2 die z-Werte abgelesen werden.

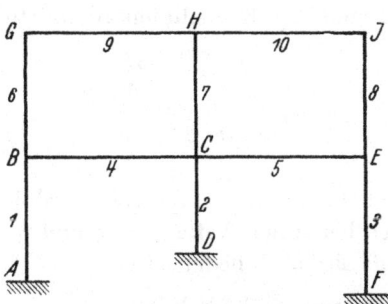

1	2	3	4	5	6	7	8	9	10	11	12
Stab	l	J	k	Knoten-punkt	$\dfrac{k}{\Sigma K}$	$n=\dfrac{f}{l}$ Tafel 1	f	n' Tafel 2	$n=$ $n'\cdot k$	$\mu=\dfrac{n}{\Sigma n}$	z
1				A						$\mu_{1-4}=\dfrac{n_4^{\,B}}{n_4^{\,B}+n_6^{\,B}}$	z_1^{B-A}
				B						$\mu_{1-6}=1-\mu_{1-4}$	z_1^{A-B}
2				C						$\mu_{2-4}=\dfrac{n_4^{\,C}}{n_4^{\,C}+n_7^{\,C}+n_5^{\,C}}$	z_2^{D-C}
				D						$\mu_{2-7}=\dfrac{n_7^{\,C}}{n_4^{\,C}+n_7^{\,C}+n_5^{\,C}}$ $\mu_{2-5}=1-\mu_{2-4}-\mu_{2-7}$	z_2^{C-D}
3				E						$\mu_{3-5}=\dfrac{n_5^{\,E}}{n_5^{\,E}+n_8^{\,E}}$	z_3^{F-E}
				F						$\mu_{3-8}=1-\mu_{3-5}$	z_3^{E-F}
4				B						$\mu_{4-1}=\dfrac{n_7^{\,B}}{n_7^{\,B}+n_5^{\,B}};\ \mu_{4-7}=\dfrac{n_7^{\,C}}{n_7^{\,B}+n_5^{\,C}+n_6^{\,C}}$	z_4^{C-B}
				C						$\mu_{4-6}=1-\mu_{4-1};\ \mu_{4-5}=\dfrac{n_5^{\,C}}{n_7^{\,C}+n_5^{\,C}+n_6^{\,C}}$	z_4^{B-C}
5				C							

der Spalte 12 bei jeder Stabreihe zu finden. Die Ausrechnung gestaltet sich durch die Verwendung der Tafeln 1 und 2 sehr einfach und kann rasch durchgeführt werden.

2. Bestimmung der Momente des Rahmentragwerkes infolge der äußeren Belastung.

Nachdem in der Tabelle S. 37 die sämtlichen Grundgrößen des Rahmentragwerkes gegeben sind, können nun für jede beliebige Belastung der einzelnen Stäbe die Momente errechnet werden, womit der Verlauf der Momente über den ganzen Rahmen gegeben ist.

Wie in Kapitel II entwickelt wurde, dienen die Kreuzlinienabschnitte zur Ermittlung der Einspannmomente der belasteten Stäbe.

Nach Gl. (33) sind die Kreuzlinienabschnitte (Abb. 76 u. 77):

$$K_1^A = -\frac{\alpha_0^B}{\beta}$$

$$K_1^B = -\frac{\alpha_0^A}{\beta}$$

wobei α_0^A der Drehwinkel am Stabende A infolge der äußeren Belastung des Stabes bei freier Auflagerung und β der Drehwinkel am Stabende B infolge $M^A = 1$ bedeutet.

Oder nach Gleichung (35) (Abb. 78):

$$K_1^A = -\frac{1}{l^2} \cdot 6 \cdot F_0 \cdot s_a$$

$$K_1^B = -\frac{1}{l^2} \cdot 6 \cdot F_0 \cdot s_b$$

worin $F_0 =$ Inhalt der Momentenfläche durch die äußere Belastung bei freier Auflagerung

und s_a bzw. $s_b =$ Schwerpunktsabstand der Momentenfläche von A bzw. B.

Für alle häufig vorkommenden Belastungsfälle sind nun in den Tafeln 3 u. 4 die Kreuzlinienabschnitte angegeben.

Auf der Tafel 5 und 5a sind ferner die Einflußlinien der Kreuzlinienabschnitte dargestellt, so daß für beliebige Einzellasten die Kreuzlinienabschnitte abgelesen werden können. Unter Zuhilfenahme dieser Einflußlinien können auch für gleichzeitige Belastung durch mehrere Einzellasten die Kreuzlinienabschnitte entnommen werden, indem die Ordinaten unter den Laststellungen multipliziert, mit den Lastgrößen addiert werden, d. h. also

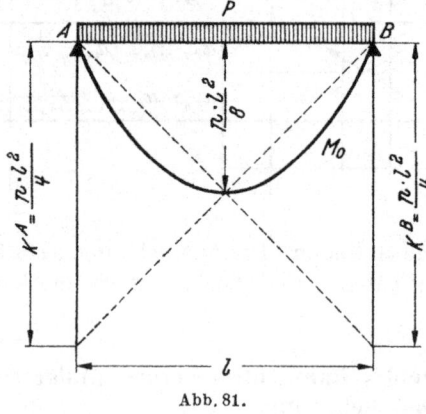

1) *Gleichmäßig verteilte Last im ganzen Feld:*

Abb. 81.

$$K^A = -l\,[\eta_1^a \cdot P_1 + \eta_2^a \cdot P_2 + \eta_3^a \cdot P_3 + \ldots]$$
$$K^B = -l\,[\eta_1^b \cdot P_1 + \eta_2^b \cdot P_2 + \eta_3^b \cdot P_3 + \ldots]$$

(37)

Außerdem ist in Abb. 81 u. 82 die graphische Konstruktion für die Ermittlung der Kreuzlinienabschnitte für gleichmäßig verteilte Belastung p und für eine Einzellast P angegeben.

Sind nun die Kreuzlinienabschnitte ermittelt, so ergeben sich graphisch nach der bekannten Konstruktion, wie in Abb. 83 dargestellt, die Momente M_1^i und M_1^B.

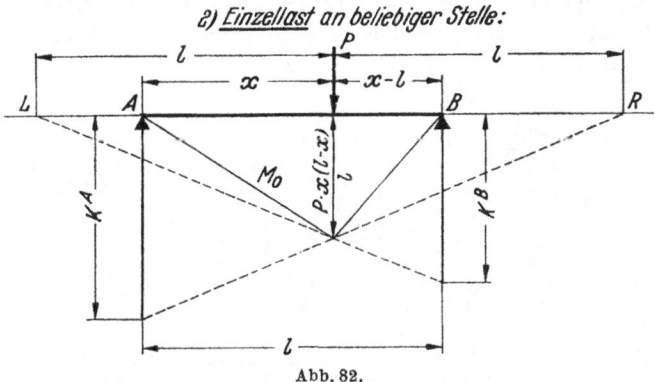

Abb. 82.

Die Momentenschlußlinie kann man auch durch Errechnung der Momentenabschnitte m_a und m_b, die an den Senkrechten durch die entsprechenden Festpunkte abgetragen werden, finden (Abb. 84).

Nach Gl. (36) ist

$$m_a = \frac{f^A}{l} \cdot K^B = n^A \cdot K^B$$

und

$$m_b = \frac{f^B}{l} \cdot K^A = n^B \cdot K^A$$

wobei n^A und n^B in der Übersichtstabelle Spalte 7 bereits angegeben sind.

Auf Tafel 3 sind noch für eine Anzahl von Belastungsfällen zur Erleichterung des Auftragens der Momentenflächen die M_0-Ordinaten in den Sechstel-Punkten angegeben.

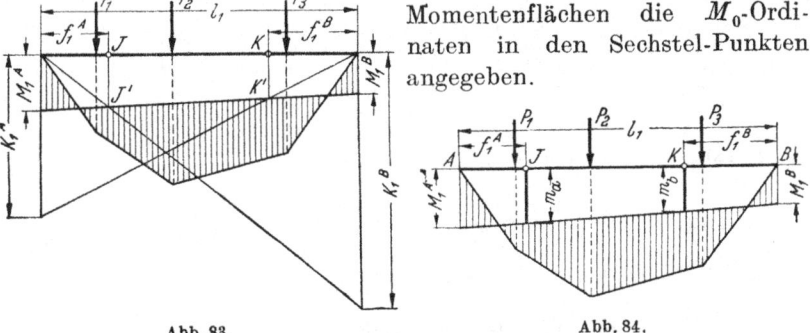

Abb. 83.   Abb. 84.

Für den Sonderfall einer *Konsole* bringen wir nachstehend noch die Bestimmung der Kreuzlinienabschnitte und der Momente:

Konsolbelastung.

Wird zwischen den beiden Enden eines Stabes, z. B. einer Stütze AB, wie in den Abb. 86, 87 und 88 dargestellt, ein Moment M, herrührend von der Belastung P eingeleitet, so ergeben sich die in den Abb. 86a, 87a und 88a dargestellten Momentenflächen (M_0-Flächen) bei freier Lagerung.

Nach dem MOHRschen Satz II erhalten wir die Drehwinkel α_0^A und α_0^B, wenn wir die reduzierten Momentenflächen zusammensetzen

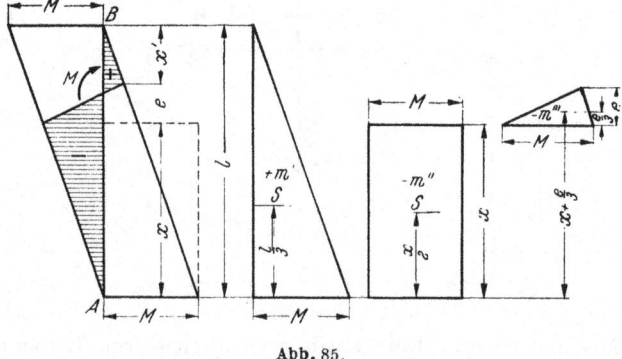

Abb. 85.

aus den Momentenflächen $+ m'$, $- m''$ und $- m'''$ wie in Abb. 85 angegeben:

$$\alpha_0^B = \frac{1}{E \cdot J \cdot l}\left(m' \cdot \frac{l}{3} - m'' \cdot \frac{x}{2} - m''' \left(x + \frac{e}{3}\right)\right)$$

und mit $m' = M \cdot \dfrac{l}{2}$

$$m'' = M \cdot x$$

$$m''' = M \cdot \frac{e}{2}$$

$$\alpha_0^B = \frac{1}{E \cdot J \cdot l}\left[\frac{M \cdot l^2}{6} - \frac{M \cdot x^2}{2} - \frac{M \cdot e}{2}\left(x + \frac{e}{3}\right)\right]$$

$$= \frac{M}{6 E \cdot J}\left[l - \frac{e^2 + 3 x (e + x)}{l}\right]$$

In derselben Weise erhalten wir

$$\alpha_0^A = \frac{M}{6 E \cdot J}\left[- l + \frac{e^2 + 3 x (e + x)}{l}\right]$$

ferner ist nach Gl. (4): $\beta = \dfrac{l}{6 E \cdot J}$.

Diese Werte in Gl. (33) eingesetzt gibt

$$K^A = - M\left(1 - \frac{e^2 + 3 x (e + x)}{l^2}\right)$$

und

$$K^B = + M\left(1 - \frac{e^2 + 3 x' (e + x')}{l^2}\right). \tag{38}$$

Hierin ist M mit seinem Vorzeichen (ein rechtsdrehendes Moment positiv) einzusetzen.

Ist die Höhe der Konsole im Verhältnis zur Stützenhöhe sehr klein, so kann der Abstand

$$e = 0$$

gesetzt werden und wir erhalten in diesem Falle

$$
\left.
\begin{aligned}
K^A &= - M \left(1 - \frac{3\,x^2}{l^2} \right) \\
K^B &= + M \left(1 - \frac{3\,x'^2}{l^2} \right).
\end{aligned}
\right\} \tag{39}
$$

In den Abb. 86b, 87b u. 88b wurden die Kreuzlinien und Schlußlinien für die aus den Abb. 86, 87 u. 88 ersichtliche Höhenlage der

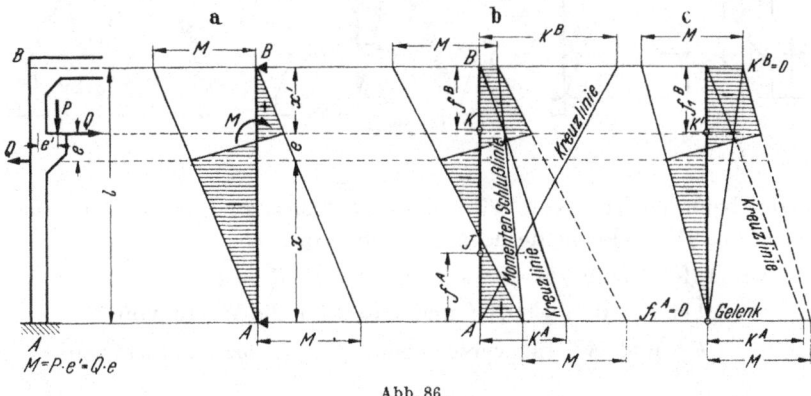

Abb. 86.

Konsole für eine Einspannung des Stützenfußes eingetragen; die Abb. 86c. 87c u. 88c zeigen dasselbe für gelenkige Lagerung des Stützenfußes, in welchem Falle $K^B = 0$ wird. Dabei wurde, wie aus

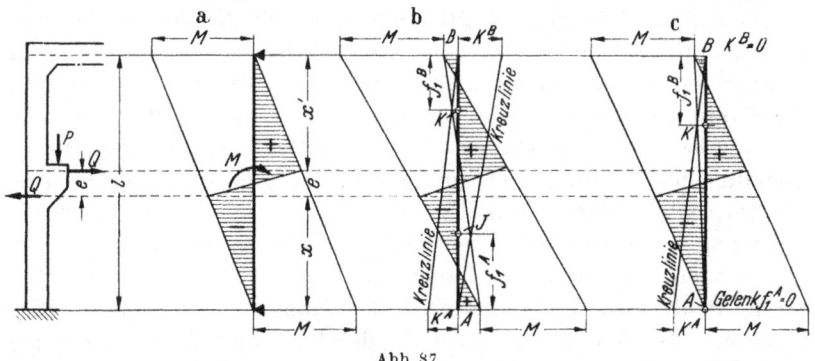

Abb. 87.

den Abb. 86b, 87b und 88b zu ersehen ist, zuerst die Schlußlinie mit Hilfe der Kreuzlinienabschnitte konstruiert und dann die M_0-Fläche von der Schlußlinie (anstatt der Stabachse) aus aufgetragen, so daß

die Säulenachse die Trennungslinie für die positiven und negativen
Momente bildet. Diese Auftragungsweise ist bei Konsolbelastung besonders vorteilhaft. Wie aus diesen Abbildungen ersichtlich, werden
die Kreuzlinienabschnitte je nach der Höhenlage der Konsole ent-

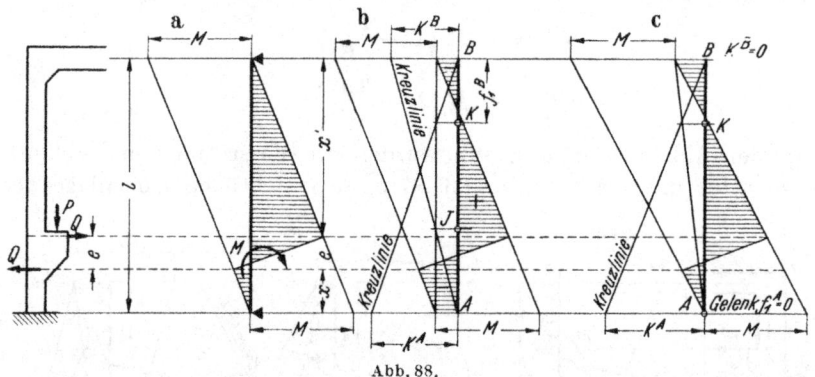

Abb. 88.

weder beide positiv (Abb. 86b), der eine positiv und der andere negativ (Abb. 87b) oder beide negativ (Abb. 88b).

Auf Tafel 6 sind für das *Konsolmoment* $M = 1$

bei $e = 0$, $e = 0{,}1\,l$ und $e = 0{,}2\,l$ die Werte von

K^A und K^B für verschiedene Werte von x angegeben.

IV. Bestimmung der Querkräfte, Normalkräfte und Auflagerkräfte.

1. Querkräfte.

Die Querkraft ist die Resuktierende sämtlicher Kräfte (Belastungen
und Reaktionen) links von dem betrachteten Stabquerschnitt; sie
wirkt senkrecht zur Stabachse. Am Balken auf zwei Stützen sind die
Querkräfte an den Auflagern aus der Gleichgewichtsbedingung ohne
weiteres bekannt. Bei statisch unbestimmten Tragwerken reicht jedoch die Gleichgewichtsbedingung zur Bestimmung der Querkräfte an
den Stabenden nicht aus, sondern wir erhalten dieselben erst nach Bestimmung der Momentenflächen des betrachteten Stabes.

Nachdem die Momentenfläche am ganzen Tragwerk ermittelt
wurde, denken wir uns jeden Stab des Tragwerks an seinen beiden
Enden herausgeschnitten, stützen ihn daselbst in je einem freien Lager
und belasten ihn mit den in den Schnittstellen wirkenden Momenten,
d. h. mit den beiden Stützenmomenten des betreffenden Stabes und
zwar mit solchem Drehsinn, daß der Spannungszustand des Stabes unverändert bleibt. Dann erhalten wir die Querkräfte an den Enden

jedes Stabes als seine normalen Auflagerdrücke, wenn wir einen belasteten Stab mit der gegebenen Belastung und den bekannten Stützenmomenten und einen unbelasteten Stab nur mit den beiden Stützenmomenten belasten. Nach Ermittlung der beiden Querkräfte an den Enden eines jeden Stabes bestimmen wir die Querkräfte in allen Schnitten bzw. die Querkraftsfläche an allen Stäben eines statisch unbestimmten Tragwerks genau wie am einfachen Balken als Resultante sämtlicher Kräfte links vom Schnitt.

Die Querkräfte berechnen sich wie folgt:

a) Analytisch.

Wir betrachten das in Abb. 89 dargestellte Tragwerk mit der aus dieser Abbildung ersichtlichen, als bekannt angenommenen Momentenfläche am ganzen Tragwerk (im vorliegenden Falle für das in C noch seitlich gestützte Tragwerk).

Wir denken uns alle Stäbe durch an ihren beiden Enden geführte Schnitte aus dem Tragwerk herausgetrennt, wie einfache Balken auf zwei Stützen gelagert und mit den gegebenen äußeren Kräften sowie mit den Stützenmomenten bzw. Einspannmomenten belastet. In den Abb. 89a bis d wurden z. B. die Stäbe 1, 4, 5 und 6 in herausgetrenntem Zustande dargestellt. Der einfache Balken AB (Abb. 89b) ist mit den rechtsdrehenden Stützenmomenten M_1^A und M_1^B zu belasten, der einfache Balken BH (Abb. 89c) mit dem in B wirkenden rechtsdrehenden Moment M_5 und der einfache Balken BF (Abb. 89d) mit den rechtsdrehenden Momenten M_4^B und M_4^F. Der einfache Balken BC (Abb. 89a) ist mit den gegebenen äußeren Kräften P_1 und P_2 sowie mit den entgegengesetzt drehenden Stützenmomenten M_6^B und M_6^C zu belasten.

Nun sind die normalen Auflagerdrücke an diesen so belastet gedachten einfachen Balken gleich den Querkräften an den Enden der betreffenden Stäbe; es ist also z. B., wenn $\mathfrak{Q}$ den Auflagerdruck an dem gedachten frei aufliegenden Balken infolge der äußeren Lasten allein bedeutet, die Querkraft

$$Q_6^B = \mathfrak{Q}_6^B + \frac{M_6^B - M_6^C}{l_6}, \text{ worin } \mathfrak{Q}_6^B = \frac{P_1 \cdot x_1 + P_2 \cdot x_2}{l_6}$$

$$\text{und} \quad Q_6^C = \mathfrak{Q}_6^C + \frac{M_6^C - M_6^B}{l_6}, \text{ worin } \mathfrak{Q}_6^C = \frac{P_1 \cdot (l_6 - x_1) + P_2 (l_6 - x_2)}{l_6}$$

$$\text{ferner} \quad + Q_1^B = - Q_1^A = \frac{M_1^A + M_1^B}{l_1}$$

$$\text{und} \quad - Q_5^B = + Q_5^E = \frac{M_5^B}{l_5}$$

$$Q_4^B = - Q_4^F = \frac{M_4^B + M_4^F}{l_4}.$$

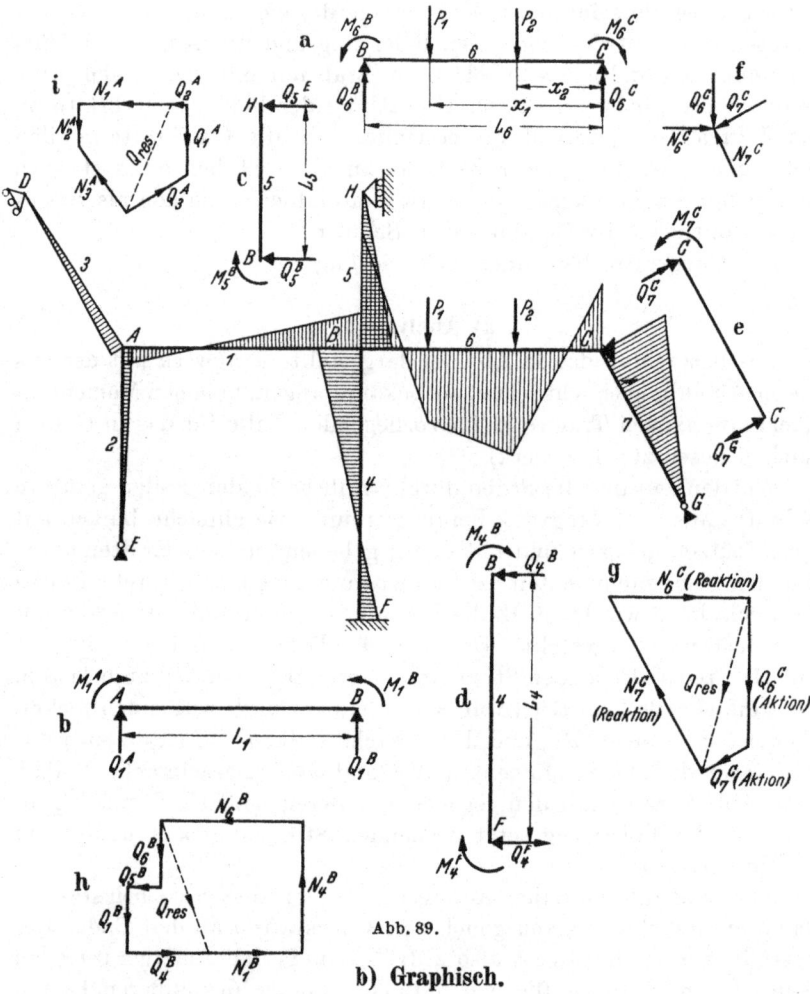

Abb. 89.

b) Graphisch.

Wir betrachten den in Abb. 90 dargestellten durchlaufenden Balken $ABCDE$ auf einer frei drehbaren Stütze und drei biegungsfest mit dem Balken verbundenen Pfeilern mit der in dieser Abbildung eingezeichneten bekannten Momentenfläche am ganzen Tragwerk. Wir nehmen an, die M_0-Flächen dieser Momentenfläche seien mit Hilfe der mit gleicher Polweite H gezeichneten Kraftecke NO_1N' und $N'O_2N''$ (Abb. 90a) aufgetragen worden. Wurden die Ordinaten der M_0-Flächen rechnerisch ermittelt und unter stillschweigender Annahme einer gewissen Polweite aufgetragen, so zeichnen wir rückwärts ein Krafteck, welches aus der äußeren Belastung und den beiden Endstrahlen (Parallelen zu den Endseiten des die M_0-Fläche begrenzenden Seilecks) besteht.

Nun denken wir uns alle Stäbe, Balken und Pfeiler des Tragwerkes, wie in Abb. 90b dargestellt, in einfache Balken auf zwei Stützen zerlegt und mit den gegebenen äußeren Lasten sowie mit den Stützen-

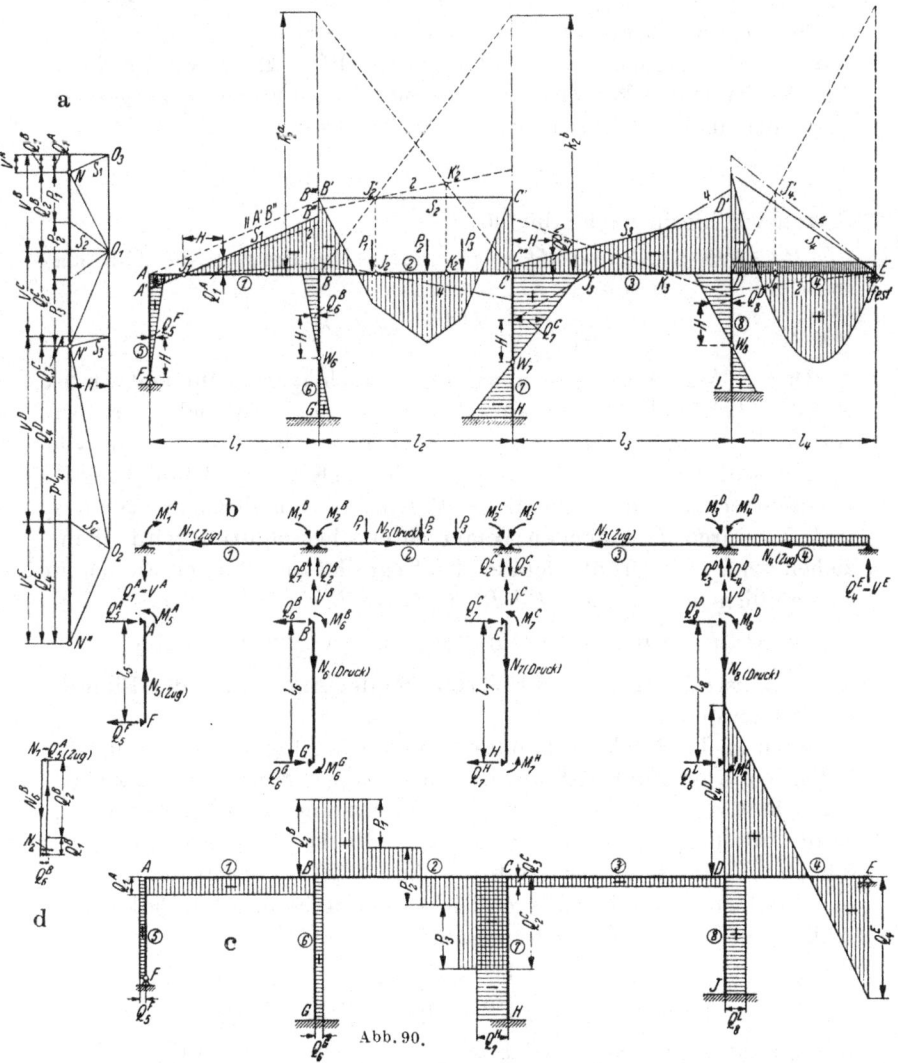

Abb. 90.

momenten der betreffenden Stäbe belastet. Dann sind die normalen Auflagerdrücke an diesen Balken gleich den Querkräften an den Enden der betreffenden Stäbe und werden wie folgt erhalten:

a) Belastete Stäbe: Die beiden Auflagerdrücke Q_2^B und Q_2^C des gedachten einfachen Balkens der zweiten Öfnung werden im Krafteck,

NO_1N' (Abb. 90a) durch die vom Pol O_1 aus gezogene Parallele zur Schlußlinie s_2 auf dem Kräftezug $P_1P_2P_3$ abgeschnitten; analog werden die Auflagerdrücke Q_4^D und Q_4^E im Krafteck $N'O_2N''$ durch die von O_2 aus gezogene Parallele zu s_4 auf dem Kräftezug $p \cdot l_4$ abgeschnitten.

b) **Unbelastete Stäbe:** Die beiden Auflagerdrücke Q_1^A und Q_1^B des gedachten einfachen Balkens der ersten Öffnung, in welcher keine äußeren Kräfte vorkommen, sind einander gleich und entgegengesetzt. Es genügt daher Q_1^A zu ermitteln. Es ist aus der Anschauung

$$Q_1^A = -\frac{M_1^A + M_1^B}{l_1}.$$

Setzen wir hierin nach Abb. 90:

$$M_1^A = H \cdot AA' \text{ und } M_1^B = H \cdot BB'' \quad (H = \text{Polweite der Abb. 90a})$$

so folgt:

$$Q_1^A = -\frac{H(AA' + BB'')}{l_1}.$$

Diesen Ausdruck können wir im überschlagenen Momentviereck $AA'J_1B''B$ (Abb. 90) als Strecke ermitteln: Wir ziehen im Abstande H (Polweite, im Kräftemaß abzutragen) links oder rechts von J_1 eine Senkrechte; dann ist Q_1^A gleich der im Kräftemaßstab abgegriffenen Strecke, welche auf dieser Vertikalen von der Schlußlinie s_1 und der durch J_1 gehenden Waagrechten abgeschnitten wird; denn, ziehen wir von A aus die Gerade AB'' parallel zu s_1, so verhält sich in den ähnlichen Dreiecken BJ_1B'' und BAB''

$$Q_1^A : H = (BB'' + B''B'''):l_1, \quad \text{wobei} \quad B''B''' = AA'.$$

Diese Konstruktion wird mit Vorteil bei der Auftragung der Einflußlinien verwendet.

Auch im Krafteck (Abb. 90a) können wir Q_1^A graphisch ermitteln, indem wir vom Punkte N aus die Parallele zur Schlußlinie s_1 ziehen. Ihr Schnittpunkt mit der Vertikalen im Abstand H ist O_3. Die Waagrechte durch O_3 bestimmt Q_1^A auf der Kraftlinie. Ebenso wird Q_3^C ermittelt. Dadurch ist der Kräftezug (Abb. 90a) so vervollständigt, daß in demselben auch alle Auflagerdrücke des durchlaufenden Balkens gebildet werden können; es ist nämlich

$$V^A = Q_1^A; \quad V^B = Q_1^B + Q_2^B;$$
$$V^C = Q_2^C - Q_3^C; \quad V^D = Q_3^D + Q_4^D; \quad V^E = Q_4^E.$$

Die Querkräfte an Kopf und Fuß der vier unbelasteten Pfeiler (Stäbe 5, 6, 7, 8) erhalten wir in genau derselben Weise wie diejenigen der unbelasteten ersten Öffnung. In Abb. 90b wurden die vier Pfeiler herausgezeichnet. Die Querkräfte an deren Enden können in Abb. 90 im Abstand H von der Balkenachse abgegriffen werden.

In Abb. 90c ist die Querkraftsfläche für die ganze Konstruktion dargestellt, wobei am Balken (liegender Stab) positive Querkräfte nach oben und an den Pfeilern (stehende Stäbe) positive Querkräfte nach rechts aufgetragen wurden. Mit dem Auftragen wurde beim Balken links, und bei den Pfeilern unten angefangen.

2. Normalkräfte.

Die Normalkräfte wirken in Richtung der Stabachse und sind in unbelasteten (und gewichtslosen) Stäben auf deren ganze Länge konstant. Da an jedem Knotenpunkt eines biegungsfesten Stabwerks nicht nur zwischen den Momenten, sondern auch zwischen den Quer- und Normalkräften Gleichgewicht bestehen muß, so erhalten wir die Normalkräfte nach Bestimmung der Querkräfte dadurch, daß an jedem Knotenpunkt die Querkräfte der dort zusammentreffenden Stäbe zu einer Resultierenden $Q_{r\,s}$ zusammengesetzt werden, und letztere dann nach den sich in diesem Knotenpunkt schneidenden Stabrichtungen zerlegt wird. Die Knotenpunkte des Tragwerks können festgehalten oder verschiebbar sein. Die Normalkräfte richten sich nur nach den aus der entsprechenden Momentenfläche ermittelten Querkräften.

Betrachten wir z. B. den herausgetrennt gedachten Knotenpunkt C (Abb. 89f) des Tragwerks Abb. 89 mit der gegebenen Momentenfläche. An diesem greifen die Querkräfte Q_6^B und Q_7^C in umgekehrter Richtung (als „Aktionen") wie an den herausgeschnitten gedachten Stäben an, und die Normalkräfte N_6^C und N_7^C, welche sich durch Zusammensetzen von Q_6^C und Q_7^C zu Q_{res}^C und Zerlegen der letzteren nach den Richtungen der Stäbe 6 und 7 ergeben, halten den durch die „Aktion" Q_{res}^C belasteten Knotenpunkt im Gleichgewicht. Diese Kräftezusammensetzung und -zerlegung ist in Abb. 89g dargestellt. In der Abb. 89h ist das Kräftepolygon für den Knotenpunkt B gezeichnet. Die Querkräfte Q_6^B, Q_5^B, Q_1^B und Q_4^B ergeben die Resultierende Q_{res}^B, die nun nach den Richtungen 1, 4 und 6 zu zerlegen ist. Die Richtung des Stabes 5 fällt aus, da der Stab 5 im Punkt H in Richtung des Stabes beweglich gelagert ist und deshalb in diesem keine Normalkraft wirken kann. Die Normalkraft des Stabes 6 ist nun durch die Zerlegung am Knotenpunkt C bekannt, also N_6^B und N_6^C, so daß es möglich ist, nun durch einfache Zerlegung die Normalkräfte N_1^B und N_4^B zu bestimmen. Daraus ist auch ersichtlich, daß bei Knotenpunkten mit senkrecht aufeinanderstehenden Stäben sich ergibt:

$$N_4 = Q_1^B + Q_6^B$$
$$N_1^B = N_6^B + Q_5^B - Q_4^B$$
$$N_6^B = Q_4^B + N_1^B - Q_5^C \;.$$

Die Normalkräfte sind Druckkräfte, da sie gegen den Knotenpunkt drücken.

In Abb. 89i ist das Kräftepolygon für den Knotenpunkt A gezeichnet. Die Querkräfte Q_3^A, Q_1^A und Q_2^A geben wieder die Resultierende Q_{res}^A, die nun nach den Richtungen 1, 2 und 3 zerlegt werden kann, da $N_1^A = N_1^B$ bereits bekannt ist. Die Normalkraft N_2^A ist von Knotenpunkt weggerichtet und ist deshalb eine Zugkraft, wärend N_1 und N_3 wieder Druckkräfte sind.

3. Fundamentkräfte.

a) Feste Einspannung im Fundament (Abb. 91).

Auf das Fundament wird übertragen:

das Einspannmoment M_6^G
die Normalkraft N_6^G
ferner   die Querkraft Q_6^G.

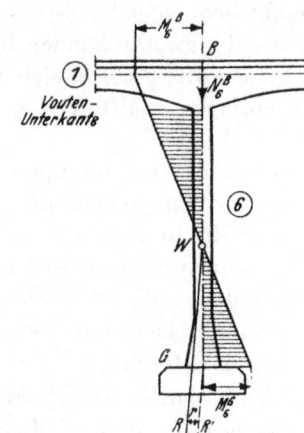

Bilden wir die Resultante R aus diesen Kräften einschließlich des Gewichts G des Fundamentkörpers

Abb. 91.

Vouten-Unterkante

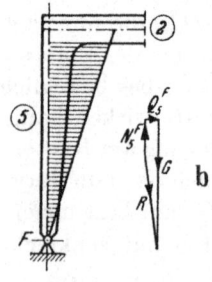
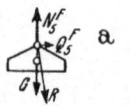

Abb. 92.

übertragen:

(Abb. 91b), so erhalten wir die auf die Fundamentsohle wirkende Resultierende. Die Resultante R' der Kräfte N_6^G und Q_6^G wird durch das Moment M_6^G parallel verschoben und zwar um

$$r = \frac{M_6^G}{R'}.$$

Als Kontrolle muß sich ergeben, daß R durch den Momentennullpunkt W des Stabes hindurchgeht.

b) Gelenkige Lagerung auf dem Fundament (Abb. 92).

Auf das Fundament wird in diesem Falle die Normalkraft N_5^F

und die Querkraft Q_5^F $\Big\}$ s. Abb. 92a.

Bilden wir die Resultierende aus diesen Kräften einschließlich des Eigengewichts G des Fundamentkörpers (Abb. 92b), so erhalten wir die auf die Fundamentsohle wirkende Resultierende R.

c) Bewegliche Lagerung (Rollenlager) auf dem Fundament.

Auf das Fundament wird in diesem Falle nur die Normalkraft N übertragen, sofern nicht noch besondere Reibungskräfte der Rollenlager zu berücksichtigen sind.

V. Bestimmung der Festhaltekräfte.

An einem Tragwerk (ein- oder mehrstöckig) mit *durch gedachte Lager* bedingten unverschiebbaren Knotenpunkten tritt in diesen Lagern je eine Festhaltekraft auf, welche wir in umgekehrter Richtung wirkend, nämlich als Verschiebekraft, zur Berechnung der Zusätze zu den inneren Kräften für den festgehaltenen Zustand benötigen.

Wir erläutern im folgenden die Ermittlung der Festhaltekraft an mehreren häufig vorkommenden Tragwerken:

a) Rechteckrahmen mit 2 Öffnungen (Balkenbelastung).

Die Balkenöffnung *1* sei mit der beliebig schief gerichteten Kraft P belastet. Wir zerlegen P in die Komponente P' rechtwinklig zur Stabrichtung und in die Komponente P'' in Richtung des Stabes, und ermitteln die in Abb. 93 dargestellte Momentenfläche für die Belastung P' am ganzen Rahmen unter der Voraussetzung unverschiebbarer Knotenpunkte, bewirkt durch ein gedachtes festes Lager am Knotenpunkt C (R. I).

Zur Bestimmung der in dem gedachten Lager in C auftretenden Festhaltekraft ermitteln wir die Querkräfte an allen Knotenpunkten des Rahmens nach Kap. IV (Abb. 93a), und wir sollten nun nach dem allgemeinen Fall an jedem Knotenpunkt die Resultierende Q_{res} derselben bilden. Die Resultierende Q_{res}^A am Knotenpunkte A ist eine durch A gehende schief gerichtete Kraft, welche sich aus der Zusammensetzung von Q_1^A und Q_3^A ergibt; diese schief zugerichtete Kraft Q_{res}^A ist dann in Richtung des Auflagerstabes 3 und in eine passend gewählte andere Richtung zu zerlegen, als welche wir die Richtung des horizontalen Balkens annehmen. Anstatt aber Q_{res}^A in die Richtung der Stäbe 3 und 1 zu zerlegen, können wir dies auch mit den einzelnen Querkräften Q_1^A und Q_3^A vor deren Zusammensetzung zu Q_{res}^A tun; wir sehen dann, daß Q_1^A ganz in die Richtung des senkrechten Auflagerstabes 3 und Q_3^A ganz in diejenige des waagrechten Balkens 1 fällt; im vorliegenden Fall haben wir also nicht nötig, erst Q_1^A und Q_3^A zu Q_{res}^A zusammenzusetzen und diese dann wieder in dieselben Komponenten zu zerlegen. Die Komponente Q_1^A kann keine Verschiebung des Rahmens hervorrufen, und deshalb hat sie auch keinen Anteil an der Festhaltekraft; es bleibt daher als eine Komponente der Festhaltekraft nur Q_3^A übrig. Die Reaktion Q_{res} ist gleich der Resultante der Querkräfte Q_1^B, Q_2^B und Q_4^B (Abb. 93a); auch Q_{res}^B brauchen wir nicht erst zu bilden, weil deren Komponente Q_1^B und Q_2^B in die Richtung des Auflagerstabes 4 fällt und mithin nur Q_4^B übrigbleibt als eine Komponente der Festhaltekraft.

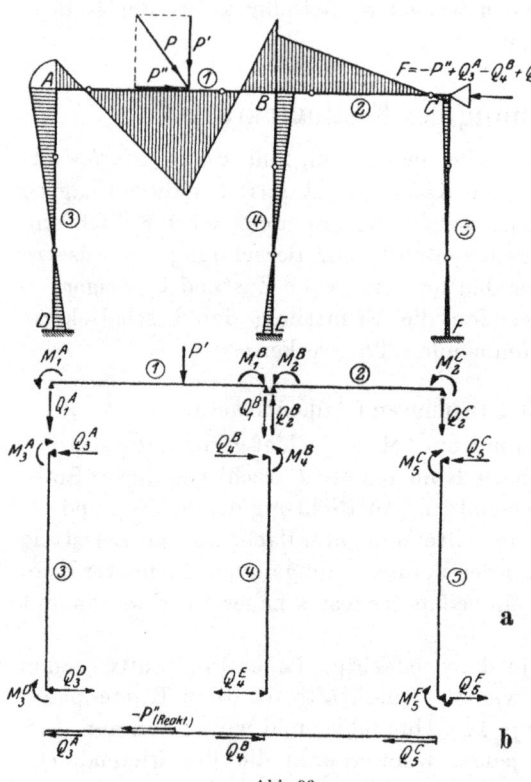

Abb. 93.

Ebenso ist von den Komponenten Q_2^C und Q_5^C in C nur die letztere eine Komponente der Festhaltekraft. Es bleibt nun noch die Berücksichtigung der Horizontalkomponente P'' der äußeren Belastung; diese erzeugt in dem gedachten Lager in C eine Reaktion gleich und entgegengesetzt P'' (also $- P''$). Im gedachten Lager in C wirken also als Komponenten der Festhaltekraft die Kräfte $- P''$, Q_3^A, und Q_4^B und Q_5^C (Abb. 93b), welche wir zu einer einzigen Kraft, der gesuchten Festhaltekraft F zusammensetzen können, weil sie in derselben Geraden laufen. Die drei schief gerichteten Reaktionen in den unverschiebbar vorausgesetzten Knotenpunkten A, B und C, welche die von der äußeren Belastung P angestrebte Verschiebung des Rahmens aufhalten, haben wir daher durch eine einzige Kraft in Richtung des Balkens mit derselben Wirkung ersetzt.

b) Rechteckrahmen mit Aufsatz (Abb. 94).

Der Stab 2 des Aufsatzes sei mit einer beliebig gerichteten Kraft P belastet, welche wir zur Berechnung des Tragwerks in eine Komponente P' normal zum Stab 2 und eine Komponente P'' in Richtung desselben zerlegen. Das Tragwerk sei während RI durch ein festes Lager in D

horizontal verschiebbar festgehalten (dadurch werden auch die Knotenpunkte B und C unverschiebbar gemacht), und die in Abb. 94 angetragenen Momente beziehen sich auf diesen Zustand. Aus diesen Momenten ermitteln wir die zugehörigen Querkräfte an allen Stab-

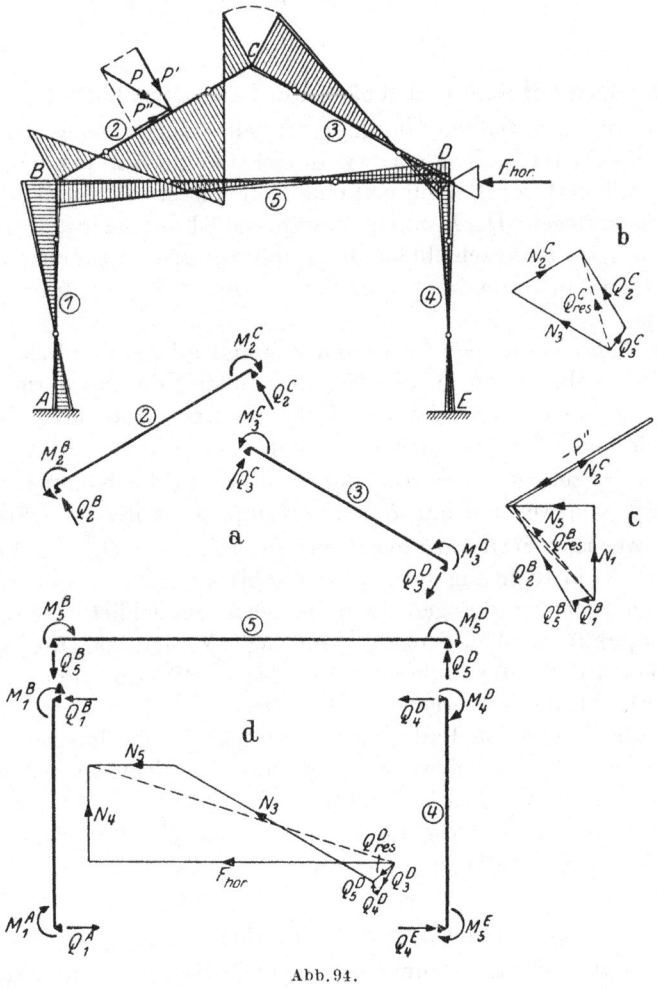

Abb. 94.

enden (Abb. 94a) und setzen dieselben an jedem Knotenpunkt zu Q_{res} zusammen. In Abb. 94b zerlegen wir nun zunächst Q_{res}^C in N_2^C und N_3^C („Reaktionen"), von welchen letztere im Lager in D auftritt. Hierauf setzen wir in Abb. 94c Q_{res}^B mit N_2^C sowie mit der „Reaktion" von P'', also mit $-P''$, zusammen und zerlegen die daraus hervorgehende Resultierende in N_5 und N_1, von denen erstere am Lager in D

4*

auftritt und letztere aus der Berechnung der Festhaltekraft ausscheidet. Zum Schluß setzen wir in D (Abb. 94d) Q_{res}^D mit N_3 und N_5 zusammen und zerlegen die daraus hervorgehende Resultierende in Richtung des in D anschließenden Auflagerstabes 4 und die Horizontale; dann ist die letztere Komponente die gesuchte Festhaltekraft F_{hor}.

c) Rahmen mit senkrechten Säulen und geneigtem Balken. Abb. 95.

Die geneigte Balkenöffnung 1 sei mit einer beliebig gerichteten Kraft P belastet, welche wir, wie immer, in eine Komponente P' normal zum belasteten Balken und eine Komponente P'' in Richtung des Balkens zerlegen. Der Rahmen sei während RI durch ein in C gedachtes festes Lager unverschiebbar festgehalten, und wir suchen die in demselben auftretende Festhaltekraft in Richtung des geneigten Balkens.

Die Momentenfläche für diesen Zustand infolge der Belastung P' (Abb. 95) nehmen wir als gegeben an, ermitteln die zugehörigen Querkräfte an allen Stabenden des Rahmens (Abb. 95a) und bilden die Resultierende Q_{res} an jedem Knotenpunkt. Im Knotenpunkt A (Abb. 95b) zerlegen wir nun zunächst Q_{res}^A in die Komponenten N_3 und N_1^A, von welchen nur N_1^A eine Komponente der gesuchten Festhaltekraft ist. Ferner zerlegen wir in Abb. 95c Q_{res}^B in die Komponente N_4 in Richtung des Auflagerstabes 4, welche ausscheidet, und in N_2 in Richtung des geneigten Balkens. Schließlich setzen wir im Knotenpunkt C (Abb. 95d) Q_{res}^C mit N_1^A, N_2 und der Reaktion der Komponente P'' der äußeren Last, also $-P''$, zusammen und zerlegen die daraus hervorgehende Resultierende in Richtung des Auflagerstabes 5 und die Balkenrichtung; dann ist die letztere Komponente gleich der gesuchten Festhaltekraft in Richtung des Balkens. Wünscht man die Festhaltekraft in horizontaler Richtung, so zerlegt man in Abb. 95d die Resultierende aus Q_{res}^A, N_1^A, N_2 und $-P''$ in Richtung des Auflagerstabes 5 und die Horizontale.

d) Zweistöckiger Rechteckrahmen (Abb. 96).

Der Stab 2 und 4 des Rahmens sei mit gleichmäßig verteilter Last p pro lfd. m belastet. Der Stockwerkrahmen sei ferner (während RI) durch je ein gedachtes festes Lager in den Knotenpunkten C und F unverschiebbar festgehalten und wir suchen die in denselben auftretenden Festhaltekräfte F_I und F_{II}. Die Momentenfläche für diesen Zustand (RI) infolge der gegebenen Belastung (Abb. 96) nehmen wir als gegeben an und ermitteln die zugehörigen Querkräfte an allen Stabenden (Abb. 96a). Genau wie am einstöckigen Rechteckrahmen der

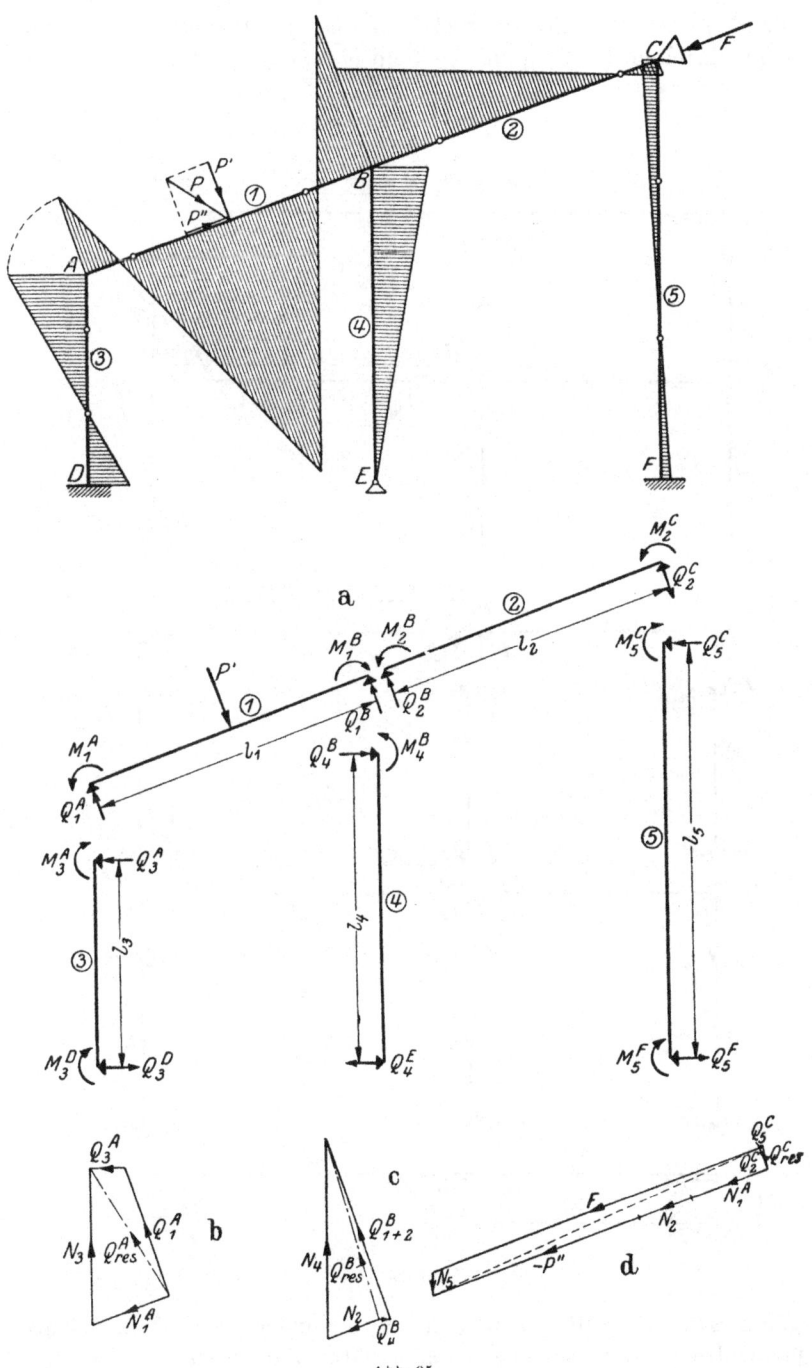

Abb. 95.

Abb. 93 setzen wir die senkrecht aufeinander stehenden Querkräfte an den einzelnen Knotenpunkten nicht erst zu Q_{res} zusammen und zer-

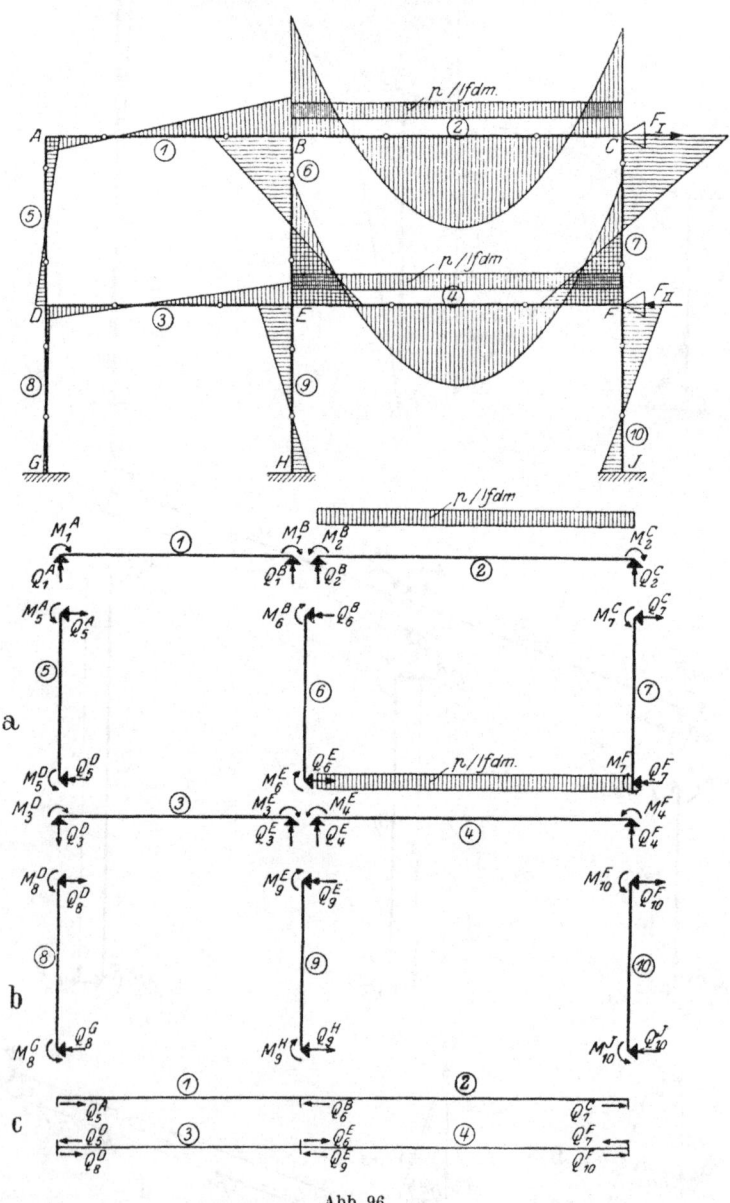

Abb. 96.

legen diese dann in dieselben Richtungen, sondern wir sehen, daß alle Querkräfte an den Enden der waagrechten Balken ganz in die senkrechten Säulen und die Querkräfte an den Enden der die Säulen bildenden Stäbe ganz in die waagrechten Balken fallen. Die in die Säulen fallenden Querkräfte werden von diesen in die Fundamente G, H und J übertragen und schieden daher aus. Um die beiden an einem zweistöckigen Rahmen auftretenden Festhaltekräfte F_I und F_{II} zu be-

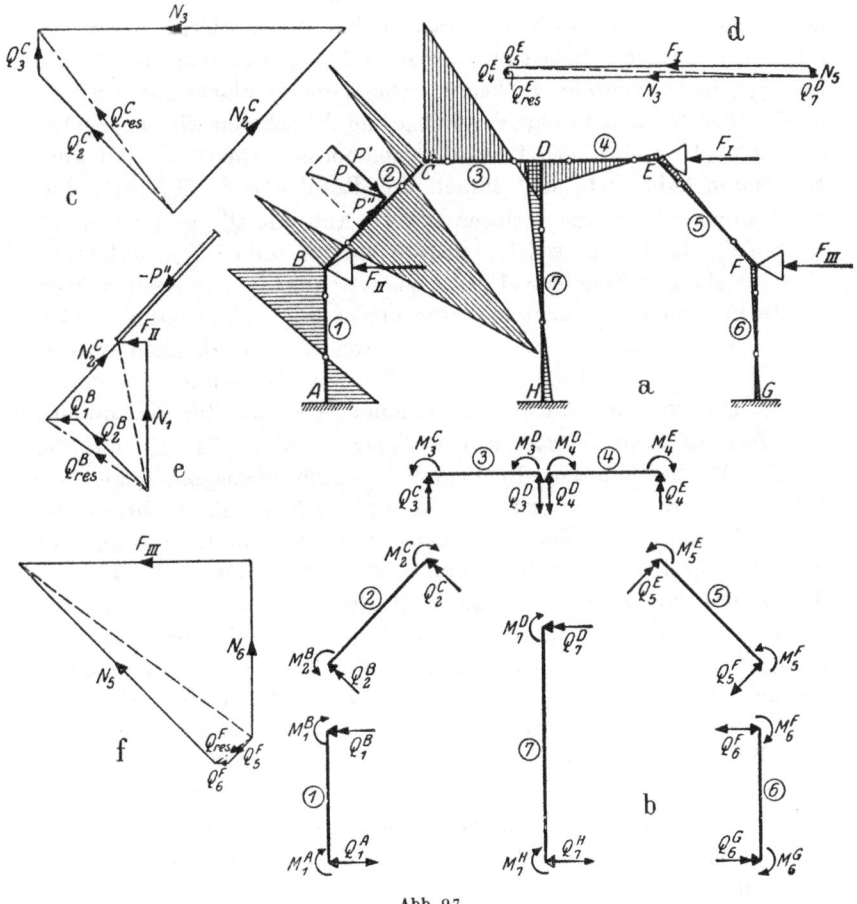

Abb. 97.

stimmen, brauchen wir nur die waagrechten Querkräfte („Reaktionen") der Knotenpunkte, welche in die betreffende Balkenrichtung fallen, zu vereinigen. In der Balkenrichtung 1—2 wirken die Reaktionen Q_5^A, Q_6^B und Q_7^C (Abb. 96b), welche zusammengesetzt die Festhalteskraft F_I ergeben; in der Balkenrichtung 3—4 wirken die Reaktionen Q_5^D, Q_6^E, Q_7^F sowie Q_8^D, Q_9^E und Q_{10}^F (Abb. 96c), welche zusammengesetzt die Festhaltekraft F_{II} ergeben.

e) Doppelter Dachrahmen, „nach der Seite" dreistöckig (Abb. 97).

Der Stab 2 des Rahmens sei mit einer beliebig gerichteten Kraft P belastet, welche wir wieder in die Komponenten P' und P'' normal und parallel zum belasteten Stab zerlegen. Damit sich kein Knotenpunkt des Rahmens während Rechnungsabschnitt I verschieben kann, müssen wir. an den Knotenpunkten B, E und F je ein festes Lager anbringen (siehe Abb. 97a); wir suchen die in diesen Lagern infolge der äußeren Belastung auftretenden Festhaltekräfte F_I, F_{II} und F_{III} in horizontaler Richtung. Die Momentenfläche für den festgehaltenen Zustand infolge der Belastung P' nehmen wir als gegeben an (siehe Abb. 97a), ermitteln die zugehörigen Querkräfte an allen Stabenden (Abb. 97b) und bilden die Resultierende Q_{res} an jedem Knotenpunkt. Daraus zerlegen wir in Abb. 97c Q_{res}^C in die Komponenten N_2^C und N_3, von welchen erstere einen Anteil zu F_{II} und letztere einen solchen zu F_I liefert. Die im Knotenpunkt D angreifenden Querkräfte brauchen wir nicht erst zusammenzusetzen und dann nachher in ihre eigenen Richtungen zu zerlegen, sondern wir erkennen, daß Q_3^D und Q_4^D ganz in den Auflagerstab 7 fallen und damit ausscheiden und daß Q_7^D ganz von dem Lager in E aufgenommen wird. Zur Bestimmung der Festhaltekraft F_I setzen wir daher in Abb. 97d Q_{res}^E mit der in Abb. 97c bestimmten „Reaktion" N_3 sowie Q_7^D zusammen und zerlegen die daraus hervorgehende Resultierende in die Richtung des Stabes 5 und die Horizontale; dann ist die horizontale Komponente die gesuchte Festhaltekraft F_I. Zur Bestimmung der Festhaltekraft F_{II} setzen wir in Abb. 97e Q_{res}^B mit der in Abb. 97c bestimmten „Reaktion" N_2^C und der „Reaktion" von P'' (also nach abwärts g richtet) zusammen und zerlegen die daraus hervorgehende Resultierende in Richtung des Auflagerstabes 1 und die Horizontale; dann st die horizontale Komponente die gesuchte Festhaltekraft F_{II}. Zur Bestimmung der Festhaltekraft F_{III} setzen wir in Abb. 97f Q_{res}^F mit der in Abb. 97d bestimmten „Reaktion" N_5 zusammen und zerlegen die dadurch erhaltene Resultierende in Richtung des Auflagerstabes 6 und die Horizontale; es ist dann die horizontale Komponente gleich der gesuchten Festhaltekraft F_{III}.

Zweiter Abschnitt.

Rechnungsabschnitt II.

Tragwerke mit verschiebbaren Knotenpunkten und mit von Stab zu Stab veränderlichem aber auf Stablänge konstantem Trägheitsmoment.

Wie bereits in der Einleitung erläutert, haben wir im Abschnitt I die Berechnung der Tragwerke bei unverschieblichen Knotenpunkten und mit auf Stablänge konstantem Trägheitsmoment durchgeführt und diesen Berechnungsgang als den Rechnungsabschnitt I (RI) bezeichnet. Wir haben also dabei angenommen, daß die Verschiebbarkeit des Rahmentragwerks durch gedachte Lager an den Knotenpunkten aufgehoben ist, ohne jedoch die elastische Drehbarkeit der Knotenpunkte zu behindern. Aus den Momenten des RI zusammen mit den entsprechenden Komponenten der äußeren Belastung ergibt sich nun eine Festhaltekraft F (Kapitel V), die in den gedachten Lagern zur Verhinderung der Verschiebung auftritt. Um jedoch den tatsächlichen Zustand des Rahmentragwerks herzustellen, müssen wir das gedachte Lager und damit auch die Festhaltekraft, welche die Knotenpunkte während des RI unverschiebbar festhielt, entfernen. Diese Festhaltekraft tritt dann als entgegengesetzt gerichtete Verschiebekraft in Tätigkeit und erteilt den Knotenpunkten eine waagerechte Verschiebung Δ. Die durch diese Verschiebung infolge der Verschiebekraft entstehenden Momente bezeichnen wir als die *Zusatzmomente des Rechnungsabschnittes II.*

VI. Biegungsmomente infolge Verschiebung eines Knotenpunktes und die zugehörige Erzeugungskraft.

Betrachten wir von einem Rahmentragwerk den Stab *1* mit den Knotenpunkten A und B (Abb. 98) und untersuchen, welche Momente $\mathfrak{m}_1^A$ und $\mathfrak{m}_1^B$ infolge der horizontalen Verschiebung Δ des Knotenpunktes B gegenüber A entstehen. Wir nehmen also an, daß zunächst nur der *Stab 1 eine sog. Schwenkung* erfährt, während die übrigen Stäbe sich wohl z. T. in ihrer Gesamtlage verschieben (z. B. C nach C') und die Knotenpunkte sich auch etwas verdrehen, daß aber *keine* gegenseitigen Verschiebungen (Schwenkungen) vorkommen.

Wäre der Stab AB in den Knotenpunkten A und B nicht elastisch eingespannt, sondern frei drehbar gelagert, dann würde der Stab AB nach der Verschiebung von B nach B' wieder eine gerade Linie AB' bilden mit dem Verdrehungswinkel $\dfrac{\Delta}{l}$ (Abb. 99a). Da jedoch der

Stab AB an seinen Endpunkten elastisch eingespannt ist, entstehen bei der Verschiebung Einspannmomente, durch welche der Stab AB die auf Abb. 98 dargestellte Biegelinie erhält.

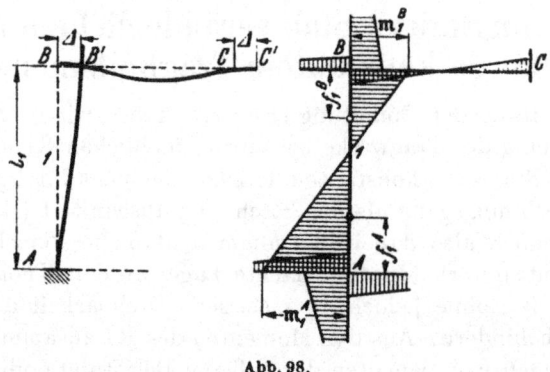

Abb. 98.

Wir bezeichnen mit m_1^A und m_1^B die Momente des Stabes 1 in den Knotenpunkten A und B infolge der horizontalen Verschiebung des

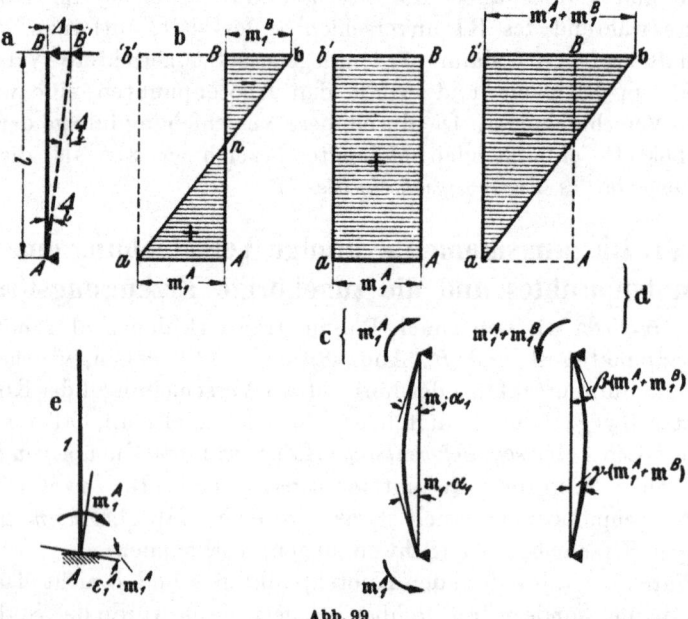

Abb. 99.

Knotenpunktes B um $\varDelta$ (Abb. 99b). Wenn wir nun beachten, daß wir, um die Grundgrößen α und β verwenden zu können, an Stelle der

Momentenfläche $A \, a \, n \, b \, B$ die beiden Momentenflächen setzen:

Rechteckfläche $A \, a \, b' \, B$ und

Dreiecksfläche $- a \, b' \, B \, b$,

so setzen sich die Drehwinkel des Stabendquerschnittes A aus folgenden Einzelwerten zusammen:

1. Drehwinkel des Stabes $A \, B$ am Knotenpunkt A infolge Verschiebung des Knotenpunktes B um $\varDelta$

$$= - \frac{\varDelta}{l_1} \qquad \text{Abb. 99a.}$$

2. Drehwinkel am Knotenpunkt A infolge Belastung des einfachen Balkens $A \, B$ mit der Momentenfläche $A \, a \, b' \, B$

$$= + \mathfrak{m}_1^A \cdot \alpha_1 \qquad \text{Abb. 99c.}$$

3. Drehwinkel am Knotenpunkt A infolge Belastung des einfachen Balkens $A \, B$ mit der Momentenfläche $a \, b' \, b$, d. h. also mit dem Moment $-(\mathfrak{m}_1^A + \mathfrak{m}_1^B)$ am Knotenpunkt B

$$= - (\mathfrak{m}_1^A + \mathfrak{m}_1^B) \cdot \beta_1 \qquad \text{Abb. 99d.}$$

4. Drehwinkel des Widerlagers am Stabende A infolge Belastung durch das Moment $\mathfrak{m}_1^A$

$$= - \mathfrak{m}_1^A \cdot \varepsilon_1^A \qquad \text{Abb. 99e.}$$

In derselben Weise ergeben sich die Einzelwerte für den Knotenpunkt B, wobei wir an Stelle der Momentenfläche $A \, a \, n \, b \, B$ die beiden Momentenflächen setzen:

Rechteckfläche $A \, a' \, b \, B$

und $\qquad$ Dreiecksfläche $a \, a' \, b$ $\qquad$ Abb. 100b.

1. Drehwinkel des Stabes $A \, B$ am Knotenpunkt B infolge Verschiebung des Knotenpunktes B um $\varDelta$

$$= + \frac{\varDelta}{l_1} \qquad \text{Abb. 100a.}$$

2. Drehwinkel am Knotenpunkt B infolge Belastung des einfachen Balkens $A \, B$ mit der Momentenfläche $A \, a' \, b \, B$

$$= - \mathfrak{m}_1^B \cdot \alpha_1 \qquad \text{Abb. 100c.}$$

3. Drehwinkel am Knotenpunkt B infolge Belastung des einfachen Balkens $A \, B$ mit der Momentenfläche $a \, a' \, b$, d. h. also mit dem Moment $-(\mathfrak{m}_1^A + \mathfrak{m}_1^B)$ am Knotenpunkt A

$$= + (\mathfrak{m}_1^A + \mathfrak{m}_1^B) \cdot \beta_1 \qquad \text{Abb. 100d.}$$

4. Drehwinkel des Widerlagers am Stabende B infolge Belastung durch das Moment $\mathfrak{m}_1^B$

$$= + \mathfrak{m}_1^B \cdot \varepsilon_1^B \qquad \text{Abb. 100e.}$$

Hieraus ergeben sich die folgenden beiden Gleichungen:

$$-\frac{\Delta}{l} + m_1^A \cdot \alpha_1 - (m_1^A + m_1^B) \cdot \beta_1 = - m_1^A \cdot \varepsilon_1^A \qquad (40)$$

$$+\frac{\Delta}{l} - m_1^B \cdot \alpha_1 + (m_1^A + m_1^B) \cdot \beta_1 = + m_1^B \cdot \varepsilon_1^B \qquad (41)$$

Addieren wir nun die Gl. (40) zu Gl. (41), so erhalten wir:

$$0 + m_1^A \cdot \alpha_1 - m_1^B \cdot \alpha_1 = - m_1^A \cdot \varepsilon_1^A + m_1^B \cdot \varepsilon_1^B$$

oder $\quad m_1^A (\alpha_1 + \varepsilon_1^A) = m_1^B (\alpha_1 + \varepsilon_1^B)$

und $\quad m_1^B = m_1^A \cdot \dfrac{\alpha_1 + \varepsilon_1^A}{\alpha_1 + \varepsilon_1^B} \qquad (42)$

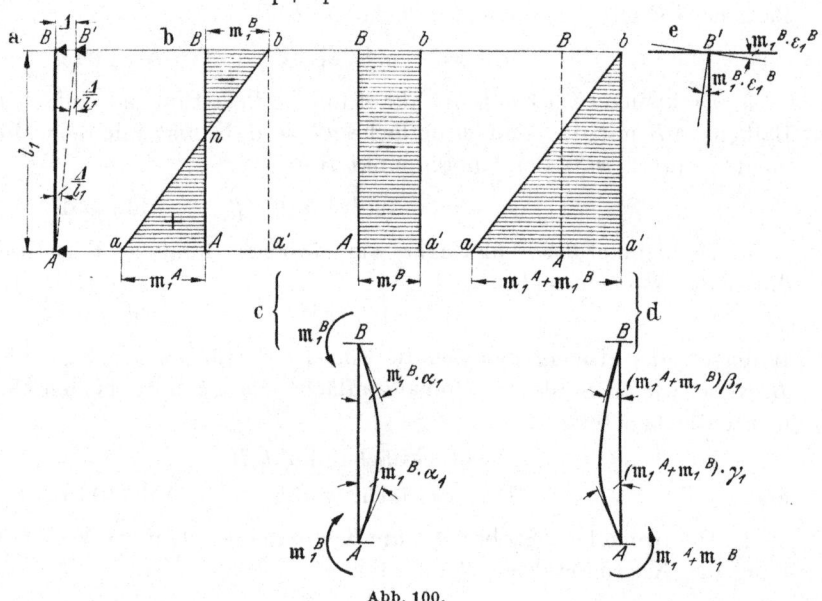

Abb. 100.

aus Gl. (17) u. (18) ergibt sich:

$$\alpha_1 + \varepsilon_1^B = \frac{\beta_1 \cdot l_1}{f_1^B} \quad \text{und} \quad \alpha_1 + \varepsilon_1^A = \frac{\beta_1 \cdot l_1}{f_1^A} \qquad (43)$$

in Gl. (42) eingesetzt gibt:

$$m_1^B = m_1^A \cdot \frac{f_1^B}{f_1^A} \qquad (44)$$

und mit diesem Wert in Gl. (40) eingesetzt unter Berücksichtigung des Wertes ε_1^A aus Gl. (43) mit $\varepsilon_1^A = \dfrac{\beta_1 \cdot l_1}{f_1^A} - \alpha_1$ erhalten wir

$$-\frac{\Delta}{l} + m_1^A \cdot \alpha_1 - m_1^A \cdot \beta_1 - m_1^A \cdot \frac{f_1^B}{f_1^A} \cdot \beta = - m_1^A \cdot \frac{\beta_1 \cdot l_1}{f_1^A} + m_1^A \cdot \alpha_1$$

oder $\qquad m_1^A \left(-\beta_1 - \dfrac{f_1^B}{f_1^A} \cdot \beta_1 + \dfrac{l_1}{f_1^A} \cdot \beta_1 \right) = \dfrac{\Delta}{l}$,

hieraus wird $\qquad m_1^A = \dfrac{\Delta \cdot f_1^A}{\beta_1 \cdot l_1 \cdot (l_1 - f_1^A - f_1^B)}$

$$(45)$$

und aus Gl. (44) $\quad m_1^B = \dfrac{\Delta \cdot f_1}{\beta_1 \cdot l_1 \cdot (l_1 - f_1^A - f_1^B)}$

Nach Gl. (5) ist $\beta_1 = \dfrac{1}{6\,E \cdot k_1}$ und bezeichnen wir $l_1 = l_1 - f_1^A - f_1^B$ $\quad$ (46)

dann wird $m_1^A = 6\,E \cdot k_1 \cdot \dfrac{\Delta}{l_1 \cdot l_1'} \cdot f_1^A$

$$m_1^B = 6\,E \cdot k_1 \cdot \dfrac{\Delta}{l_1 \cdot l_1'} \cdot f_1^B \qquad (47)$$

und mit der Bezeichnung $\varkappa_1 = 6 \cdot \dfrac{E \cdot k_1}{l_1 \cdot l_1'} \cdot \Delta$ $\qquad$ (48)

$$m_1^A = \varkappa_1 \cdot f_1^A$$
$$m_1^B = \varkappa_1 \cdot f_1^B \qquad (49)$$

Aus den Gl. (44), (45) u. (49) ist zu ersehen, daß die Biegungsmomente der Stabenden A und B infolge horizontaler Verschiebung des Knotenpunktes B gegenüber A sich verhalten wie die zugehörigen Festpunktabstände, d. h. also

$$m_1^A : m_1^B = f_1^A : f_1^B . \qquad (50)$$

Es ist meist nicht notwendig, für eine bestimmte Verschiebung Δ die Momente zu bestimmen, sondern die Verschiebung Δ kann beliebig gewählt werden. Es genügt, wenn für einen beliebigen Verschiebungszustand die Momente ermittelt werden, und daraus die Erzeugungskraft E, die diese Momente bzw. diesen Verschiebungszustand hervorruft, errechnet wird. Es kann also die Verschiebung Δ in Gl. (48) so gewählt werden, daß der Wert $\varkappa = 1$ wird, d. h. also bei einer Verschiebung

$$\Delta = \dfrac{l_1 \cdot l_1'}{6 \cdot E \cdot k_1} \qquad (51) \qquad \text{ist} \qquad \begin{array}{l} m_1^A = f_1^A \\ m_1^B = f_1^B \end{array} \quad (52)$$

Da nur in wenigen Fällen, wie Temperaturänderung und Zugbandlängung, die absolute Größe der Verschiebung von Bedeutung ist, in den übrigen Fällen die Größe Δ beliebig sein kann, so ergibt sich die sehr einfache Lösung:

Die Biegungsmomente m_1^A und m_1^B infolge horizontaler Verschiebung Δ (Gl. (51) des Knotenpunktes B gegenüber A ergeben sich für 1stielige Rahmen (Abb. 101) gleich den zugehörigen Festpunktabständen.

Die zugehörige Erzeugungskraft E ist dann

$$(\text{Abb. 101 b}) \qquad E = Q_1 = \dfrac{m_1^A + m_1^B}{l_1} \qquad (53)$$

Hat nun die Verschiebekraft die Größe V (z. B. gleich der Festhaltekraft aus Rechnungsabschnitt I), so sind die Zusatzmomente $\overline{M}$

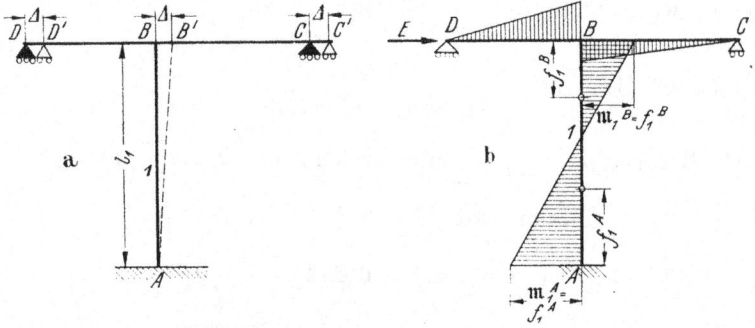

Abb. 101.

infolge Verschiebungsmöglichkeit des Tragwerks, d. h. die Momente des Rechnungsabschnitts II

$$\overline{M} = \frac{V}{E} \cdot m. \tag{54}$$

Wie diese einfache Lösung zur Bestimmung der Zusatzmomente auch bei mehrstieligen und mehrstöckigen Rahmen angewendet werden kann, wird in dem folgenden Kapitel VII gezeigt.

VII. Tragwerke mit senkrechten Stielen, waagerechten und schrägen Balken.

1. Einstöckige Tragwerke.

In der Einleitung sind in Abb. 12 bis 23 verschiedene Formen von einstöckigen Tragwerken dargestellt.

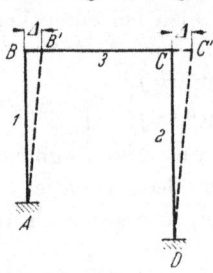

Abb. 102.

Wir betrachten zunächst den einfachsten Fall eines 2stieligen Rahmens Abb. 102. Unter Verwendung der Ableitungen des Kapitels VI ermitteln wir die Momente infolge Verschiebung des Riegels BC nach $B'C'$, indem wir die Berechnung aufteilen

in 1. Berechnung der Momente m' infolge Verschwenkung des Stabes AB nach AB'

und 2. Berechnung der Momente m'' infolge Verschwenkung des Stabes DC nach DC',

wobei stets die Verschiebung $\varDelta$ bei B und C dieselbe sein muß, d. h. also $\varDelta = BB' = CC'$. Der Wert $\varDelta$ kann wieder beliebig gewählt werden.

Durch Addition der beiden Momente $\mathfrak{m}'$ und $\mathfrak{m}''$ erhalten wir dann die Momente $\mathfrak{M}$ für den nach B' und C' verschobenen Rahmenriegel.

Die Momente $\mathfrak{m}'$ (Abb. 103b) ergeben sich nun für den Verschiebungszustand 1 (Abb. 103a) und nach Gl. (49) zu

$$\mathfrak{m}_1'^A = \varkappa_1 \cdot f_1^A$$
$$\mathfrak{m}_1'^B = \varkappa_1 \cdot f_1^B.$$

Die Weiterleitung des Moments $\mathfrak{m}_1'^B$ über die Stäbe 3 und 2 geht durch die jeweiligen Festpunkte, da diese Stäbe keine Verschwenkungen er-

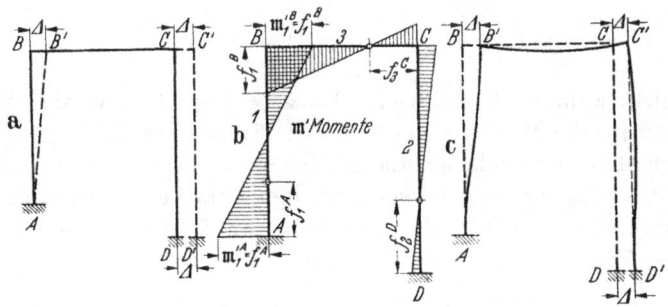

Abb. 103. Verschiebungszustand 1.

leiden, sondern die gegenseitige Lage ihrer Endpunkte unverändert angenommen wird (Abb. 103c).

Für den Verschiebungszustand 1 können wir nun die Verschiebung $\varDelta$ so wählen, daß $\varkappa_1 = 1$ wird, also für die Verschiebung $\varDelta = \dfrac{l_1 \cdot l_1'}{6\,E \cdot k_1}$

und damit
$$\mathfrak{m}_1'^A = f_1^A$$
$$\mathfrak{m}_1'^B = f_1^B \qquad\qquad (55)$$

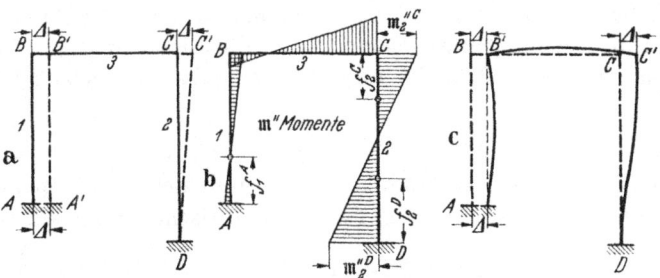

Abb. 104. Verschiebungszustand 2.

Die Momente $\mathfrak{m}''$ ergeben sich für den Verschiebungszustand 2 (Abb. 104) und nach Gl. (49) zu:

$$\mathfrak{m}_2''^C = \varkappa_2 \cdot f_2^C$$
$$\mathfrak{m}_2''^D = \varkappa_2 \cdot f_2^D. \qquad\qquad (56)$$

Die Weiterleitung des Momentes $\mathfrak{m}_C''$ über die Stäbe 3 und 1 erfolgt ebenfalls wieder über die jeweiligen Festpunkte (Abb. 104 b).

Da die Verschiebung $CC' = BB'$ sein muß, und wir für BB' beim Verschiebungszustand 1 die Größe $\varDelta = \dfrac{l_1 \cdot l_1'}{6\,E \cdot k_1}$ gewählt haben, so wird, da nach Gl. (48) $\varkappa_2 = 6\,\dfrac{E \cdot k_2}{l_2 \cdot l_2'} \cdot \varDelta$, für Verschiebungszustand 2:

$$\varkappa_2 = \frac{6\;E \cdot k_2 \cdot l_1 \cdot l_1'}{l_2 \cdot l_2' \cdot 6\;E \cdot k_1}\;.$$

oder
$$\varkappa_2 = \frac{k_2 \cdot l_1 \cdot l_1'}{k_1 \cdot l_2 \cdot l_2'}, \tag{57}$$

d. h. also, während beim Stiel 1 das $\varkappa_1 = 1$ gewählt werden konnte, und deshalb die Momente des Stieles 1 für den Verschiebungszustand 1 gleich den Festpunktabständen sich ergaben, müssen zur Bestimmung der Momente des Stieles 2 für den Verschiebungszustand 2 die Festpunktabstände mit dem Wert $\varkappa_2$ multipliziert werden, damit dieselbe Verschiebung $\varDelta$ wie bei Stiel 1 entsteht.

Der Wert $\varkappa_2 = \dfrac{k_2}{k_1} \cdot \dfrac{l_1}{l_2} \cdot \dfrac{l_1'}{l_2'}$ zeigt, daß er sich zusammensetzt aus dem umgekehrten Verhältnis der Stabfestwerte (Steifigkeiten) k, dem direkten Verhältnis der Stablängen l und der Zwischenstücke l' der Stäbe 1 und 2.

Für den Fall, daß die Trägheitsmomente von Stiel 1 und Stiel 2 gleich sind, also $k_1 = k_2$, die Stablängen aber noch verschieden sind, wird
$$\varkappa_2 = \frac{l_1 \cdot l_1'}{l_2 \cdot l_2'}. \tag{58}$$

Für den Fall, daß sowohl die Trägheitsmomente von Stiel 1 und Stiel 2 als auch die Stablängen gleich sind, aber die Einspannungsgrade verschieden sind, also $k_1 = k_2$ und $l_1 = l_2$, aber l_1' nicht gleich l_2, wird
$$\varkappa_2 = \frac{l_1'}{l_2'}. \tag{59}$$

Sind die Stiele 1 und 2 vollkommen gleich und auch die Einspannungsgrade, handelt es sich also um einen symmetrischen Rahmen, so wird
$$\varkappa_2 = \varkappa_1 = 1 \tag{60}$$

und die Momente vom Verschiebungszustand 1 sind dann dieselben wie vom Verschiebungszustand 2:
$$\left.\begin{array}{l} \mathfrak{m}_1'^{A} = \mathfrak{m}_2''^{D} = f_1^{A} = f_2^{D} \\ \mathfrak{m}_1'^{B} = \mathfrak{m}_2''^{C} = f_1^{B} = f_2^{C}. \end{array}\right\} \tag{61}$$

Die Momente $\mathfrak{M}$ des Rahmens für die Verschiebung des Riegels BC

nach $B'C'$ werden nun erhalten, indem die Momente $\mathfrak{m}'$ und $\mathfrak{m}''$ vom Verschiebungszustand 1 und 2 addiert werden (Abb. 105 b.)

$$\mathfrak{M} = \mathfrak{m}' + \mathfrak{m}''. \tag{62}$$

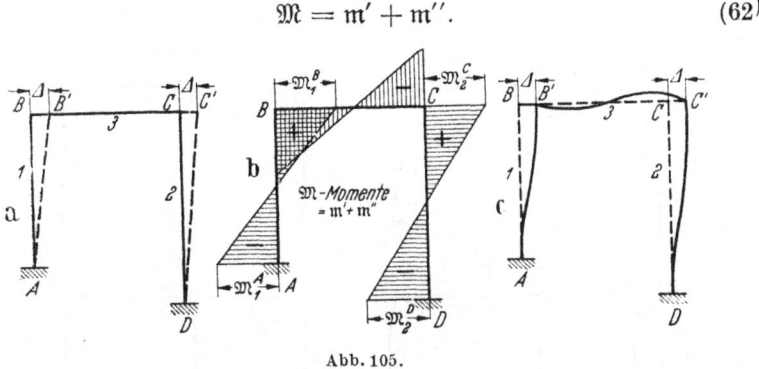

Abb. 105.

Die Erzeugungskraft E, welche diese Verschiebung hervorruft, ergibt sich dann als Summe der Querkräfte von Stiel 1 und 2 (Abb. 106)

zu
$$E = Q_1 + Q_2 = \frac{\mathfrak{M}_1^A + \mathfrak{M}_1^B}{l_1} + \frac{\mathfrak{M}_2^D + \mathfrak{M}_2^C}{l_2} \tag{63}$$

Durch die Erzeugungskraft E entstehen also in dem Rahmen die Momente $\mathfrak{M}$.

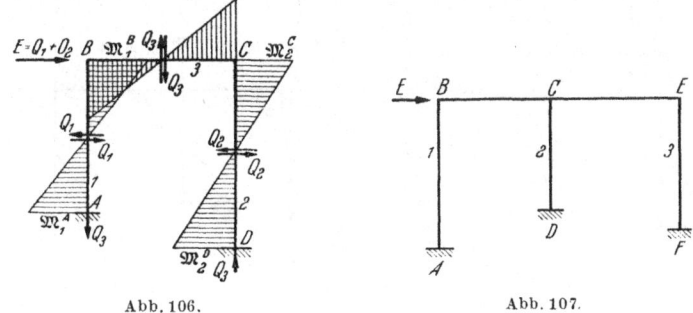

Abb. 106.   Abb. 107.

Ist nun eine Verschiebekraft V gleich der Festhaltekraft aus Rechnungsabschnitt I vorhanden, so sind wieder die dadurch entstehenden *Zusatzmomente* nach Gl. (54)

$$\overline{M} = \frac{V}{E} \cdot \mathfrak{M}. \tag{64}$$

Für drei- und mehrstielige Rahmen kann die Berechnung in derselben Weise durchgeführt werden.

Für den dreistieligen Rahmen (Abb. 107) ergeben sich z. B. die in Abb. 108 angegebenen Verschiebungsbilder und die zugehörigen Momentenbilder.

Die Verschiebung $\varDelta$ des Rahmenriegels BCE wählen wir wieder am einfachsten derart, daß $\varkappa_1 = 1$ wird $\left(\text{d. h. also bei } \varDelta = \dfrac{l_1 \cdot l_1'}{6\,E \cdot k_1}\right)$,

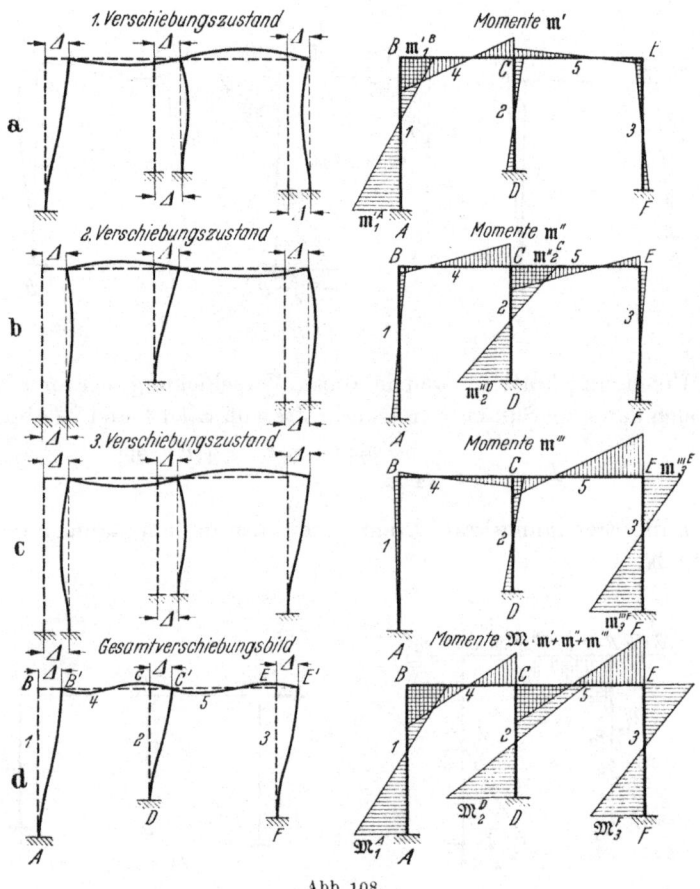

Abb. 108.

dann sind die Momente für den 1. Verschiebungszustand (Abb. 108a):

$$\mathfrak{m}_1'^A = f_1^A \qquad\qquad \Big\rbrace$$

und $\qquad\qquad \mathfrak{m}_1'^B = f_1^B \qquad\qquad \Big\rbrace \qquad (65)$

für den 2. Verschiebungszustand die Momente Abb. 108b:

$$\mathfrak{m}_2''^C = \gamma_2 \cdot f_2^C \qquad\qquad \Big\rbrace$$

$$\mathfrak{m}_2''^D = \gamma_2 \cdot f_2^D, \qquad\qquad \Big\rbrace \qquad (66)$$

worin $\varkappa_2 = \dfrac{k_2 \cdot l_1 \cdot l_1'}{k_1 \cdot l_2 \cdot l_2'}$

und für den 3. Verschiebungszustand die Momente Abb. 108c:

$$\mathfrak{m}_3^{'''E} = \varkappa_3 \cdot f_3^E \\ \mathfrak{m}_3^{'''F} = \varkappa_3 \cdot f_3^F, \left.\begin{array}{c} \\ \end{array}\right\} \tag{67}$$

worin $\varkappa_3 = \dfrac{k_3 \cdot l_1 \cdot l_1'}{k_1 \cdot l_3 \cdot l_3'}$.

Durch Addition der Momente der drei Verschiebungszustände ergeben sich dann die Momente $\mathfrak{M}$ für die Verschiebung des Rahmenriegels BCE zu

Abb. 108d $\qquad \mathfrak{M} = \mathfrak{m}' + \mathfrak{m}'' + \mathfrak{m}'''$. $\tag{68}$

Die absolute Größe der Verschiebung $\varDelta$ interessiert nicht, da es vollkommen genügt, für eine beliebige Verschiebung $\varDelta$ die Momente und die dazugehörige Erzeugungskraft zu bestimmen.

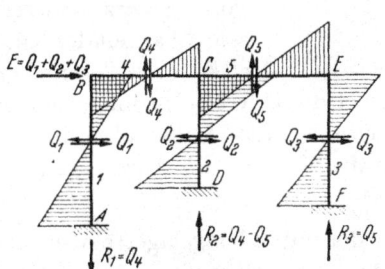 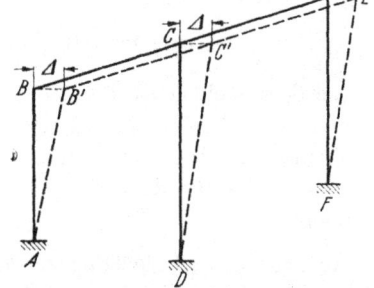

Abb. 109. Abb. 110.

Aus den Momenten $\mathfrak{M}$ ergeben sich die Querkräfte (Abb. 109):

$$Q_1 = \frac{\mathfrak{M}_1^A + \mathfrak{M}_1^B}{l_1}; \quad Q_2 = \frac{\mathfrak{M}_2^C + \mathfrak{M}_2^D}{l_2} \quad \text{und} \quad Q_3 = \frac{\mathfrak{M}_3^E + \mathfrak{M}_3^F}{l_3} \tag{69}$$

Hieraus die Erzeugungskraft $E = Q_1 + Q_2 + Q_3$ $\tag{70}$

und die Zusatzmomente $\overline{\mathrm{M}}$ für die Verschiebekraft V

$$\overline{\mathrm{M}} = \frac{V}{E} \cdot \mathfrak{M}. \tag{71}$$

Diese Berechnungsweise gilt auch für mehrstielige Rahmen mit *schrägen Balken*, sofern es sich um Rahmen mit senkrechten Stielen handelt, denn die schrägen Balken führen dann nur eine Parallelbewegung und keine Verschwenkung aus (Abb. 110).

Die Berechnung für Rahmen mit schiefen Stielen und waagerechten oder schrägen Balken wird im Kapitel VIII gezeigt.

2. Mehrstöckige Tragwerke.

In der Einleitung sind in Abb. 24—28 mehrstöckige Tragwerke mit senkrechten Stielen dargestellt.

Wir bezeichnen als *mehrstöckig* diejenigen Rahmentragwerke, bei denen die Unverschiebbarkeit der Knotenpunkte durch mehr als 1 festes Lager hergestellt werden muß, und bei denen dann im Rechnungsabschnitt II für die in Richtung der Verschiebungsmöglichkeit wirkenden Kräfte, d. h. für die umgekehrten Auflagerkräfte (Festhaltekräfte), die Zusatzmomente zu berechnen sind.

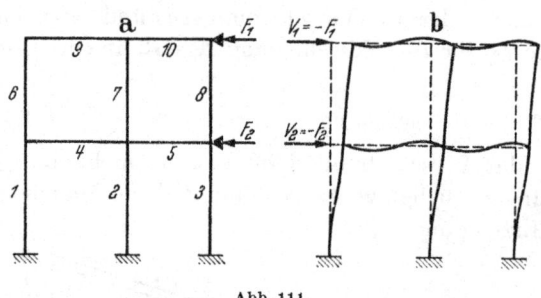

Abb. 111.

Würden sich also für den in Abb. 111a dargestellten zweistöckigen, dreistieligen Rahmen, um die bei Rechnungsabschnitt I vorausgesetzte Unverschiebbarkeit der Knotenpunkte sicherzustellen, die Festhaltekräfte F_1 und F_2 ergeben haben, so sind im Rechnungsabschnitt II diese Kräfte in umgekehrter Richtung anzubringen. Im Rechnungsabschnitt II sind also die Zusatzmomente für diese Verschiebekräfte $V = - F_1$ bzw. $- F_2$ zu berechnen.

Infolge dieser Belastung verändert der unten festgelagerte oder eingespannte Rahmen, wie in Abb. 111b angegeben ist, seine Form, d. h. die Knotenpunkte der Stockwerkbalken verschieben sich in waagerechter Richtung. Da uns die Größe der waagerechten Verschiebung der einzelnen Stockwerkbalken nicht bekannt ist, so müssen wir bei der Berechnung wieder auf indirektem Wege vorgehen und zunächst für eine angenommene Verschiebung die Momente und Kräfte aufstellen.

Entsprechend dem zweistöckigen Rahmensystem haben wir zwei Verschiebungszustände zu bilden. Bei Verschiebungszustand $\varDelta_1$ wird nur der obere Stockwerkbalken G, H, J um ein beliebiges $\varDelta_1$ verschoben, während der untere Stockwerkbalken in seiner ursprünglichen Lage festgehalten bleibt (Abb. 112a). Die Momente $\mathfrak{M}'$ für diesen Verschiebungszustand lassen sich dann in gleicher Weise wie unter 1) berechnen, indem wieder für jede einzelne Stützenkopfverschiebung für sich zunächst die Momente m, nach Gl. (65—67) bestimmt, dieselben über den ganzen Rahmen weitergeleitet und sodann diese drei Momentenbilder addiert werden, d. h. also für Verschiebungszustand $\varDelta_1$ nach Gl. (68): $\mathfrak{M}' = \mathfrak{m}' + \mathfrak{m}'' + \mathfrak{m}'''$ Abb. 112b.

Die auf die Rahmen wirkenden äußeren Kräfte, welche diesen Verschiebungszustand $\varDelta_1$ erzeugen, bezeichnen wir in Höhe des verschobenen Riegels mit der Erzeugungskraft E und in Höhe der festgehaltenen Riegel mit der Festhaltekraft K.

Es ergeben sich also (Abb. 112c)

am oberen Stockwerkbalken $E_I = Q_6 + Q_7 + Q_8$

am unteren Stockwerkbalken $K_I = -Q_6 - Q_7 - Q_8 - Q_1 - Q_2 - Q_3$.

Die Kraft K_I wirkt also umgekehrt als E_I.

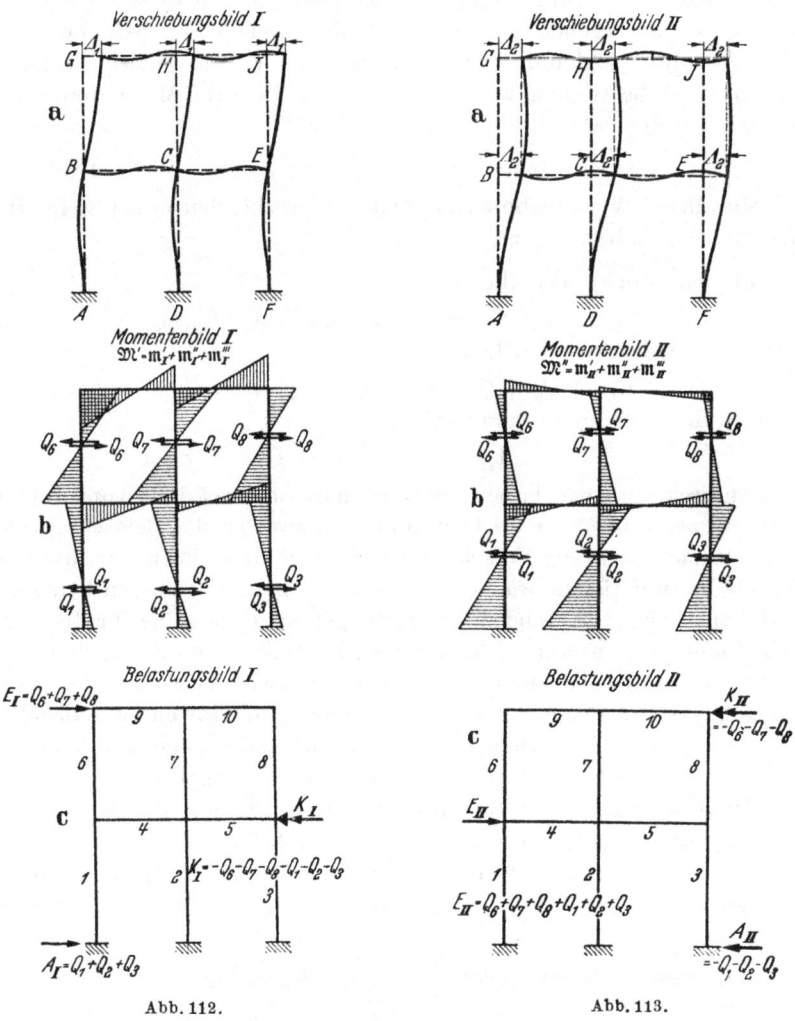

Abb. 112.   Abb. 113.

An der unteren Auflagerstelle wird

$$A_I = Q_1 + Q_2 + Q_3.$$

Bei Verschiebungszustand $\varDelta_2$ wird der untere Stockwerkbalken BCE um das beliebige Maß $\varDelta_2$ verschoben, dabei muß jedoch der obere

Stockwerkbalken diese Verschiebung ebenfalls mitmachen, damit die Bedingung für die Weiterleitung der Momente, nämlich keine gegenseitige Verschiebung der übrigen Stabenden, erfüllt bleibt (Abb. 113a). Dagegen wird ausdrücklich bemerkt, daß das Maß $\varDelta_2$ der Verschiebung des unteren Stockwerkbalkens beliebig sein kann und auch nicht gleich $\varDelta_1$ zu sein braucht, da die Verschiebungszustände vollständig unabhängig voneinander sind. Die Momente $\mathfrak{M}''$ für diesen Verschiebungszustand ergeben sich dann wieder, indem für jede einzelne Stützenkopfverschiebung für sich zunächst die Momente $\mathfrak{m}$ nach Gl. (66—67) bestimmt, weitergeleitet und die drei Momentenbilder addiert werden, also

$$\mathfrak{M}'' = \mathfrak{m}'_{II} + \mathfrak{m}''_{II} + \mathfrak{m}'''_{II} \qquad \text{(Abb. 113b)}$$

Die diesen Verschiebungszustand entsprechenden äußeren Kräfte E bzw. K erhalten wir zu:

am oberen Stockwerkbalken

$$K_{II} = - Q_6 - Q_7 - Q_8$$

am unteren Stockwerkbalken

$$E_{II} = Q_6 + Q_7 + Q_8 + Q_1 + Q_2 + Q_3$$

und an der unteren Auflagerstelle

$$A_{II} = - Q_1 - Q_2 - Q_3 \, .$$

Auf indirektem Wege haben wir also nun für zwei Belastungsbilder des Rahmens die Momente bestimmt, und zwar ist das Belastungsbild $\varDelta_1$, das sich aus dem Verschiebungszustand $\varDelta_1$ ergeben hat, als das elastische Maß für die waagerechte Verschiebung der oberen Stützenreihe anzusehen, während das Belastungsbild $\varDelta_2$ dasselbe für die Verschiebung der unteren Stützenreihe darstellt. In den beiden Belastungsbildern ist demnach das ganze elastische Verhalten des Rahmens gegenüber der Wirkung von waagerechten Kräften ausgedrückt. Mit Hilfe dieser Belastungsbilder sind wir in der Lage, für jede beliebige waagerechte Belastung die Momente anzugeben.

Für Belastungsbild I seien die Momente mit $\mathfrak{M}'$ und für Belastungsbild II mit $\mathfrak{M}''$ bezeichnet (Abb. 112b und 113b).

Addieren wir nun z. B. die Belastungsbilder I und II, so erhalten wir ein neues Belastungsbild III mit den folgenden äußeren Kräften (Abb. 114):

am oberen Stockwerkrahmen $E_{III} = E_I - K_{II}$

am unteren   ,, $E'_{III} = - K_I + E_{II}$

und an den Auflagerstellen $A_{III} = A_I - A_{II}$

ferner die Momente $\mathfrak{M}_{III} = \mathfrak{M}' + \mathfrak{M}''$.

Wir können aber noch das Belastungsbild I mit einem beliebigen Koeffizienten a und das Belastungsbild II mit einem beliebigen

Koeffizienten b multiplizieren und beide addieren; dann entsteht wieder ein neues Belastungsbild IV Abb. 115 mit den Kräften:

am oberen Stockwerkbalken $E_{IV} = a \cdot E_I - b \cdot K_{II}$

am unteren   ,, $E'_{IV} = -a \cdot K_I + b \cdot E_{II}$

an der Auflagerstelle $A_{IV} = a \cdot A_I - b \cdot A_{II}$

und die zugehörigen Momente $a \cdot \mathfrak{M}' + b \cdot \mathfrak{M}''$.

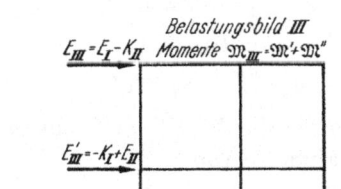

Abb. 114.   Abb. 115.

Suchen wir also die Momente für einen bestimmten Belastungsfall, nämlich für die Verschiebekräfte V_1 und V_2 (z. B. gleich den Festhaltekräften $-F_1$ und $-F_2$ aus dem Rechnungsabschnitt I) und zwar V_1 am oberen Stockwerkbalken

und V_2 am unteren Stockwerkbalken

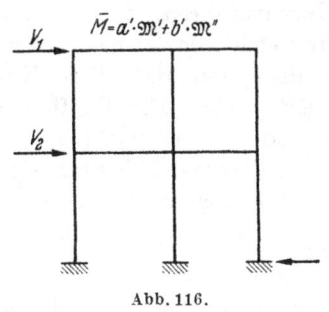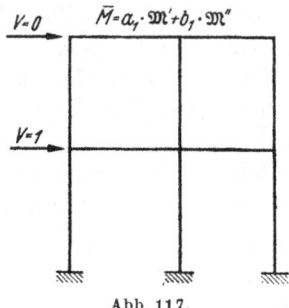

Abb. 116.   Abb. 117.

(Abb. 116), so bestehen zur Bestimmung der Koeffizienten a' und b' die beiden Bedingungsgleichungen:

$$\left. \begin{aligned} +a' \cdot E_I - b' \cdot K_{II} &= +V_1 \\ -a' \cdot K_I + b' \cdot E_{II} &= +V_2 \end{aligned} \right\} \qquad (72)$$

woraus sich dann die dem gesuchten Belastungsbild entsprechenden Momente ergeben zu $\overline{M} = a' \cdot \mathfrak{M}' + b' \cdot \mathfrak{M}''$. (73)

In der Praxis empfiehlt es sich manchmal, zunächst die Momente für die waagerechte Kraft $V = 1$ an jedem Stockwerkbalken für sich aufzustellen, um dann für beliebige waagerechte Kräfte die Momente angeben zu können.

Die Bedingungsgleichungen zur Bestimmung der Koeffizienten a und b lauten dann:

waagerechte Kraft $V = 1$ am unteren Stockwerkbalken (Abb. 117):

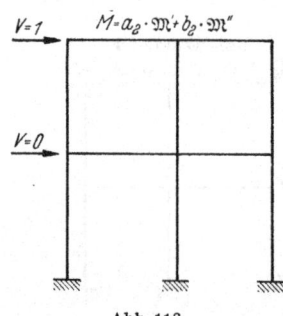

$$\left.\begin{array}{c} a_1 \cdot E_I - b_1 \cdot K_{II} = 0 \\ - a_1 \cdot K_I + b_1 \cdot E_{II} = 1 \end{array}\right\} \quad (74)$$

und $\qquad \overline{M} = a_1 \cdot \mathfrak{M}' + b_1 \cdot \mathfrak{M}''$

waagerechte Kraft $V = 1$ am oberen Stockwerkrahmen (Abb. 118)

$$\left.\begin{array}{c} a_2 \cdot E_I - b_2 \cdot K_{II} = 1 \\ - a_2 \cdot K_I + b_2 \cdot E_{II} = 0 \end{array}\right\} \quad (75)$$

und $\qquad \overline{M} = a_2 \cdot \mathfrak{M}' + b_2 \cdot \mathfrak{M}''$.

Abb. 118.

Aus diesen Darlegungen für den ein- und zweistöckigen Rahmen dürfte schon zur Genüge hervorgehen, wie das Berechnungsverfahren auf drei- und mehrstöckige Rahmen ausgedehnt werden kann.

Es sind stets so viele Verschiebungszustände zu bilden als Verschiebungsmöglichkeiten, d. h. Stockwerke, vorhanden sind. Haben wir dann für einen ganz bestimmten Belastungsfall, d. h. für bestimmte waagerechte Kräfte die Berechnung durchzuführen, so ist es nur nötig, die einzelnen Belastungsbilder, für welche die Momente ebenfalls genau bekannt sind, derart zusammenzusetzen, daß diese Kombination dem gesuchten Belastungsfall entspricht. Die Koeffizienten, mit welchen die einzelnen Belastungsbilder zu multiplizieren sind, sind eindeutig bestimmt, da uns stets ebensoviel Bedingungsgleichungen zur Verfügung stehen, als Koeffizienten vorhanden sind.

Für den dreistöckigen Rahmen sind in Abb. 119a noch die zu bildenden Verschiebungszustände mit den zugehörigen Momenten- und Belastungsbildern angegeben, woraus dann wieder die Bedingungsgleichungen zur Bestimmung der Koeffizienten für beliebige Belastungsfälle aufgestellt werden können.

Für den Belastungsfall einer waagerechten Kraft $H = 1$ am ersten Stockwerkbalken (Abb. 120) ergeben sich aus den Belastungsbildern die folgenden Bedingungsgleichungen:

$$\left.\begin{array}{c} + a_1 \cdot E_I - b_1 \cdot K_{II}''' + c_1 \cdot K_{III}''' = 0 \\ - a_1 \cdot K_I'' + b_1 \cdot E_{II} - c_1 \cdot K_{III}'' = 0 \\ + a_1 \cdot K_I' - b_1 \cdot K_{II}' + c_1 \cdot E_{III} = 1 \end{array}\right\} \quad (76)$$

woraus a_1, b_1 und c_1 berechnet werden können. Die Momente $\overline{M}$ für diesen Belastungsfall sind dann

$$\overline{M}_1 = a_1 \cdot \mathfrak{M}' + b_1 \cdot \mathfrak{M}'' + c_1 \cdot \mathfrak{M}''', \qquad (77)$$

wobei die Momente $\mathfrak{M}'$, $\mathfrak{M}''$ und $\mathfrak{M}'''$ mit ihren Vorzeichen einzusetzen sind.

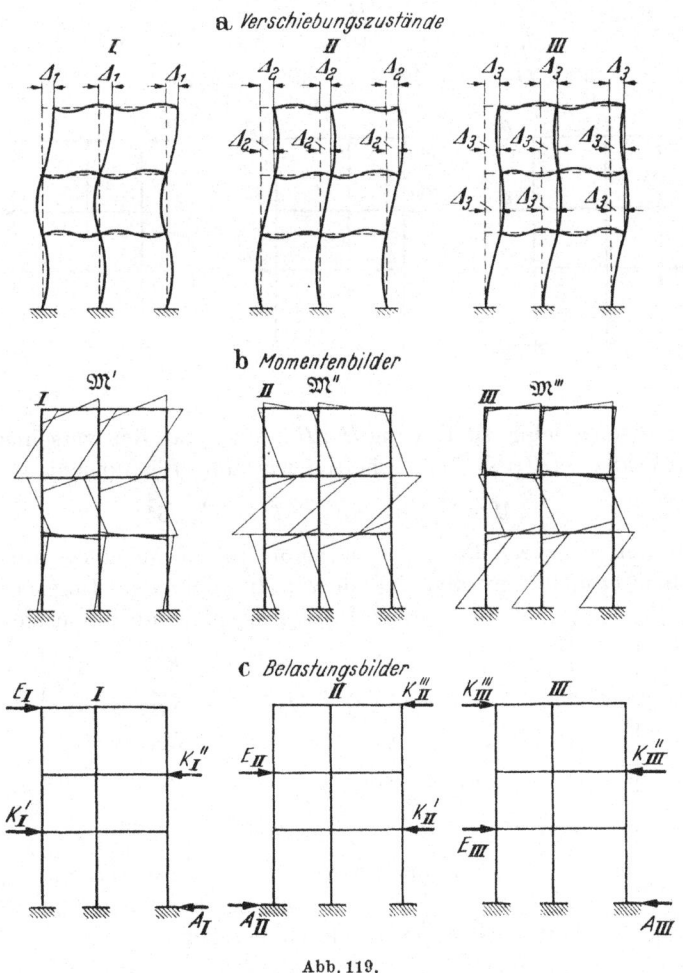

Abb. 119.

Für die waagerechte Kraft 1 am zweiten Stockwerkbalken (Abb. 121) lauten die Bedingungsgleichungen:

$$
\left.
\begin{aligned}
+\,a_2 \cdot E_I - b_2 \cdot K'''_{II} + c_2 \cdot K'''_{III} &= 0 \\
-\,a_2 \cdot K''_I + b_2 \cdot E_{II} - c_2 \cdot K''_{III} &= 1 \\
+\,a_2 \cdot K'_I - b_2 \cdot K'_{II} + c_2 \cdot E_{III} &= 0
\end{aligned}
\right\} \qquad (78)
$$

und die Momente $\quad \overline{M}_2 = a_2 \cdot \mathfrak{M}' + b_2 \cdot \mathfrak{M}'' + c_2 \cdot \mathfrak{M}''' \qquad (79)$

Ebenso für die waagerechte Kraft $H = 1$ am obersten Stockwerkbalken (Abb. 122):

$$\left.\begin{array}{l} + a_3 \cdot E_I \;-\; b_3 \cdot K_{II}''' + c_3 \cdot K_{III}''' = 1 \\[4pt] - a_3 \cdot K_I'' + b_3 \cdot E_{II} \;-\; c_3 \cdot K_{III}'' = 0 \\[4pt] + a_3 \cdot K_I' - b_3 \cdot K_{II}' + c_3 \cdot E_{III} = 0 \end{array}\right\} \qquad (80)$$

und $\quad \overline{M}_3 = a_3 \cdot \mathfrak{M}' + b_3 \cdot \mathfrak{M}'' + c_3 \cdot \mathfrak{M}''' . \qquad (81)$

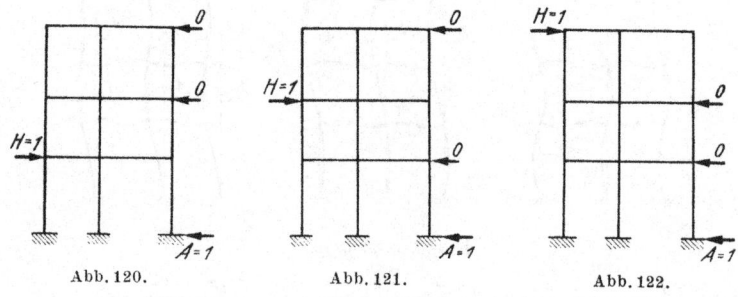

Abb. 120.   Abb. 121.   Abb. 122.

Für eine beliebige Belastung H_1, H_2 und H_3 an den verschiedenen Stockwerkbalken (Abb. 123) erhalten wir dann die Momente

$$\overline{M} = H_1 \cdot \overline{M}_3 + H_2 \cdot \overline{M}_2 + H_3 \cdot \overline{M}_1 . \qquad (82)$$

Für den letzteren Belastungsfall können die Momente auch unmittelbar ermittelt werden, indem wir die dem Belastungsfall entsprechenden Bedingungsgleichungen anschreiben:

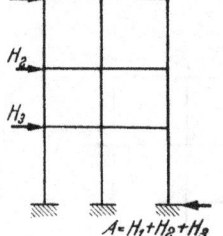

$$\left.\begin{array}{l} a \cdot E_I - b \cdot K_{II}''' + c \cdot K_{III}''' = H_1 \\[4pt] - a \cdot K_I'' + b \cdot E_{II} - c \cdot K_{III}'' = H_2 \\[4pt] + a \cdot K_I' - b \cdot K_{II}' + c \cdot E_{III} = H_3 \end{array}\right\} \qquad (83)$$

woraus dann

$$\overline{M} = a \cdot \mathfrak{M}' + b \cdot \mathfrak{M}'' + c \cdot \mathfrak{M}''' . \qquad (84)$$

Abb. 123.

In der Praxis wird die Aufstellung der Momente für die gesuchten Belastungsfälle am einfachsten in tabellarischer Form, wie nachstehend (s. S. 75 oben) angegeben, vorgenommen. (Abb. 119 und 123).

3. Rahmenträger oder Vierendeelträger.

Da der Rahmenträger nichts anderes ist als ein liegender Stockwerkrahmen, der statt nur auf einer Seite auf beiden Seiten festgehalten ist, so kann er in derselben Weise berechnet werden. Die nachfolgende Berechnung nach der Methode der Festpunkte liefert genaue Ergeb-

Stabendmoment bei		A_1	B_1	B_4	C_4	C_2	D_2	C_6	E_6	E_9	E_4
Momente für Belastungsbild I	$\mathfrak{M}'$										
„ „ „ II	$\mathfrak{M}''$										
„ „ „ III	$\mathfrak{M}'''$										
$\bar{M}_1 = a_1 \cdot \mathfrak{M}' + b_1 \cdot \mathfrak{M}'' + c_1 \cdot \mathfrak{M}'''$	$a_1 \cdot \mathfrak{M}'$										
	$b_1 \cdot \mathfrak{M}''$										
	$c_1 \cdot \mathfrak{M}'''$										
Momente für Belastungsfall I	$\bar{M}_1$										
$\bar{M}_2 = a_2 \cdot \mathfrak{M}' + b_2 \cdot \mathfrak{M}'' + c_2 \cdot \mathfrak{M}'''$	$a_2 \cdot \mathfrak{M}'$										
	$b_2 \cdot \mathfrak{M}''$										
	$b_3 \cdot \mathfrak{M}'''$										
Momente für Belastungsfall II	$\bar{M}_2$										
$\bar{M}_3 = a_3 \cdot \mathfrak{M}' + b_3 \cdot \mathfrak{M}'' + c_3 \cdot \mathfrak{M}'''$	$a_3 \cdot M'$										
	$b_3 \cdot \mathfrak{M}''$										
	$c_3 \cdot \mathfrak{M}'''$										
Momente für Belastungsfall III	$\bar{M}_3$										
$\bar{M} = H_1 \cdot \bar{M}_3 + H_2 \cdot \bar{M}_2 + H_3 \cdot \bar{M}_1$	$H_1 \cdot \bar{M}_3$										
	$H_2 \cdot \bar{M}_2$										
	$H_3 \cdot \bar{M}_1$										
Momente für den Belastungsfall H_1, H_2, H_3 (Abb. 123)	$\bar{M}$										

nisse, wie sie eine Berechnung nach den Elastizitätsgleichungen liefern würde, die aber wegen der sehr hohen Zahl von statisch unbestimmten Größen praktisch undurchführbar ist.

Die Berechnung des Rahmenträgers umfaßt wieder die beiden Rechnungsabschnitte I und II.

Während des Rechnungsabschnittes I nehmen wir an, daß die Pfosten des Rahmenträgers vorübergehend durch gedachte Lager in senkrechter Richtung und die obere Gurtung in waagerechter Rich-

tung unverschiebbar festgehalten sind (Abb. 124a). Aus Rechnungsabschnitt I erhalten wir dann die in den gedachten Lagern wirkenden

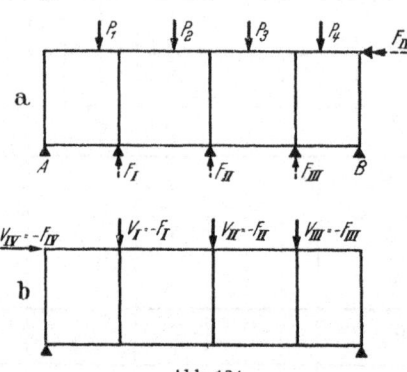

Festhaltekräfte F_I, F_{II}, F_{III}
und die waagerechte Festhal-
tekraft F_{IV} (Abb. 124b).

Im Rechnungsabschnitt II
werden diese gedachten Lager
entfernt. Zu diesem Zwecke muß
der Rahmenträger mit den den
Festhaltekräften entgegengesetzt
wirkenden Verschiebekräften V_I
$= - F_I$, $V_{II} = - F_{II}$, usw.
belastet werden, woraus sich dann
die Zusatzmomente für Rechnungsabschnitt II ergeben. Es

Abb. 124.

sind also wieder die Verschiebungszustände in Richtung jeder einzelnen Verschiebekraft zu bilden, indem jeweils eines der gedachten
Lager entfernt wird. Da bei diesem Rahmenträger eine beiderseitige
Lagerung vorhanden ist, so sind hier bei jedem Verschiebungszustand die sämtlichen an einem Vertikalstab angeschlossenen Stäbe
um das beliebige Maß $\varDelta$ zu verschieben, während die übrigen Stäbe
in ihrer ursprünglichen Lage festgehalten bleiben (Abb. 125).

Die Momente $\mathfrak{M}'$, $\mathfrak{M}''$ ... eines Verschiebungszustandes werden je-
weils durch Addition der Momente $\mathfrak{m}'$, $\mathfrak{m}''$, $\mathfrak{m}'''$, $\mathfrak{m}''''$ infolge jeder
einzelnen Stabverschiebung des betreffenden Verschiebungszustandes
erhalten. Aus diesen Momenten $\mathfrak{M}'$, $\mathfrak{M}''$ ... eines jeden Verschiebungszustandes können dann rückwärts diejenigen Kräfte ermittelt werden,
welche die Momente $\mathfrak{M}'$, $\mathfrak{M}''$ ... erzeugen; sie ergeben also die Belastungsbilder für diese Momente der einzelnen Verschiebungszustände.
In Abb. 125 sind die Verschiebungszustände, Momentenbilder und die
zugehörigen Belastungsbilder dargestellt. Nun müssen wir wieder die
Momentenbilder $\mathfrak{M}'$, $\mathfrak{M}''$ ... derart kombinieren, daß auch die Kombination der zugehörigen Belastungsbilder dem Belastungsbild der
Verschiebekräfte V_I, V_{II}, V_{III} und V_{IV} entspricht. Dies wird dadurch
erreicht, daß die einzelnen Belastungsbilder mit den Koeffizienten
a, b, c und d multipliziert und dann addiert werden, wobei für die Bestimmung der Koeffizienten die folgenden Bedingungsgleichungen
gelten:

$$
\begin{aligned}
a \cdot E_I - b \cdot K'_{II} + c \cdot K'_{III} + d \cdot K'_{IV} &= V_I \\
-a \cdot K''_I + b \cdot E_{II} + c \cdot K''_{III} + d \cdot K''_{IV} &= V_{II} \\
a \cdot K'''_I - b \cdot K'''_{II} + c \cdot E_{III} + d \cdot K'''_{IV} &= V_{III} \\
a \cdot H_I - b \cdot H_{II} + c \cdot H_{III} + d \cdot H_{IV} &= V_{IV}
\end{aligned}
\right\} \quad (85)
$$

Nach Errechnung der Koeffizienten a, b, c und d aus diesen Gleichungen ergeben sich die Zusatzmomente durch Multiplikation der Momentenbilder $\mathfrak{M}'$, $\mathfrak{M}''$ ... mit dem zugehörigen Koeffizienten und Addition derselben, d. h. also

$$\left.\begin{aligned} \overline{M} = a \cdot \mathfrak{M}' + b \cdot \mathfrak{M}'' \\ + c \cdot \mathfrak{M}''' + d \cdot M'''' \end{aligned}\right\} (86)$$

Ebenso werden die Auflagerdrücke gefunden zu:

$$\left.\begin{aligned} \overline{A} = a \cdot A_I + b \cdot A_{II} \\ + c \cdot A_{III} + d \cdot A_{IV} \\ \overline{B} = a \cdot B_I + b \cdot B_{II} \\ + c \cdot B_{III} + d \cdot B_{IV} \end{aligned}\right\} (87)$$

Als Rechnungsprobe muß sich ferner ergeben:

$$\overline{A} + \overline{B} = V_I + V_{II} + V_{III}$$

Ist ein derartiger Rahmenträger noch fest mit Stützen verbunden, so ist ein weiterer Verschiebungszustand V notwendig (Abb. 126). Die Koeffizienten a, b, c, d und e errechnen sich dann aus den fünf Bedingungsgleichungen (Abb. 127, Gl. (88)).

Die Zusatzmomente sind dann

$$\left.\begin{aligned} \overline{M} = a \cdot \mathfrak{M}' + b \cdot \mathfrak{M}'' \\ + c \cdot \mathfrak{M}''' + d \cdot \mathfrak{M}'''' \\ + e \cdot \mathfrak{M}''''' \end{aligned}\right\} (89)$$

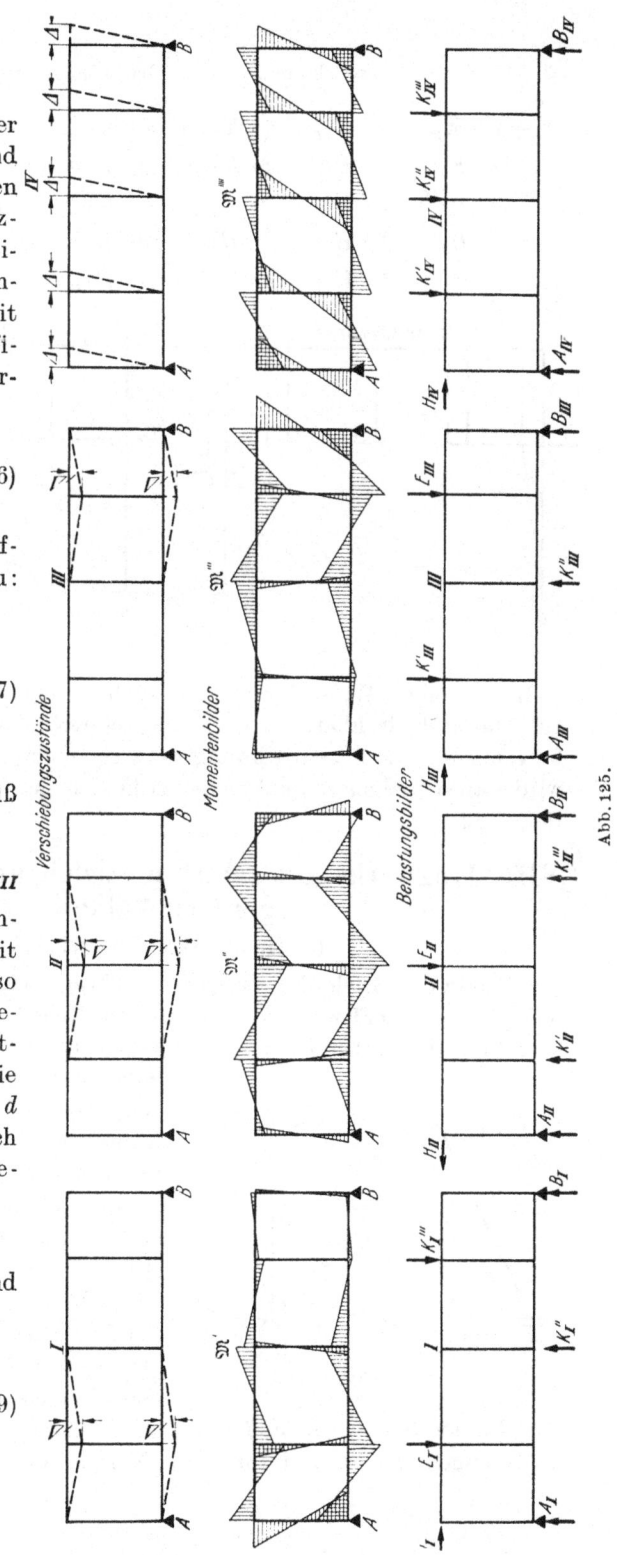

Abb. 125.

$$
\left.\begin{aligned}
+ a \cdot E_I - b \cdot K'_{II} + c \cdot K'_{III} + d \cdot K'_{IV} - e \cdot K'_V &= V_I \\
- a \cdot K''_I + b \cdot E_{II} - c \cdot K''_{III} + d \cdot K''_{IV} - e \cdot K''_V &= V_{II} \\
a \cdot K'''_I - b \cdot K'''_{II} + c \cdot E_{III} + d \cdot K'''_{IV} - e \cdot K'''_V &= V_{III} \\
a \cdot H_I - b \cdot H_{II} + c \cdot H_{III} + d \cdot H_{IV} - e \cdot H_V &= V_{IV} \\
- a \cdot H'_I + b \cdot H'_{II} - c \cdot H'_{III} - d \cdot H'_{IV} + e \cdot H'_V &= V_V .
\end{aligned}\right\} \quad (88)
$$

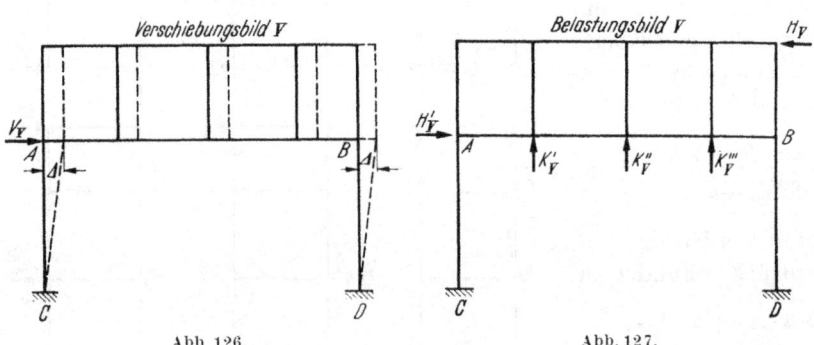

Abb. 126.   Abb. 127.

In derselben Weise lassen sich auch durchlaufende Rahmenträger auf elastisch drehbaren Stützen berechnen. Wenn auch dieses Verfahren eine genaue Berechnung derartiger Tragwerke ermöglicht, so wird man sie jedoch in der Praxis vermeiden, da sie meist unwirtschaftlich sind.

VIII. Tragwerke mit schiefen Stielen und schrägen oder geraden Balken.

1. Einstöckige Tragwerke.

Sobald die Stiele der Tragwerke schräg stehen, so tritt bei einer Verschiebung der Knotenpunkte auch im Riegel eine gegenseitige Verschiebung der Stabendpunkte, d. h. eine Verschwenkung ein, was bei der Berechnung berücksichtigt werden muß. Hierauf wurde bereits in der Einleitung bei den Abb. 29—33 hingewiesen.

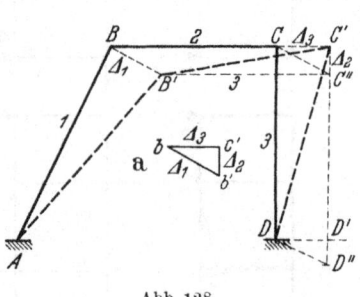

Abb. 128.

Betrachten wir zunächst den einfachsten Fall, daß der eine Stiel AB des Rahmens Abb. 128 schräg ist, während der Stiel CD senkrecht und der Riegel BC waagerecht angeordnet sind, so bewegt sich bei einer Verschiebung des Riegels BC der Punkt B nach B' und der Punkt C nach C'. Da wir die Längenänderungen der Stäbe infolge der Normalkräfte bei diesen Rahmenberechnungen außer Betracht lassen. so müssen die Stablängen auch nach der Verschiebung dieselben sein.

Es ist also
$$A B' = A B$$
$$B C' = B C$$
$$D C' = D C.$$

Demnach liegt B' auf einem Kreisbogen um A mit dem Halbmesser $A B =$ der Stablänge 1 und C'' bzw. C' auf einem Kreisbogen um B' mit dem Halbmesser $B C =$ der Stablänge 2 oder C' auch auf einem Kreisbogen um D mit dem Halbmesser $D C =$ der Stablänge 3. Da die Verschiebungen $B B'$ und $C C'$ im Verhältnis zu den Längen der Stäbe 1, 2 und 3 verschwindend klein sind, was bei elastischen Knotenpunktsverschiebungen stets der Fall ist, so können die Kreisbögen durch die auf den Stäben $A B$, $B C$ und $C D$ errichteten Normalen ersetzt werden.

Die Konstruktion für die Verschiebung des Riegels BC nach $B'C'$ ergibt sich demnach wie folgt (Abb. 128):

Errichte in B die Senkrechte $B B'$ zu $A B$ und mache $B B'$ gleich der zunächst beliebig angenommenen Verschiebung des Punktes B z. B. $B B' = \varDelta_1$; zeichne dann $B'C''$ parallel und gleich BC, ziehe durch C'' die Senkrechte zu $B'C''$ und durch C die Senkrechte zu DC, welche sich in C' schneiden. Verbindet man dann B' mit C', so ist $A B'C'D$ das Tragwerk, wie es nach der Verschiebung sich darstellt (im vergrößerten Maßstab der Verschiebungen).

Im Gegensatz zu den Tragwerken mit senkrechten Stielen weisen nun die sämtlichen Stäbe 1, 2 und 3 gegenseitige Verschiebungen (Verschwenkungen) auf, die auch verschieden voneinander sind. Die Größen der Verschiebungen ergeben sich aus dem Dreieck $b\,b'c'$ (Abb. 128a), in welchem

$$b\,b' \quad \text{parallel } B B' \quad \text{und senkrecht } A B,$$
$$b'c' \quad ,, \quad C''C' \quad \text{und} \quad ,, \quad B C$$
$$\text{und } b\,c' \quad ,, \quad C C' \quad \text{und} \quad ,, \quad C D.$$

Wenn die Verschiebung $b\,b' = \varDelta_1$ angenommen wird, so ergeben sich dann graphisch aus dem Dreieck $b\,b'c'$ die Größen $\varDelta_2 = b'c'$ und $\varDelta_3 = b c'$, d. h. die Größen, um die die Stäbe 2 und 3 sich gegenseitig verschieben bzw. verschwenken.

Es sind deshalb für diese Tragwerke drei verschiedene Verschiebungszustände zu bilden; sie sind dargestellt in den Abb. 129a—c. Abb. 129a zeigt die Verschiebung des Punktes B nach B' senkrecht zu $A B$ um das Maß $B B' = b\,b' = \varDelta_1$ (kann beliebig angenommen werden). Damit die übrigen Stäbe keine Verschwenkungen erfahren, rückt C nach C'' und D nach D''.

Abb. 129b zeigt die Verschiebung des Punktes C'' nach C' senkrecht zu $B\,C$ bzw. $B'C''$ um das Maß $C''C' = b'c' = \varDelta_2$; der Punkt D'' rückt dabei nach D'.

Abb. 129c zeigt dann noch die Verschiebung des Punktes D' nach D senkrecht zu $D\,C$ um das Maß $D'D = b\,c' = \varDelta_3$ (entspricht auch einer Rahmenverschiebung des Punktes C nach C').

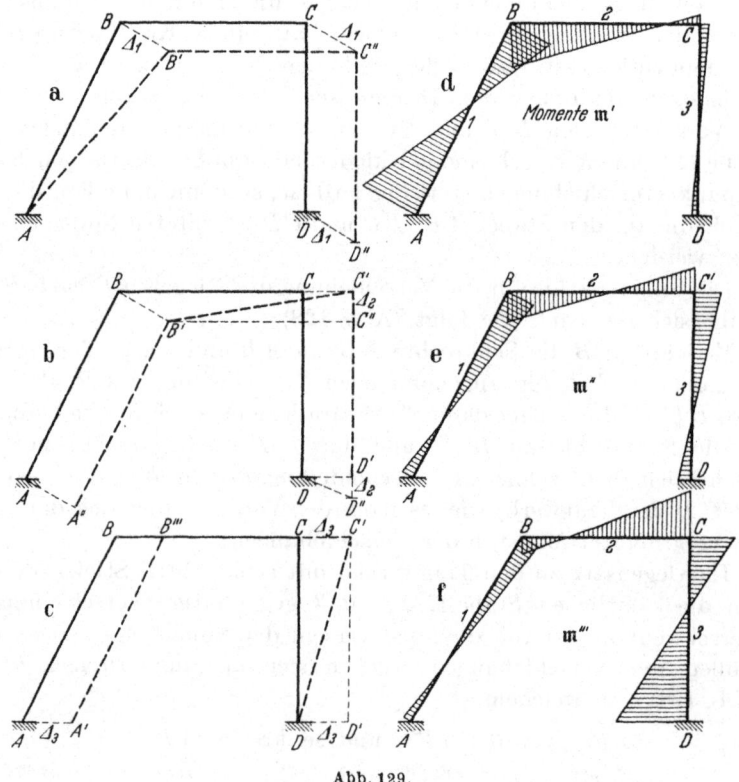

Abb. 129.

Addiert man diese 3 Verschiebungszustände, die man in Abb. 128 im einzelnen leicht verfolgen kann — Verschiebung des Punktes B nach B' um bb', Hebung des Punktes C'' nach C' um $b'c'$, Verschiebung des Punktes D' nach D um $b\,c'$ — so ergibt sich das in Abb. 128 dargestellte Verschiebungsbild für die Verschiebung des Riegels $B\,C$.

In Abb. 129 d—f sind nun die Momentenbilder für die einzelnen Verschiebungszustände dargestellt.

Nach Gl. (49) ergeben sich für eine beliebige Verschiebung $\varDelta$ eines Stabes

$$\begin{array}{l} \mathfrak{m}^A = \varkappa \cdot f^A \\ \mathfrak{m}^B = \varkappa \cdot f^B \end{array}, \quad \text{wobei } \varkappa = 6\,\frac{E \cdot k}{l \cdot l'}\,\varDelta\,.$$

Bezeichnen wir im vorliegenden Falle $\Delta_1 = b\,b'$; ferner sei

$$\left.\begin{array}{l} b'c' = t_2 \cdot b\,b' \\ b\,c' = t_3 \cdot b\,b', \end{array}\right. \quad\text{dann ist}\quad \left.\begin{array}{l} \Delta_2 = t_2 \cdot \Delta_1 \\ \Delta_3 = t_3 \cdot \Delta_1 \end{array}\right\} \tag{90}$$

Wir wählen nun wieder Δ_1 so, daß $\varkappa = 1$ wird, also

$$\Delta_1 = \frac{l_1 \cdot l_1'}{6\,E \cdot k_1}, \text{ dann wird } \Delta_2 = t_2 \cdot \frac{l_1 \cdot l_1'}{6\,E \cdot k_1}$$

$$\text{und}\qquad \Lambda_3 = t_3 \cdot \frac{l_1 \cdot l_1'}{6\,E \cdot k_1} \tag{91}$$

Hieraus ergibt sich

$$\varkappa_1 = 1$$
$$\varkappa_2 = \frac{6\,E \cdot k_2 \cdot t_2 \cdot l_1 \cdot l_1'}{l_2 \cdot l_2'\,6\,E \cdot k_1} = t_2 \cdot \frac{k_2 \cdot l_1 \cdot l_1'}{k_1 \cdot l_2 \cdot l_2'}$$

$$\text{und}\qquad \varkappa_3 = \frac{6\,E \cdot k_3 \cdot t_3 \cdot l_1 \cdot l_1'}{l_3 \cdot l_3'\,6\,E \cdot k_1} = t_3 \cdot \frac{k_3 \cdot l_1 \cdot l_1'}{k_1 \cdot l_3 \cdot l_3'} \tag{92}$$

Die Momente der einzelnen Verschiebungszustände werden demnach für Verschiebungszustand 1 (Abb. 129d):

$$\begin{array}{ll} \mathfrak{m}_1'^A = f_1^A & \\ \mathfrak{m}_1'^B = f_1^B, & \text{da } \varkappa_1 = 1, \end{array}$$

für Verschiebungszustand 2 (Abb. 129e)

$$\begin{array}{ll} \mathfrak{m}_2''^B = \varkappa_2 \cdot f_2^B & \\ \mathfrak{m}_2''^C = \varkappa_2 \cdot f_2^C, & \text{wobei } \varkappa_2 = t_2 \cdot \frac{k_2 \cdot l_1 \cdot l_1'}{k_1 \cdot l_2 \cdot l_2'} \end{array}$$

für Verschiebungszustand 3 (Abb. 129f)

$$\begin{array}{ll} \mathfrak{m}_3'''^C = \varkappa_3 \cdot f_3^C & \\ \mathfrak{m}_3'''^D = \varkappa_3 \cdot f_3^D, & \text{wobei } \varkappa_3 = t_3 \cdot \frac{k_3 \cdot l_1 \cdot l_1'}{k_1 \cdot l_3 \cdot l_3'}. \end{array}$$

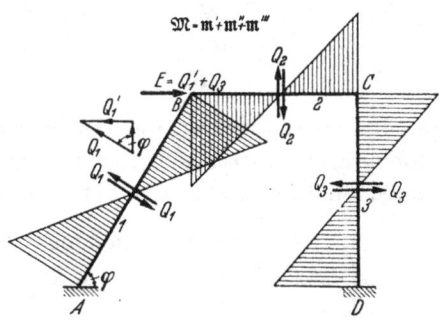

Abb. 130.

Die Momente $\mathfrak{M}$ (Abb. 130) für die Verschiebung nach $B'C'$ ergeben sich dann zu

$$\mathfrak{M} = \mathfrak{m}' + \mathfrak{m}'' + \mathfrak{m}'''.$$

Die Erzeugungskraft E, welche die Verschiebung bzw. diese Momente hervorruft, wird

$$E = Q_1' + Q_3 = Q_1 \cdot \sin\varphi + Q_3$$

(wenn E horizontal angenommen wird, darf von den Querkräften auch nur die Horizontalkomponente mitgerechnet werden). Ist die Verschiebekraft V, so sind die Zusatzmomente

$$\overline{M} = \frac{V}{E}\,\mathfrak{M}.$$

Die Normalkräfte in den Stäben und die Auflagerkräfte ergeben sich aus den Querkräften (siehe Kapitel IV). Für den Fall, daß alle drei Stäbe schräg zueinander stehen, ergibt sich das Verschiebungsbild von

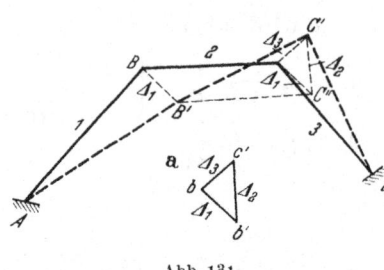

Abb. 131. Man kann dieselbe Konstruktion wie in Abb. 128 anwenden; es wird wieder BB' senkrecht zu AB und gleich der angenommenen Verschiebung bb' abgetragen, dann $B'C''$ parallel BC gezogen; die Senkrechten $C''C$ auf $B'C''$ und CC' auf CD schneiden sich in C', so daß $AB'C'D$ den Rahmen im verschobenen Zustand darstellt

Abb. 131.

(stark verzerrt). Das Maß der einzelnen Verschiebungen ergibt sich aus Abb. 131a, indem bei der angenommenen Verschiebungsgröße bb' durch b die Senkrechte zu CD und durch b' die Senkrechte zu BC bis zum Schnittpunkt c' gezogen wird. Es ist

$$b\,b' = \varDelta_1 \text{ die Verschiebungsgröße für den Stab 1 (angen.)}$$
$$b'c' = \varDelta_2 \text{ ,, \quad\quad ,, \quad\quad ,, \quad ,, \quad ,, 2}$$
$$b\,c' = \varDelta_3 \text{ ,, \quad\quad ,, \quad\quad ,, \quad ,, \quad ,, 3}$$

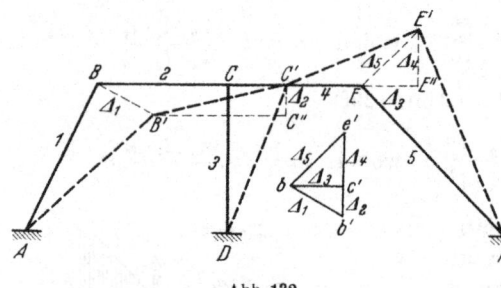

Abb. 132.

Die Momente, Querkräfte und Normalkräfte werden dann wie im vorhergehenden Beispiel (Abb. 128—130) ermittelt.

In Abb. 132 ist noch ein dreistieliger Rahmen mit zwei schrägen Stielen dargestellt. Hier erfahren die sämtlichen fünf Stäbe gegenseitige Verschiebungen (Verschwenkungen). Die Konstruktion für den verschobenen Rahmen ist aus der Abb. 132 zu ersehen. Es ist wieder

$$\varDelta_1 = b\,b' \text{ die Verschiebungsgröße für den Stab 1 (angen.)}$$
$$\varDelta_2 = b'c' \text{ ,, \quad\quad ,, \quad\quad ,, \quad ,, \quad ,, 2}$$
$$\varDelta_3 = b\,c' \text{ ,, \quad\quad ,, \quad\quad ,, \quad ,, \quad ,, 3}$$
$$\varDelta_4 = c'e' \text{ ,, \quad\quad ,, \quad\quad ,, \quad ,, \quad ,, 4}$$
$$\varDelta_5 = b\,e' \text{ ,, \quad\quad ,, \quad\quad ,, \quad ,, \quad ,, 5 .}$$

Für jede Verschiebungsgröße erhalten wir ein Momentenbild mit den Momenten $\mathfrak{m}'$, $\mathfrak{m}''$ ..., deren Addition die Momente $\mathfrak{M}$ des verschobenen Rahmens ergibt.

2. Mehrstöckige Tragwerke.

In gleicher Weise wie in Kapitel VII, 2 für mehrstöckige Tragwerke mit senkrechten Stielen müssen auch hier bei schrägen Stielen für die Verschiebung der einzelnen Stockwerke die Momentenbilder berechnet werden, wobei jedoch durch die [Schrägstellung der Stiele und ge-

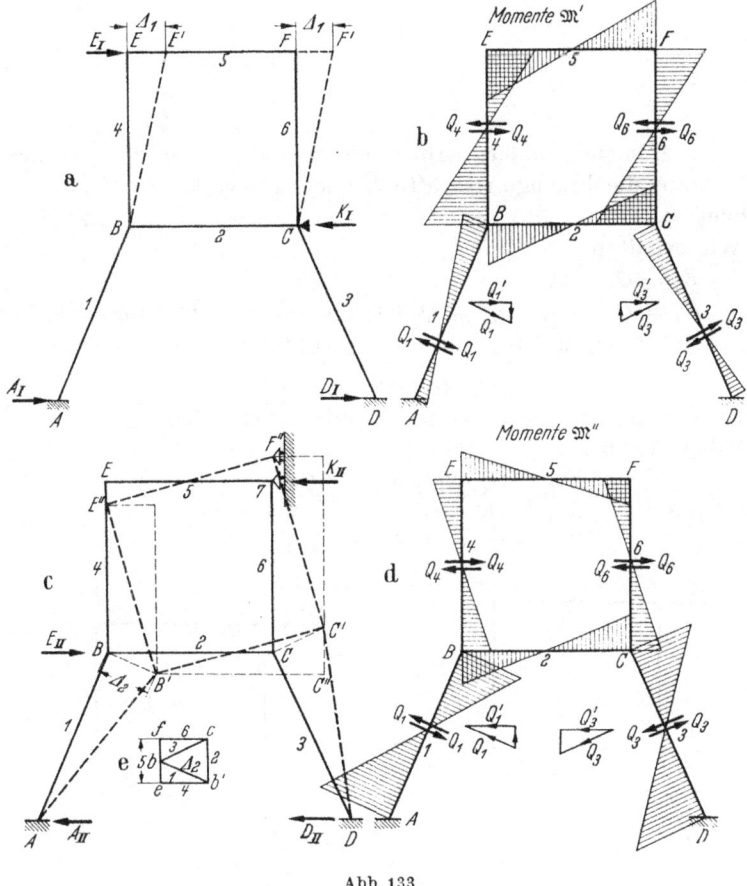

Abb. 133.

gebenenfalls der Riegel das Verhältnis der Größe der einzelnen Verschiebungen durch Konstruktion der genauen Verschiebungsbilder ermittelt werden muß.

Bei dem in Abb. 133 dargestellten zweistöckigen Tragwerk wird zunächst der obere Stockwerkriegel EF um Δ_1 verschoben, die dabei entstehenden Momente werden, wie in Kapitel VII, 1 dargelegt, ermittelt und auch über die Stäbe $ABCD$ weitergeleitet; wir erhalten dann das Momentenbild Abb. 133b. Dann wird der untere Stockwerkriegel

6*

BC verschoben und zwar der Punkt B um $\varDelta_2$ nach B'. Aus dem Verschiebungsplan 133e ergeben sich die gegenseitigen Verschiebungen jedes einzelnen Stabes, wenn wir $BB' = bb' = \varDelta_2$ setzen und in F ein in senkrechter Richtung bewegliches Lager annehmen.

Es ergibt sich $bb' =$ Verschiebung des Stabes $1 = \varDelta_2$

$$
\begin{aligned}
b'c &= \quad,, \quad\quad,, \quad\quad,, \quad 2\\
bc &= \quad,, \quad\quad,, \quad\quad,, \quad 3\\
cf &= \quad,, \quad\quad,, \quad\quad,, \quad 6\\
fe &= \quad,, \quad\quad,, \quad\quad,, \quad 5\\
eb' &= \quad,, \quad\quad,, \quad\quad,, \quad 4
\end{aligned}
$$

Aus den Momentenbildern (Abb. 133b und d) können die Querkräfte und daraus die Erzeugungskräfte E und Auflagerkräfte K und A errechnet werden.

Wir erhalten

$$E_I = Q_4 + Q_6$$

$K_I = Q_4 + Q_6 + Q_1' + Q_3'$ (Q_1' und Q_3' sind die Horizontalkomponenten von Q_1 und Q_3) und die horizontalen Auflagerdrücke

$$A_I = Q_1' \text{ und } B_I = Q_3'$$

ferner für das zweite Verschiebungsbild (Verschiebung des Riegels BC) Abb. 133d

$$E_{II} = Q_4 + Q_6 + Q_1' + Q_3'$$

und ferner $$K_{II} = Q_4 + Q_6$$

$$A_{II} = Q_1' \text{ und } D_{II} = Q_3' .$$

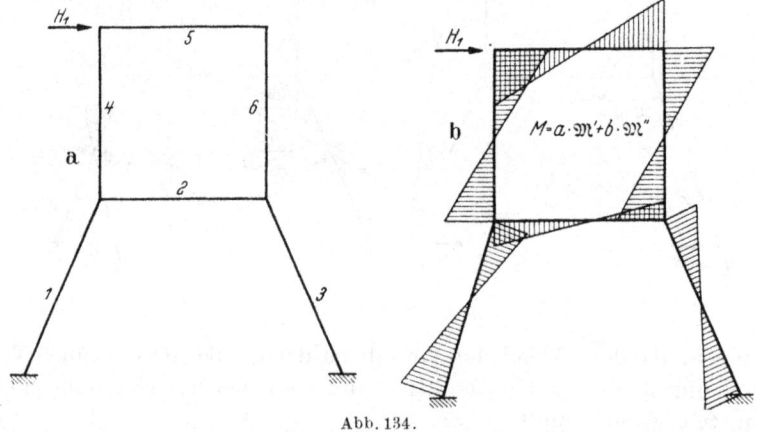

Abb. 134.

Bezeichnen wir die Momente für Belastungszustand E_I (Abb. 133b) mit $\mathfrak{M}'$ und für Belastungszustand E_{II} (Abb. 133d) mit $\mathfrak{M}''$, so lauten wieder die Bedingungsgleichungen für irgendeine Belastung z. B. H_1 im Punkte E (Abb. 134)

$$a \cdot E_I - b \cdot K_{II} = H_1, \qquad -a \cdot K_{II} + b \cdot E_{II} = 0 .$$

Hieraus können die Koeffizienten a und b ermittelt werden, so daß die Momente M für die Belastung H_1 sich ergeben zu

$$M = a \cdot \mathfrak{M}' + b \cdot \mathfrak{M}'' \quad \text{(Abb. 134b)}.$$

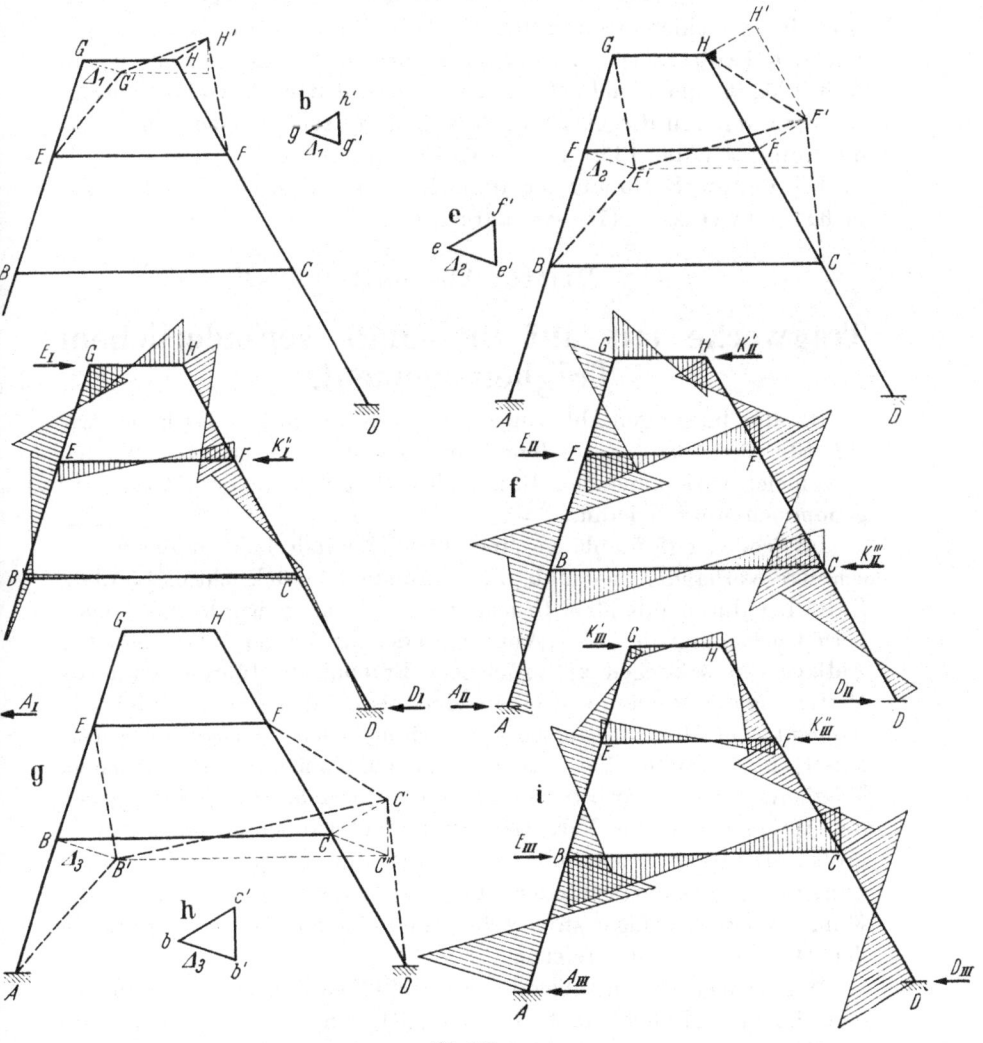

Abb. 135.

Zur weiteren Erläuterung des Verfahrens sind in Abb. 135a—i die Verschiebungs- und Momentenbilder sowie die zugehörigen Erzeugungs- und Auflagerkräfte für einen dreistöckigen Rahmen mit schrägen Stielen dargestellt.

Abb. 135a zeigt die Verschiebung des oberen Querriegels GH und zwar von G nach G' um $\varDelta_1$, von H nach H' um das Maß gh' und die

Verschwenkung des Stabes GH um $g'h'$ (Abb. 135b), in Abb. 135c sind die zugehörigen Momente und die Erzeugungskraft E_I und Widerlagerkräfte K_I'', K_I''', A_I und D_I angegeben. Ebenso sind in Abb. 135d, e und f für den Verschiebungszustand des zweiten Riegels EF nach $E'F'$ die Verschiebungen ermittelt (Abb. 135e) und die Momente gezeichnet (Abb. 135f) mit den zugehörigen Horizontalkräften; in Abb. 135g, h und i sind schließlich für den dritten Verschiebungszustand des unteren Riegels BC nach $B'C'$ die Verschiebungen (Abb. 135h) die Momente (Abb. 135i) und die Kräfte angegeben.

Die weitere Rechnung gestaltet sich dann in derselben Weise wie in Kapitel VII, 2 Gl. (76—84) dargelegt.

Dritter Abschnitt.

Tragwerke mit auf Stablänge veränderlichem Trägheitsmoment.

Bei den bisherigen Ableitungen in den Kapiteln 1—VIII haben wir auf Stablänge konstantes Trägheitsmoment vorausgesetzt, was bei den meist vorkommenden Rahmenberechnungen in der Praxis angenommen werden kann.

Ist jedoch auf Stablänge eine starke Veränderlichkeit der Querschnitte vorhanden, so muß dies besonders berücksichtigt werden. Z. B. bei durchlaufenden Brückenkonstruktionen würde die Nichtberücksichtigung der als ,,Vouten'' oder ,,Schrägen'' bezeichneten Auflagerverstärkungen zu unrichtigen Ergebnissen führen, denn die Verteilung der Momente ist eine andere als bei konstantem Trägheitsmoment. Die Momente verschieben sich mehr nach der Seite der stärkeren Querschnitte. Bei durchlaufenden Balken mit veränderlichem Trägheitsmoment bewirkt deshalb eine Querschnittszunahme gegen die Auflager hin eine Verringerung der Feldmomente und eine Vergrößerung der Stützenmomente. Durch eine entsprechende Anordnung der Querschnittszu- oder -abnahme ist man also in der Lage, die Momente zweckmäßiger zu verteilen, und eine günstigere Ausnutzung der Querschnitte zu erreichen.

Wir bringen nun im folgenden Kapitel IX ein Rechenverfahren, bei dem die Veränderlichkeit der Querschnitte einzelner Stäbe von Rahmentragwerken ohne viel Mehraufwand an Arbeit berücksichtigt werden kann. Durch die beigegebenen Hilfstafeln wird außerdem die Berechnung noch wesentlich erleichtert.

In Kapitel X wird schließlich noch das genaue Drehwinkelverfahren zur Bestimmung der Festpunkte angegeben, das jedoch nur in ganz besonderen Ausnahmefällen angewendet zu werden braucht oder auch zur Nachprüfung einzelner Festpunkte dienen kann.

IX. Das k-Verfahren zur Bestimmung der Festpunkte und Kreuzlinienabschnitte.

1. Bestimmung der Drehwinkel.

Im Gegensatz zu den in Kapitel III gemachten Voraussetzungen ist nun das Trägheitsmoment des Stabes nicht mehr konstant, sondern veränderlich, so daß das J/l für den Stabfestwert k nicht mehr gebildet werden kann, und für die Drehwinkel α an den beiden Stabenden sich nun zwei verschiedene Werte α^A und α^B ergeben.

Zur Bestimmung der *Drehwinkel* α^A und α^B teilen wir die reduzierte Momentenfläche des an beiden Enden gleichzeitig mit $M = 1$ belasteten einfachen Balkens mit beliebig veränderlichem Trägheitsmoment in senkrechte Streifen von der Breite Δs (Abb. 136). Der Inhalt ΔF einer solchen Streifenfläche ist:

$$\Delta F = \frac{\Delta s}{E\,J}.$$

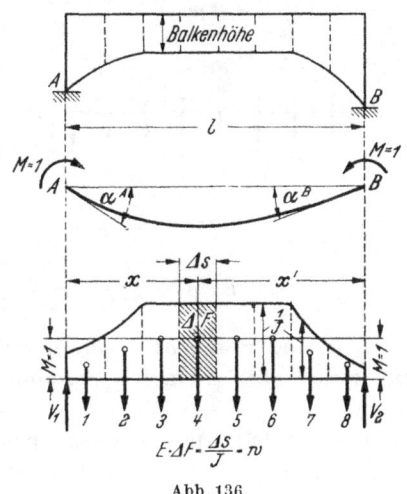

Abb. 136.

Setzen wir

$$w = \frac{\Delta s}{J} \qquad (93)$$

und bezeichnen mit w das „elastische Gewicht", so ist nach dem Mohrschen Satz (Einleitung, 2.)

$E \cdot \alpha^A =$ Auflagerdruck V_1 des mit den Kräften w belasteten Balkens und

$E \cdot \alpha^B =$ Auflagerdruck V_2 des mit den Kräften w belasteten Balkens.

Wir erhalten also

$$E \cdot \alpha^A = \frac{1}{l} \cdot \sum_0^l w \cdot x'$$

$$E \cdot \alpha^B = \frac{1}{l} \cdot \sum_0^l w \cdot x , \qquad (94)$$

worin x und x' die Abstände der Schwerpunkte der Streifen ΔF bzw. der w sind, für welche bei schmalen Streifen die Mitten angenommen werden können.

Ist der Balken symmetrisch in bezug auf seine Mitte, so sind die beiden Winkel α^A und α^B gleich, also

$$\alpha^A = \alpha^B = \bar{\alpha}, \quad \text{wobei} \quad \bar{\alpha} = \frac{1}{2} \cdot \sum_0^l w . \qquad (95)$$

Zur Bestimmung des *Drehwinkels* β bei veränderlichem Trägheitsmoment wird ebenso wie bei dem Drehwinkel α die reduzierte Momentenfläche des an einem Ende, beispielsweise am Endpunkte A mit $M = 1$ belasteten einfachen Balkens in senkrechte Streifen von der Breite $\varDelta s$ geteilt (Abb. 137); der Inhalt dieser Streifenflächen ist

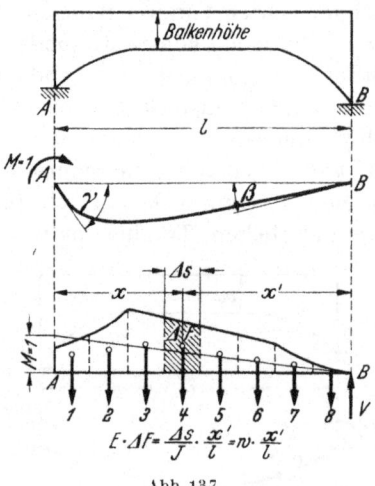

$$\varDelta F = \frac{1}{E} \cdot \frac{\varDelta s}{l} \cdot \frac{x'}{J}$$

und mit $w = \dfrac{\varDelta s}{J}$

$$\varDelta F = \frac{1}{E} \cdot w \cdot \frac{x'}{l} .$$

Nach dem Mohrschen Satz ergibt sich dann der Winkel im Punkt B:

$E \cdot \beta =$ Auflagerdruck V des mit den Kräften $w \cdot \dfrac{x'}{l}$ belasteten Balkens.

$E \cdot \varDelta F = \dfrac{\varDelta s}{J} \cdot \dfrac{x'}{l} = w \cdot \dfrac{x'}{l}$

Abb. 137.

Wir erhalten

$$E \cdot \beta = \sum_0^l w \cdot \frac{x'}{l} \cdot \frac{x}{l} = \frac{1}{l^2} \cdot \sum_0^l w \cdot x \cdot x' , \qquad (96)$$

worin x und x' die Abstände der Schwerpunkte der Streifen $w \cdot x'/l$, für welche bei schmalen Streifen die Mitten angenommen werden können.

Die Gl. (96) läßt auch erkennen, daß der Drehwinkel β am Stabende A infolge $M = 1$ in B denselben Wert hat wie der Drehwinkel β am Stabende B infolge $M = 1$ in A, denn es ergibt sich auch hier

$$E \cdot \beta = \frac{1}{l^2} \cdot \sum_0^l w \cdot x \cdot x' .$$

Für die im Hochbau am häufigsten vorkommenden *Balken mit geraden und parabolischen Vouten*

sind auf Tafel 7 die Werte für die Drehwinkel α^A und α^B

und   „   „   „   „   „ β

unter Annahme verschiedener Voutenlängen und auch nur einseitiger Anordnung angegeben, wodurch die Berechnung noch wesentlich erleichtert wird.

2. Bestimmung der Festpunkte.

Um auch für die Rahmentragwerke teils mit Stäben von konstantem Querschnitt, teils mit Stäben von veränderlichem Querschnitt das im Kapitel III erläuterte vereinfachte Verfahren anwenden zu können, bestimmen wir zunächst wieder für diejenigen Stäbe des Tragwerkes mit konstantem Trägheitsmoment die Stabfestwerte $k = \dfrac{J}{l}$ und für die Stäbe mit veränderlichem Trägheitsmoment die entsprechenden (ideellen) Stabfestwerte k^A und k^B, die nun wegen der Veränderlichkeit der Querschnitte an den Endpunkten A und B des Stabes verschieden sind. Die Werte k^A und k^B errechnen wir aus Gl. 5

$$E \cdot \alpha^A = \frac{1}{2\,k^A}$$

und

$$E \cdot \alpha^B = \frac{1}{2\,k^B}\,,$$

wobei für $E \cdot \alpha^A$ und $E \cdot \alpha^B$ die aus Gl. (94) ermittelten Werte eingesetzt werden.

Wir erhalten also

$$k^A = \frac{1}{2 \cdot E \cdot \alpha^A}$$

und

$$k^B = \frac{1}{2 \cdot E \cdot \alpha^B} \tag{97}$$

Ist die Veränderlichkeit der Querschnitte symmetrisch zur Stabmitte, so sind die beiden Stabfestwerte k^A und k^B gleich und wir erhalten

$$k = \frac{1}{2\,E\,\bar\alpha}\,. \tag{98}$$

Sind nun für alle Stäbe die k-Werte ermittelt, also sowohl für die mit konstantem Trägheitsmoment als auch für die mit veränderlichem Trägheitsmoment, wobei bei unsymmetrischer Ausbildung zwei verschiedene Stabfestwerte an den beiden Endpunkten berücksichtigt werden müssen, so kann die weitere Durchführung der Rechnung, also die Bestimmung der Festpunkte, Verteilungsmasse und Übergangszahlen, in derselben Weise erfolgen wie in Kapitel III angegeben wurde. Für die Stäbe mit veränderlichem Trägheitsmoment ist es jedoch notwendig, die Festpunkte mit Hilfe der Gleichungen (17) u. (18) zu berechnen.

Es ergibt sich (nach Abb. 138):

$$E \cdot \beta_1 \cdot \frac{l_1}{l_1 - f_1^B} - E \cdot \alpha_1^B \cdot \frac{f_1^B}{l_1 - f_1^B} = E \cdot \varepsilon_1^B \cdot \frac{f_1^B}{l_1 - f_1^B} \quad \text{oder}$$

$$E \cdot \beta_1 \cdot l_1 - E \cdot \alpha_1^B \cdot f_1^B = E \cdot \varepsilon_1^B \cdot f_1^B\,.$$

Hieraus

$$f_1^B = \frac{E \cdot \beta_1 \cdot l_1}{E \cdot \alpha_1^B + E \cdot \varepsilon_1^B}$$

und ebenso

$$f_1^A = \frac{E \cdot \beta_1 \cdot l_1}{E \cdot \alpha_1^A + E \cdot \varepsilon_1^A}\,. \tag{99}$$

Hierin sind für $E \cdot \alpha_1^A$, $E \cdot \alpha_1^B$, $E \cdot \beta_1$ die errechneten Werte aus Gl. (94) (95) u. (96) einzusetzen. Für den Wert $E \cdot \varepsilon$, der den gemeinsamen Drehwinkel der angeschlossenen Stäbe in A bzw. B darstellt, kann meist der Mittelwert nach Gl. (16) zu

$$E \cdot \varepsilon = 0{,}29 \, \frac{1}{\Sigma k}$$

gewählt werden, wobei Σk die Summe der Stabfestwerte der an Stab 1 angeschlossenen Stäbe in A bzw. B bedeutet. Ist die Einspannung der angeschlossenen Stäbe am anderen Ende sehr unterschiedlich, so kann dies entsprechend den Gl. (13, 14 u. 15) berücksichtigt werden.

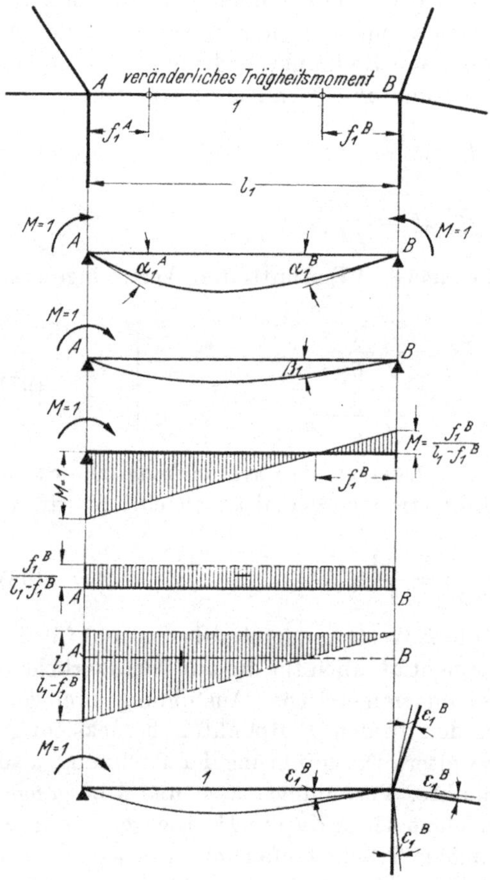

Abb. 138.

3. Bestimmung der Kreuzlinienabschnitte für Stäbe mit beliebig veränderlichem Trägheitsmoment.

Für die Kreuzlinienabschnitte gelten auch hier die in Kapitel II angegebenen Ableitungen. Nach Gl. (33) ist

$$K_1^A = - \frac{\alpha_0^B}{\beta}$$

$$K_1^B = - \frac{\alpha_0^A}{\beta} \, ,$$

wobei a_0^A entsprechend dem MOHRschen Satz sich errechnet zu (Abb. 139):

$$\alpha_0^A = \frac{1}{l} \sum_0^l \frac{M_0 \cdot \varDelta s}{E \cdot J} \cdot x'$$

und

$$\alpha_0^B = \frac{1}{l} \sum_0^l \frac{M_0 \cdot \varDelta s}{E \cdot J} \cdot x$$

oder mit

$$\frac{\varDelta s}{J} = w$$

$$E \cdot \alpha_0^A = \frac{1}{l} \, \varSigma \, M_0 \cdot w \cdot x'$$

und $\qquad E \cdot \alpha_0^B = \frac{1}{l} \, \varSigma \, M_0 \cdot w \cdot x \,.$ $\qquad$ (100)

Nach Gl. (95) ist $E \cdot \beta = \dfrac{1}{l^2} \displaystyle\sum_0^l w \cdot x \cdot x'$, somit

$$K_1^A = -l \cdot \frac{\displaystyle\sum_0^l M_0 \cdot w \cdot x}{\displaystyle\sum_0^l w \cdot x \cdot x'}$$

und $\qquad K_1^B = -l \cdot \dfrac{\displaystyle\sum_0^l M_0 \cdot w \cdot x}{\displaystyle\sum_0^l w \cdot x \cdot x} \,.$ $\qquad$ (101)

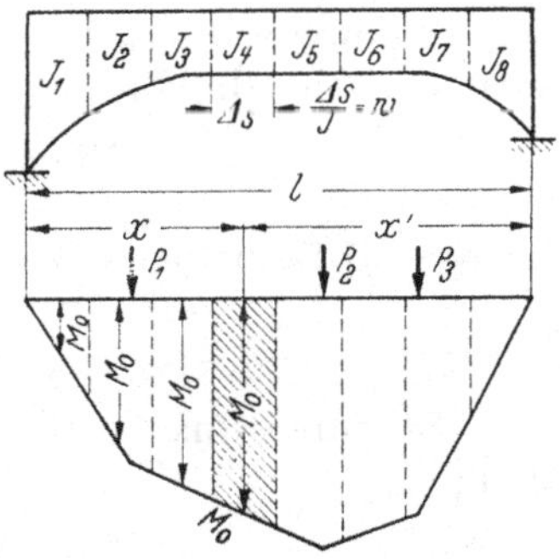

Die Momentenabschnitte m^A und m^B auf den Senkrechten durch die Festpunkte ergeben sich nach Gl. (36) zu

Abb. 139.

$$m^A = \frac{f^A}{l} \cdot K^B = n^A \cdot K^B$$

und $\qquad m^B = \dfrac{f^B}{l} \cdot K^A = n^B \cdot K^A \,.$

Auf Tafel 7 sind nun die Ordinaten der Einflußlinien für die Kreuzlinienabschnitte von Balken mit geraden und parabolischen Vouten angegeben.

X. Das Drehwinkel-Verfahren zur Bestimmung der Festpunkte, Übergangszahlen und Kreuzlinienabschnitte.

Hier soll noch das ausführliche Drehwinkelverfahren zur Bestimmung der Festpunkte erläutert werden. Es soll dies besonders dazu dienen, die nach dem vereinfachten Verfahren (Kapitel II und IX) berechneten Werte für die Festpunkte in besonderen Fällen nachzuprüfen. Bei außergewöhnlichen Rahmentragwerken mit großer Veränderlichkeit der Querschnittsausbildung ergibt das vereinfachte Verfahren nicht genügend genaue Werte; es muß dann das ausführliche Drehwinkelverfahren angewendet werden.

Es sind zunächst wieder die Grundgrößen des Rahmentragwerkes zu bestimmen:

1. Stabdrehwinkel α bei auf Stablänge veränderlichem Trägheitsmoment nach Gl. (94)

$$E \cdot \alpha^A = \frac{1}{l} \cdot \sum_0^l w \cdot x', \qquad E \cdot \alpha^B = \frac{1}{l} \cdot \sum_0^l w \cdot x$$

bei symmetrischer Ausbildung des Stabes nach Gl. (95)

$$E \cdot \bar{\alpha} = \frac{1}{2} \cdot \sum_0^l w$$

und bei auf Stablänge konstantem Trägheitsmoment nach Gl. (4)

$$E \cdot \alpha = \frac{l}{2\,J}\,.$$

2. Stabdrehwinkel β bei auf Stablänge veränderlichem Trägheits-moment nach Gl. (96)

$$E \cdot \beta = \frac{1}{l^2} \sum_0^l w \cdot x \cdot x'$$

und bei auf Stablänge konstantem Trägheitsmoment nach Gl. (4)

$$E \cdot \beta = \frac{l}{6\,J}\,.$$

3. Stabdrehwinkel τ. Der Stabdrehwinkel τ_1^A im Punkt A nach Gl. (6)

$$E \cdot \tau_1^A = E \cdot \alpha_1^A - E \cdot \beta_1 \cdot \frac{l_1}{l_1 - f_1^B}$$

und im Punkt B nach Gl. (6)

$$E \cdot \tau_1^B = E \cdot \alpha_1^B - E \cdot \beta_1 \cdot \frac{l_1}{l_1 - f_1^A}\,.$$

4. Gemeinsame Stabdrehwinkel $\tau_{1-2-3}\dots$. Der gemeinsame Stab-drehwinkel von 3 im Punkt A angeschlossenen Stäben beträgt nach Gl. (11)

$$E \cdot \tau_{1-2-3} = \frac{1}{\dfrac{1}{E \cdot \tau_1} + \dfrac{1}{E \cdot \tau_2} + \dfrac{1}{E \cdot \tau_3}}$$

oder allgemein nach Gl. (12)

$$E \cdot \tau_{1-2-3\dots n} = \frac{1}{\dfrac{1}{E \cdot \tau_1} + \dfrac{1}{E \cdot \tau_2} + \dfrac{1}{E \cdot \tau_3} + \dots \dfrac{1}{E \cdot \tau_n}}\,.$$

5. Festpunktabstände f. Die Festpunktabstände f errechnen sich dann nach Gl. (99) zu:

$$f_1^A = \frac{E \cdot \beta_1 \cdot l_1}{E \cdot \alpha_1^A + E \cdot \varepsilon_1^A}$$

und

$$f_1^B = \frac{E \cdot \beta_1 \cdot l_1}{E \cdot \alpha_1^B + E \cdot \varepsilon_1^B}\,.$$

$E \cdot \varepsilon_1^A$ bzw. $E \cdot \varepsilon_1^B$ sind hierin die Drehwinkel der Widerlager in A bzw. B für $M = 1$ oder die gemeinsamen Drehwinkel τ der in A bzw. B an Stab 1 angeschlossenen Stäbe, also (s. S. 25)

$$E \cdot \varepsilon_1^A = E \cdot \tau_{5-6-7}$$

und

$$E \cdot \varepsilon_1^B = E \cdot \tau_{2-3-4}$$

und nach Gl. (11) $\quad E \cdot \tau_{5-6-7} = \dfrac{1}{\dfrac{1}{E \cdot \tau_5} + \dfrac{1}{E \cdot \tau_6} + \dfrac{1}{E \cdot \tau_7}}$,

nun ist aber z. B. $\quad E \cdot \tau_5^A = \alpha_5^A - \beta_5 \dfrac{l_5}{l_5 - f_5^B}$

ebenso $\quad E \cdot \tau_6^A = \alpha_6^A - \beta_6 \cdot \dfrac{l_6}{l_6 - f_6^B}$.

Da für die Bestimmung der Festpunktabstände nach Gl. (99) die ε-bzw. τ-Werte der angeschlossenen Stäbe benötigt werden, so müssen die Festpunktabstände dieser Stäbe bekannt sein. Da dies jedoch nicht der Fall ist, müssen diese Festpunktabstände zunächst geschätzt werden und nachher durch Rückwärtsrechnung diese angenommenen Festpunktabsätnde nachgeprüft und nötigenfalls richtiggestellt werden. Die Berechnung nimmt dadurch wesentlich mehr Zeit in Anspruch als die Berechnung nach dem vereinfachten Verfahren.

Wir erläutern den Berechnungsvorgang noch an einem einfachen **Beispiel:** Bei dem dreistieligen zweistöckigen Rahmen nach Abb. 140 besitzen die Stäbe sehr unterschiedliche und auf Stablänge derart stark veränderliche Trägheitsmomente, daß das ausführliche Verfahren angewendet werden muß.

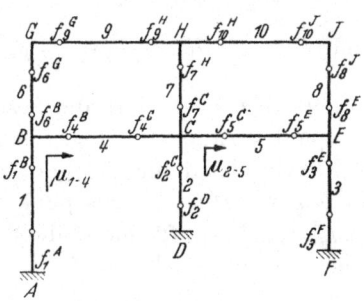

Abb. 140.

Nach Bestimmung der Grundgrößen α und β für jeden Stab und unter der Annahme, daß die Rahmenstiele 1, 2 und 3 in A, D und F fest eingespannt sind, also die Festpunktabstände $f_1^A = \dfrac{1}{3} l_1, f_2^D = \dfrac{1}{3} l_2$ und $f_3^F = \dfrac{1}{3} l_3$ betragen, ergibt sich der nächste Festpunktabstand f_4^B nach Gl. (99) zu $\quad f_4^B = \dfrac{E \cdot \beta_4 \cdot l_4}{E \cdot \alpha_4^B + E \, \varepsilon_4^B}$; hierin ist

$$E \cdot \varepsilon_4^B = E \cdot \tau_{1,6}^B = \dfrac{1}{\dfrac{1}{\tau_1^B} + \dfrac{1}{\tau_6^B}} .$$

τ_1^B errechnet sich mit Hilfe von $f_1^A = \dfrac{1}{3} l_1$ zu:

$$E \tau_1^B = E \cdot \alpha_1^B - E \cdot \beta_1 \cdot \dfrac{l_1}{l_1 - f_1^A}$$

und τ_6^B mit Hilfe des Festpunktabstandes f_6^G, welcher zunächst angenommen werden muß. Je nach dem Einspannungsgrad wird f_6^G zu $\dfrac{l_6}{3}$ bis $\dfrac{l_6}{6}$ angenommen, meist wird eine mittlere Einspannung gewählt, was dem Wert $\frac{1}{5}$ l_6 entspricht. Auf Grund dieser Werte kann der Festpunktabstand f_4^B berechnet werden.

Nun wird der Festpunktabstand f_5^C bestimmt, wobei jedoch der Festpunktabstand f_7^H angenommen werden muß, denn es ist

$$f_5^C = \frac{E \cdot \beta_5 \cdot l_5}{E \cdot \alpha_5^C + E \cdot \varepsilon_5^C}$$

und

$$E \cdot \varepsilon_5^C = E \cdot \tau_{2,4,7}^C = \frac{1}{\dfrac{1}{E \cdot \tau_2^C} + \dfrac{1}{E \cdot \tau_4^C} + \dfrac{1}{E \cdot \tau_7^C}}, \quad \text{wobei}$$

$$E \cdot \tau_2^C = \alpha_2^C - \beta_2 \cdot \frac{l_2}{l_2 - f_2^D}$$

$$E \cdot \tau_4^C = \alpha_4^C - \beta_4 \cdot \frac{l_4}{l_4 - f_4^B}$$

und

$$E \cdot \tau_7^C = \alpha_7^C - \beta_7 \cdot \frac{l_7}{l_7 - f_7^H} .$$

In derselben Weise wird der Festpunkt f_3^E berechnet, wobei dann der Festpunktabstand f_8^J angenommen werden muß. Hierauf werden rückwärtsgehend die Festpunktabstände f_5^E, f_4^C, f_2^C und f_1^B bestimmt. Es folgen dann die Festpunktabstände des oberen Stockwerks f_6^B, f_7^C, f_8^E, f_9^G, f_{10}^H, f_{10}^J, f_9^H und schließlich ergeben sich auch die zunächst angenommenen f_6^G, f_7^H und f_8^J .

Stimmen diese errechneten Werte nun mit den angenommenen nicht überein, so muß die Rechnung mit den richtiggestellten Werten nochmals durchgeführt werden, jedenfalls soweit die übrigen Festpunktabstände davon beeinflußt werden. Die Übereinstimmung ist bald zu erreichen, da sich eine Änderung nur auf die nächstgelegenen Festpunkte auswirkt.

Die Verteilungsmaße sind in diesem Falle zu bestimmen nach Gl. (24)

z. B.:

$$\mu_{1-4} = \frac{\dfrac{1}{E \cdot \tau_4^B}}{\dfrac{1}{E \cdot \tau_4^B} + \dfrac{1}{E \cdot \tau_6^B}}$$

oder

$$\mu_{2-5} = \frac{\dfrac{1}{E \cdot \tau_5^C}}{\dfrac{1}{E \cdot \tau_5^C} + \dfrac{1}{E \cdot \tau_4^C} + \dfrac{1}{E \cdot \tau_7^C}}$$

usw.

Die Übergangszahlen z können auf Grund der Festpunktabstände nach Gl. (28) und (29) berechnet oder auch aus der Tafel 2 mit Hilfe der Werte f/l für jeden Stab entnommen werden.

Dieses Verfahren ist wesentlich umständlicher und zeitraubender als das Verfahren mit den k-Werten. Man wird es deshalb nur in Ausnahmefällen und nötigenfalls zur Nachprüfung der Festpunktabstände benutzen.

Vierter Abschnitt.

Grenzwerte der Momente und Querkräfte.

Sind die Festpunkte und Kreuzlinienabschnitte auf Grund der in Abschnitt I—III gegebenen Ableitungen berechnet, so können daraus die Momente und Querkräfte für jede beliebige Belastung ermit-

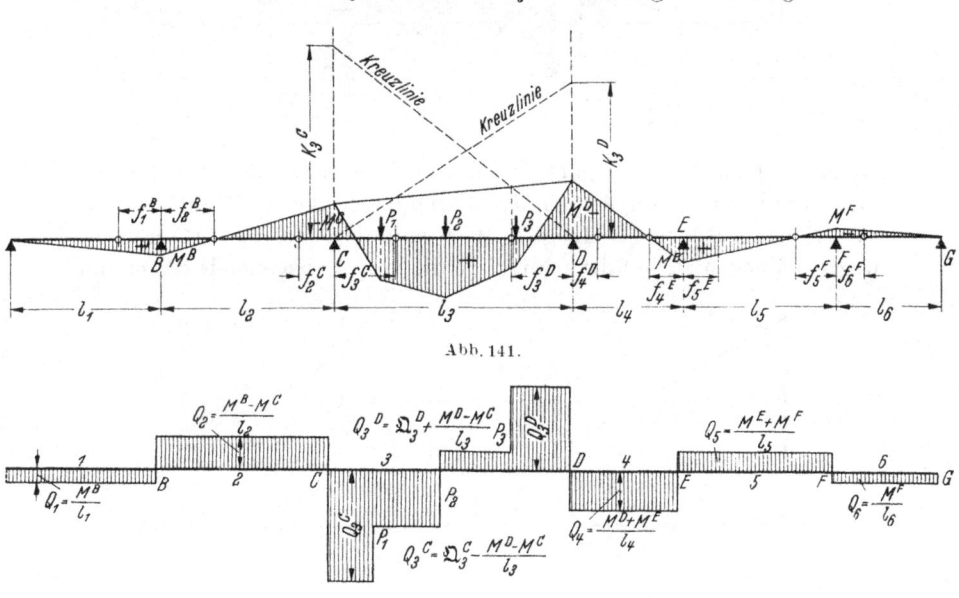

Abb. 141.

Abb. 142.

telt werden. Wir bringen zunächst die Momentenverteilung für einen einfachen durchlaufenden Träger bei Belastung einer Öffnung. Es ist daraus am besten ersichtlich, wie sich die Momente und Querkräfte auf die anschließenden Öffnungen auswirken. In Abb. 141 ist der Momentenverlauf eingetragen und in Abb. 142 auch die Querkraftslinie in den einzelnen Öffnungen. Die Abbildungen zeigen, daß die Momente in den anschließenden unbelasteten Öffnungen zwischen den Festpunkten abwechselnd positiv und negativ werden, und die Größen der Momente mit der Entfernung von der belasteten Öffnung sehr stark abnehmen. Dasselbe gilt auch für die Querkräfte, die ebenfalls ab-

wechselnd positiv und negativ und immer kleiner werden, je weiter die
Öffnung von der belasteten entfernt liegt. Betrachten wir ferner den
elastisch eingespannten Balken AB in Abb. 143 mit der Last P belastet, so liegen die Nullstellen der Momentenfläche stets je zwischen
einem Auflagerpunkt und dem nächstgelegenen Festpunkt und zwar,

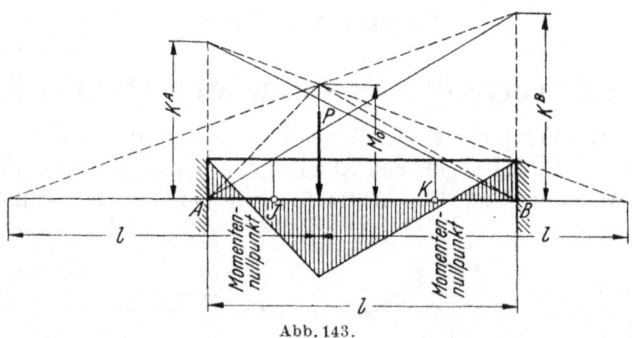

Abb. 143.

wenn die Last P von A nach B wandert, verschiebt sich der eine Momentennullpunkt von A nach J, während sich gleichzeitig der andere
von K nach B bewegt. Liegt z. B. P nahe bei B (Abb. 144) und bewegt sich gegen B, so fällt schließlich die von A ausgehende Kreuzlinie

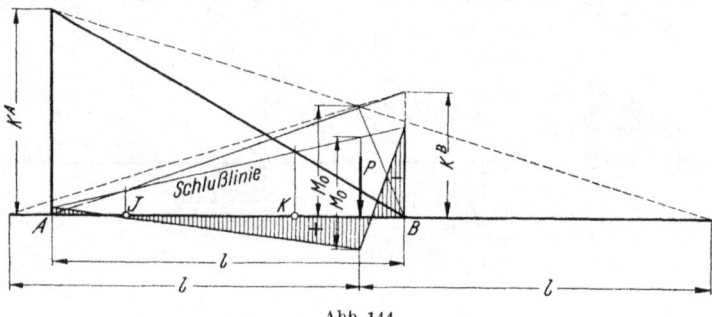

Abb. 144.

mit der einen Seite der Momentenlinie zusammen und daher auch der
Momentennullpunkt mit dem Festpunkt J. Bei jeder Laststellung von
P treten daher innerhalb der Strecke JK nur positive Momente auf.
Folglich gibt Totalbelastung für die Balkenstrecke AB die Grenzwerte
der Momente zwischen den Festpunkten. In den Balkenstrecken zwischen Festpunkten und Auflager hingegen können bei entsprechender
Laststellung sowohl positive wie negative Momente entstehen. Es ist
daher für die Grenzwertbildung Teilbelastung von AB maßgebend.
Die Grenzwerte der Momente werden auf dieser Strecke am einfachsten mittels Einflußlinien, wie z. B. bei Brücken, bestimmt. Im Hoch-

bau genügt es meist, wenn die Max.- und Min.-Momentenkurve aus
den Grenzwerten der Momente in der Mitte und über den Stützen gebildet wird.

XI. Grenzwerte der Momente und Querkräfte für ständige Last und Nutzlast.

1. Grenzwerte der Momente.

a) Ständige Last.

Die ständige Last wirkt immer in allen Feldern gleichzeitig. Die
Momente ergeben sich also durch Addition der Schlußlinien in den einzelnen Feldern, die von der Belastung jedes einzelnen Feldes herrüh-

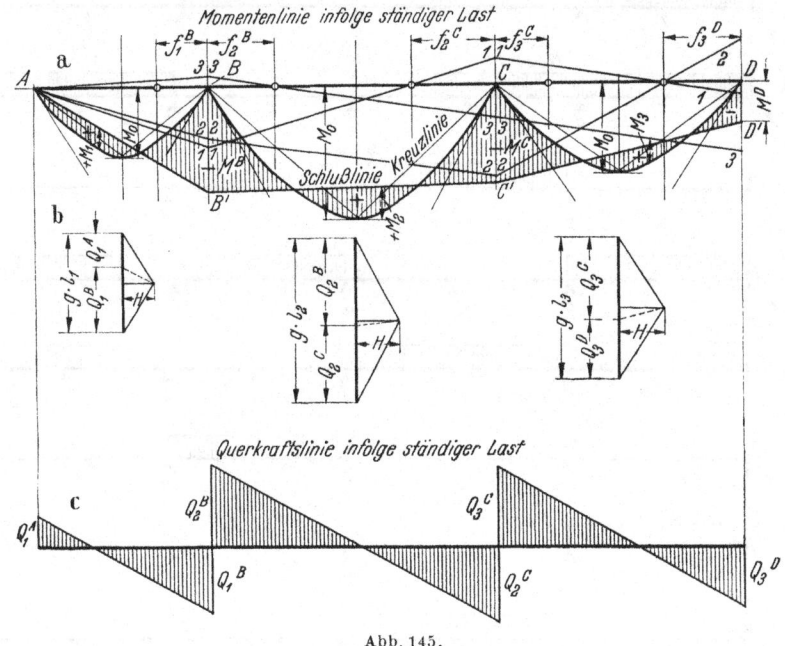

Abb. 145.

ren. In Abb. 145a sind von einem durchlaufenden Träger, der in A
gelenkig gelagert und in D eingespannt ist, für Eigengewicht die
Schlußlinien 1, 2, 3 der einzelnen Felderbelastungen konstruiert. Die
M_0 Momente sind von der horizontalen Systemlinie nach unten abgetragen, da sie auf diese Weise leichter aufzuzeichnen sind; auch die
Kreuzlinienabschnitte werden nach unten abgetragen. Die Gesamt-
schlußlinie $A B' C' D'$ bildet dann die Trennungslinie zwischen den positiven und negativen Momenten und zwar liegen oberhalb der Schlußlinie die negativen, unterhalb die positiven Momente.

b) Nutzlast.

Wie aus Abb. 141 ersichtlich ist, treten bei Belastung einer Öffnung eines durchlaufenden Trägers in den anschließenden Öffnungen abwechselnd negative und positive Momente auf. Die Anschlußöffnungen müssen daher abwechselnd unbelastet sein und belastet wer-

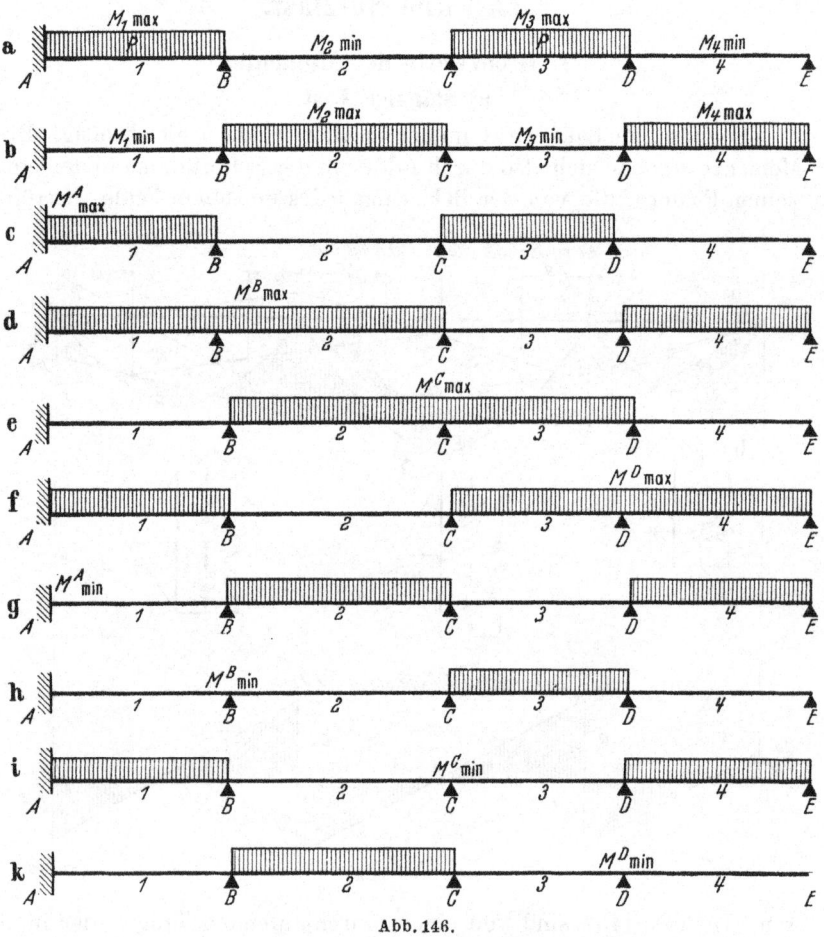

Abb. 146.

den, um auf der Innenstrecke der betrachteten Öffnung die größten positiven Momente zu erhalten. Das größte negative Moment tritt stets über einer Stütze auf und zwar bei Vollbelastung der zwei angrenzenden Öffnungen, sowie bei Entlastung und Belastung der folgenden Felder.

Um die positiven und negativen Grenzwerte zu erhalten, werden daher der Reihe nach sämtliche Öffnungen mit p belastet und die

Stützenmomente unter Berücksichtigung eventueller Sprünge infolge elastisch eingespannter Pfeiler weitergeleitet. Die aus einem maßgebenden Belastungsfall herrührenden Schlußlinien werden mit dem Zirkel addiert; die resultierende Schlußlinie bildet dann die Trennungslinie zwischen den positiven und negativen Momenten für den betreffenden Belastungsfall. Jede Momentenfläche, herrührend aus einem bestimmten Belastungsfall, liefert dann ein Stück der positiven und negativen Grenzwertlinien.

In Abb. 146 sind von einem durchlaufenden Träger mit vier Öffnungen die Belastungen für die Grenzwerte der Momente in den Öffnungen und über den Stützen dargestellt.

Die Belastung von p in den Öffnungen 1 und 3 ergibt die Größtwerte der Feldmomente in den Öffnungen 1 und 3 und die Kleinstwerte der Feldmomente in den Öffnungen 2 und 4 (Abb. 146a).

Die Belastung von 2 und 4 ergibt max M_2 und max M_4 bzw. min M_1 und min M_3 (Abb. 146b).

Für die Größt- und Kleinstwerte der Stützenmomente sind acht Belastungsfälle zu unterscheiden (s. Abb. 146c—k).

Abb. 146c gibt die Belastung für den Stützenmoment max M^A an
,, 146d ,, ,, ,, ,, ,, ,, max M^B ,,
,, 146e ,, ,, ,, ,, ,, ,, max M^C ,,
,, 146f ,, ,, ,, ,, ,, ,, max M^D ,,
,, 146g ,, ,, ,, ,, ,, ,, min M^A ,,
,, 146h ,, ,, ,, ,, ,, ,, min M^B ,,
,, 146i ,, ,, ,, ,, ,, ,, min M^C ,,
,, 146k ,, ,, ,, ,, ,, ,, min M^D ,,

In Abb. 147a, b, c, d, e, g, h und i sind die Momentenflächen für die in Abb. 146a, b, c, d, e, g, h und i angegebenen Belastungen aufgetragen (wobei für Belastung c die Momentenfläche a und für Belastung g die Momentenfläche b gilt). Addiert man diese Momentenflächen, so ergeben die äußeren Umgrenzungslinien die Grenzwerte der Momente aus Nutzlast. In Abb. 147l sind für Öffnung 1—2 die Grenzwerte aus Nutzlast aufgetragen. Zusammen mit den Momenten aus ständiger Last erhält man dann die für die Bemessung der Konstruktion notwendigen max und min Momente. In derselben Weise findet man die max und min Momente für die Öffnungen 3 und 4.

Für Rahmentragwerke sind die Belastungen für die Grenzwerte der Momente in entsprechender Weise wie in Abb. 146a—k dargestellt anzunehmen. Da hier an einem Knotenpunkt mehrere Stäbe anschließen, so verteilt sich beim Übergang das Moment auf mehrere Stäbe. Die Momente nehmen in den anschließenden Feldern deshalb noch schneller ab als beim einfachen durchlaufenden Träger.

In Abb. 148 ist z. B. angegeben, welche Stäbe belastet werden müßten, um das max Feldmoment des Stabes 5 zu erhalten. Dieses

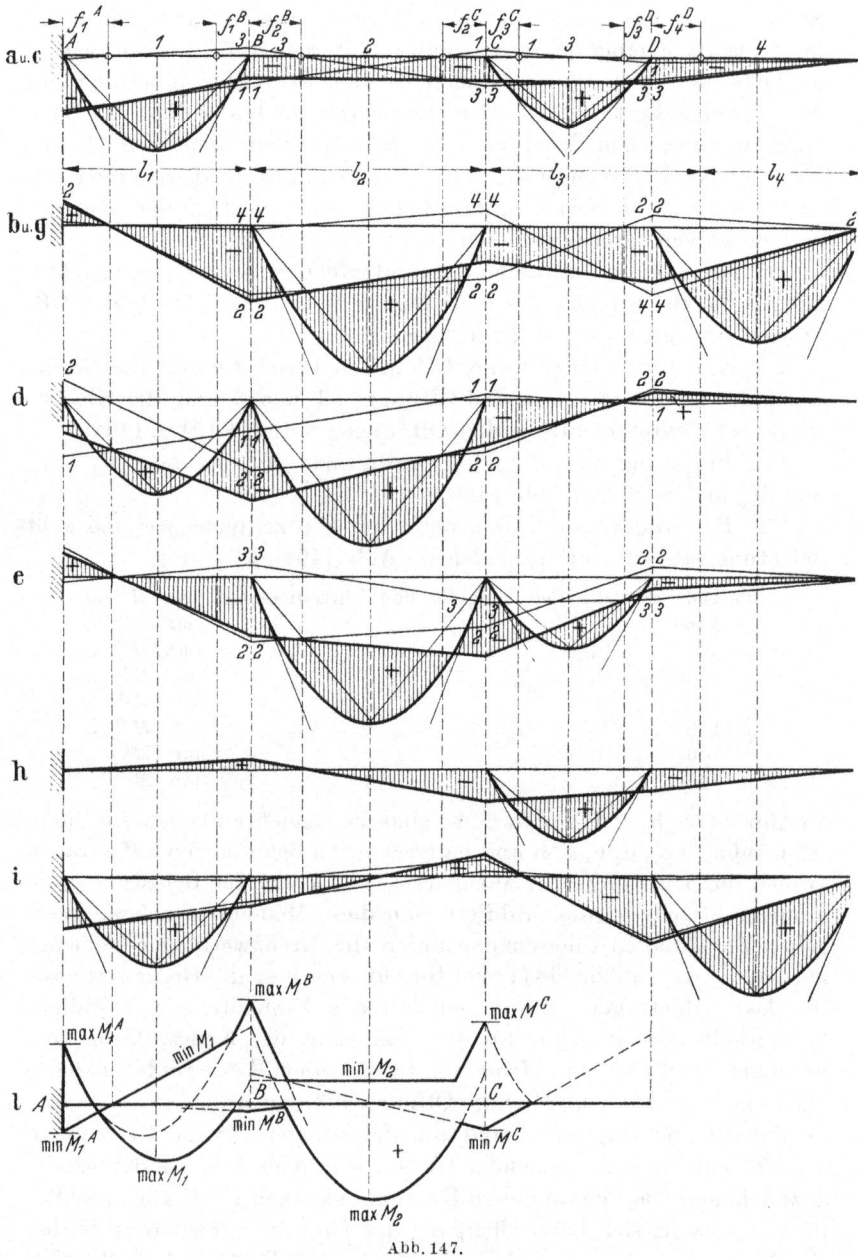

Abb. 147.

Belastungsschema gibt gleichzeitig die max Feldmomente für die
Stäbe 7, 13, 19 und 21. Da jedoch beim Knotenpunktübergang eine
Verteilung der Momente stattfindet, so ist der Einfluß auf die nächsten

Felder sehr gering, insbesondere zum nächsten Stockwerk, so daß es fast stets ausreichen wird, den Einfluß der Nachbarfelder nur von einem Stockwerk zu berücksichtigen. Es genügt also im allgemeinen, für das max Feldmoment von Stab 5 die Belastung von Stab 7 zu berücksichtigen. Der Einfluß der Belastung des Stabes 13 braucht nur in Ausnahmefällen (z. B. bei Speicherbauten) berücksichtigt zu wer-

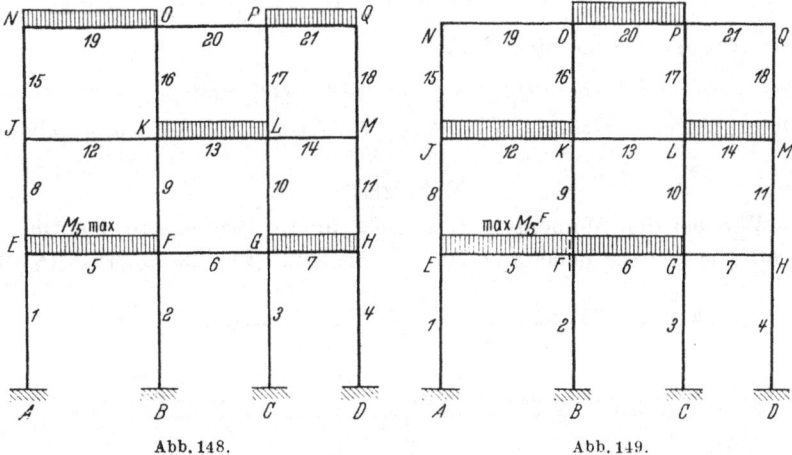

Abb. 148.   Abb. 149.

den, ein Einfluß von Stab 19 und 21 auf Stab 5 ist praktisch nicht nachweisbar. Für das max Stützenmoment M_5^F ist in Abb. 149 das theoretische Belastungsschema angegeben; auch hier genügt es im allgemeinen, wenn nur die Belastungen der Stäbe 5 und 6 des Stockwerks $EFGH$ berücksichtigt werden.

Ist bei diesen Rahmentragwerken die Belastung unsymmetrisch, so sind die Momente aus Rechnungsabschnitt II noch zu berücksichtigen; dasselbe gilt für unsymmetrische Rahmentragwerke. Ebenso sind bei Horizontalbelastung der Rahmentragwerke die Momente aus Rechnungsabschnitt II in entsprechender Weise hinzuzurechnen.

2. Grenzwerte der Querkräfte.

a) Ständige Last.

Die ständige Last, die in allen Feldern gleichzeitig wirkt, ergibt für den in Abb. 145a angenommenen Träger und für die daselbst angegebene Momentenlinie die in Abb. 145c dargestellte Querkraftlinie. Infolge der Stützenmomente verteilen sich die Lasten nicht gleichmäßig auf die Auflager, sondern die größeren Querkräfte sind stets dort, wo auch die größeren Stützenmomente auftreten. Die

Querkräfte an den einzelnen Auflagerpunkten errechnen sich zu (Abb. 145 b)

$$Q_1^A = \frac{g_1 \cdot l_1}{2} - \frac{M^B}{l_1}; \qquad Q_1^B = \frac{g_1 \cdot l_1}{2} + \frac{M^B}{l_1}$$

$$Q_2^B = \frac{g_2 \cdot l_2}{2} + \frac{M^B - M^C}{l_2}; \qquad Q_2^C = \frac{g_2 \cdot l_2}{2} - \frac{M^B - M^C}{l_2}$$

$$Q_3^C = \frac{g_3 \cdot l_3}{2} + \frac{M^C - M^D}{l_3}; \qquad Q_3^D = \frac{g_3 \cdot l_3}{2} - \frac{M^C - M^D}{l_3}.$$

Die Auflagerdrücke sind dann:

$$A = Q_1^A; \quad B = Q_1^B + Q_2^B; \quad C = Q_2^C + Q_3^C \text{ und } D = Q_3^D.$$

Die graphische Bestimmung der Querkräfte ist in Abb. 145 b angegeben.

b) Nutzlast.

Wie bei den Momenten sind auch für die Grenzwerte der Querkräfte bestimmte Belastungsfälle maßgebend. Für die Querkräfte an

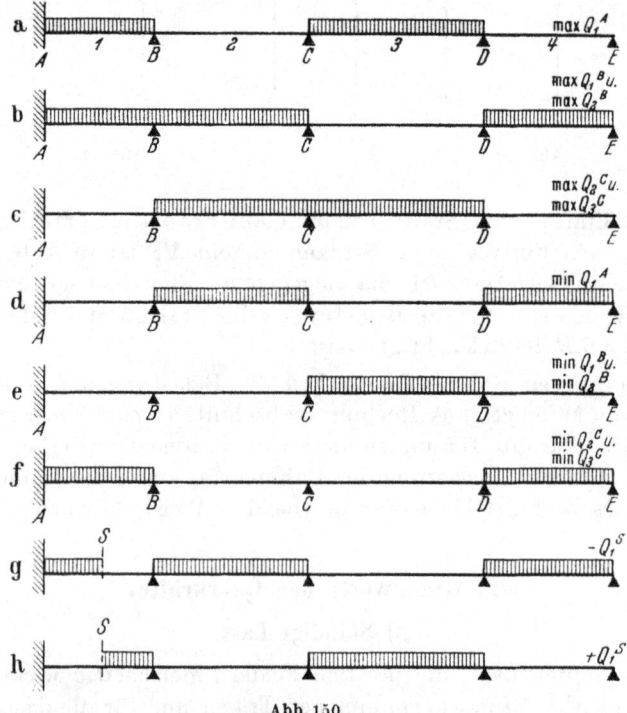

Abb. 150.

den Stützen gilt auch hier: bei derjenigen Belastung, die das größte Stützenmoment erzeugt, entsteht auch die größte Querkraft.

Für die Grenzwerte der Querkräfte ergeben sich demnach die in der Abb. 150 dargestellten Belastungsfälle (vgl. auch Abb. 146).

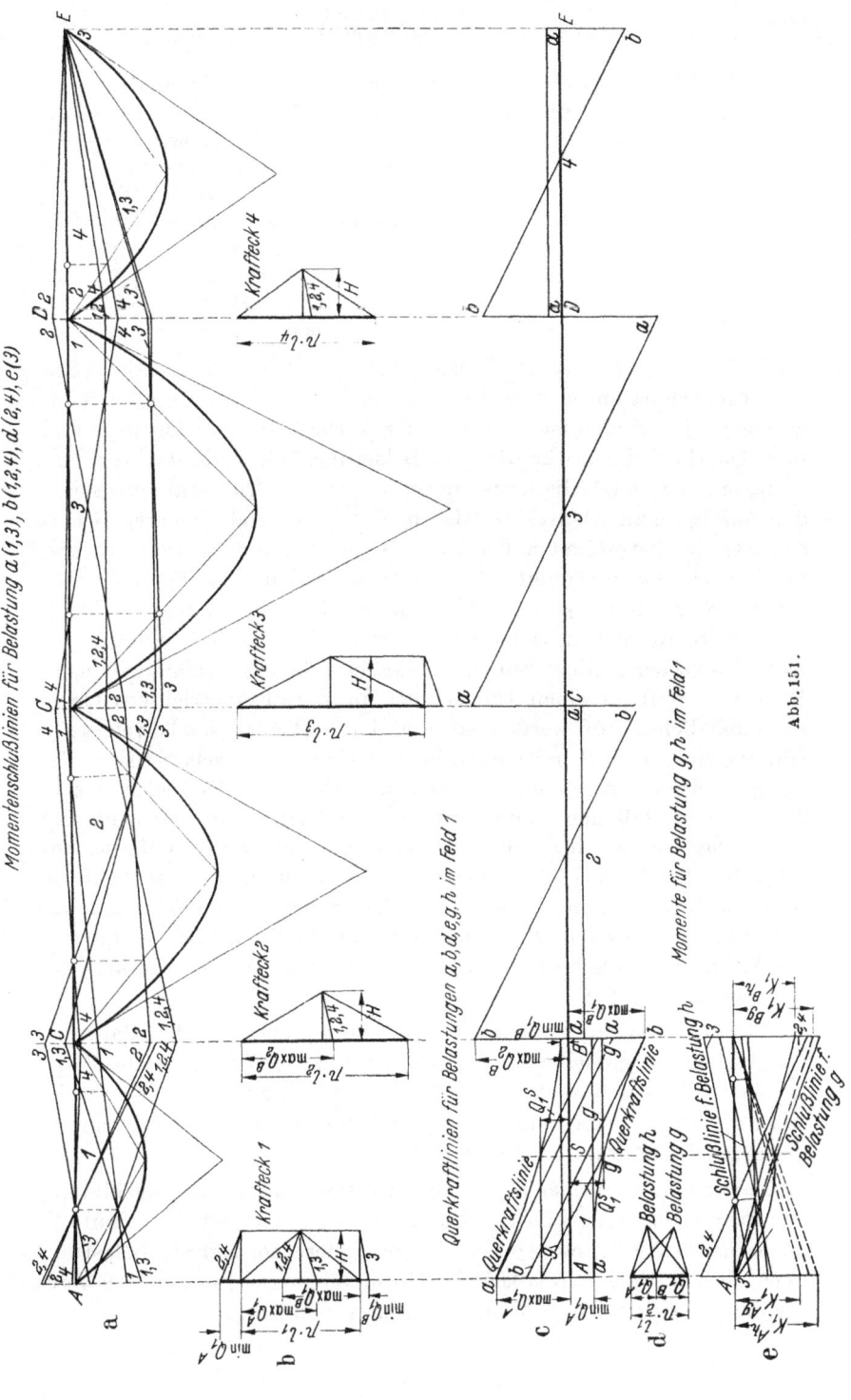

Momentenschlußlinien für Belastung $a(1,3)$, $b(1,2,4)$, $d(2,4)$, $e(3)$

Querkraftlinien für Belastungen a, b, d, e, g, h im Feld 1

Momente für Belastung g, h im Feld 1

Abb. 151.

Belastungsfall Abb. 150a ergibt max. Querkr. am Aufl. A: max Q_1^A;

,,   ,, 150b   ,,   ,, Querkr. links und rechts von B:
                                        max Q_1^B und max Q_2^B;

,,   ,, 150c   ,,   ,, Querkr. links und rechts von C:
                                        max Q_2^C und max Q_3^C;

,,   ,, 150d   ,, min. Querkr. am Aufl. A: min Q_1^A;

,,   ,, 150e   ,,   ,, Querkr. links und rechts von B:
                                        min Q_1^B und min Q_2^B;

,,   ,, 150f   ,,   ,, Querkr. links und rechts von C:
                                        min Q_2^C und min Q_3^C.

Zur Erläuterung ist für vier Belastungsfälle a, b, d und e in Abb. 151a bis c die Ermittlung der Querkraftlinien aus den Momentenlinien angegeben. Im Feld 1 ist zunächst der Verlauf der geraden max und min Querkraftlinien für die vier Belastungsfälle a, b, d und e eingetragen. Um auch die Kurve der max und min Querkräfte zwischen den Auflagern zu erhalten, werden noch für einen oder mehrere Querschnitte des betreffenden Feldes (z. B. für Feldmitte) die max und min Querkräfte bestimmt. In Abb. 151c und d sind für den Querschnitt S (Feldmitte) von Feld 1 die Ermittlung der max und min Querkräfte angegeben, wobei wieder zwei Belastungsfälle g und h von Abb. 150 zu berücksichtigen sind. Für diese Belastungsfälle gilt nach RITTER: ,,Soll für einen Querschnitt die aufwärts gerichtete Querkraft möglichst groß werden, so muß der Balken in der betreffenden Öffnung links vom Schnitt unbelastet, rechts davon belastet sein; die übrigen Öffnungen müssen abwechselnd belastet und unbelastet sein und zwar so, daß sich an den unbelasteten Teil der Ausgangsöffnung eine belastete, an den belasteten Teil eine unbelastete Öffnung anschließt. Nähert sich der Querschnitt dem Auflager B, so geht die teilweise Belastung in eine ganze über; für den Schnitt B sind daher die zwei anstoßenden Öffnungen ganz zu belasten. Die entgegengesetzten Belastungen ergeben das Maximum für die abwärts gerichtete Querkraft``.

Für die Bestimmung der max und min Querkräfte bei Rahmentragwerken gilt dasselbe wie unter 1. ,,Grenzwerte der Momente`` angegeben. Es genügt auch hier, die Belastungsfälle jeweils auf 1 Stockwerk zu beschränken und den Einfluß der darüber- bzw. darunterliegenden Stockwerke zu vernachlässigen.

Bei unsymmetrischer Belastung oder unsymmetrischer Ausbildung des Tragwerks sind noch die Querkräfte aus Rechnungsabschnitt II zu berücksichtigen, ebenso sind für besondere horizontale Belastung noch die aus Rechnungsabschnitt II auftretenden Querkräfte jeweils für das Maximum bzw. Minimum hinzuzurechnen.

XII. Einflußlinien der Momente und Querkräfte für bewegliche Lasten.

1. Einflußlinien der Momente.

Die Einflußlinien werden vor allem benötigt für Brücken und Kranbahnen, wo es sich um bewegliche Einzellasten handelt, um die Laststellung für die max und min Momente zu bestimmen.

Wir betrachten zunächst den einfachen durchlaufenden Träger. Wandert die Last $P = 1$ über den Träger und bestimmen wir für eine genügende Zahl von Laststellungen die Momente, so erhalten wir die

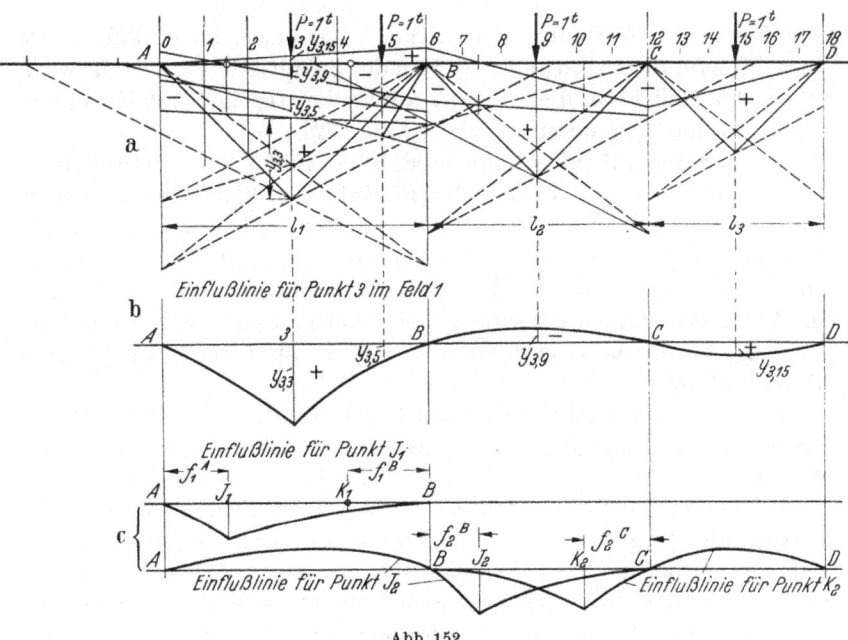

Abb. 152.

Einflußlinie für das Moment an einem bestimmten Punkt des Trägers durch Auftragen der in diesem Punkte gefundenen Momente unter der jeweiligen Laststellung und durch Verbinden ihrer Endpunkte (Abb. 152a u. b). Die Einflußlinien erstrecken sich im allgemeinen über die ganze Balkenlänge. Nur für die Festpunkte J und K fallen sie rechts bzw. links der betrachteten Öffnung weg (Abb. 152c).

Zur Konstruktion der Einflußlinien braucht man die Kreuzlinienabschnitte für die wandernde Last $P = 1$. Bei konstantem oder veränderlichem aber auf Feldlänge konstantem Trägheitsmoment werden diese am schnellsten graphisch bestimmt. Für Balken mit geraden und parabolischen Vouten liefern die Tafeln 7 die Kreuzlinienabschnitte direkt. Bei beliebig veränderlichem Trägheitsmoment müssen die Kreuzlinienabschnitte für jede Laststellung aus der Gl. (101) S. 91 berechnet werden.

Bei auf Feldlänge konstantem Trägheitsmoment gibt die nachstehende Tafel die Kreuzlinienabschnitte und M_0-Momente für die Laststellungen in den Sechstel-Punkten:

$P = 1^l$	M_0	$-K^A$	$-K^B$
in $l/6$	$0{,}1388 \cdot l$	$0{,}162 \cdot l$	$0{,}2545 \cdot l$
,, $l/3$	$0{,}222 \cdot l$	$0{,}296 \cdot l$	$0{,}370 \cdot l$
,, $l/2$	$0{,}250 \cdot l$	$0{,}375 \cdot l$	$0{,}375 \cdot l$

Die Form der Einflußlinie ist dadurch gekennzeichnet, daß sie als Biegelinie für die Belastung $P = 1$ an der Schnittstelle aufgefaßt wird, wobei der Balken an dieser Stelle aufgeschnitten und mit einem Gelenk versehen angenommen wird (Abb. 152b).

Beim durchlaufenden Rahmen, d. h. bei Balken auf elastisch drehbaren Stützen ist der Verlauf der Einflußlinien beim Übergang über die Stützen nicht stetig, sondern er weist einen Knick auf, da nicht das ganze Stützenmoment in die nächste Öffnung übergeht, sondern ein Teil des Moments von der Stütze aufgenommen wird. Die Einflußlinien der Momente verflachen sich deshalb mit wachsender Entfernung von der belasteten Öffnung rascher als beim frei gelagerten Durchlaufträger.

Für jede Stütze gibt es dann auch zwei Einflußlinien der Stützenmomente und zwar für die Schnitte unmittelbar links und rechts davon.

Bei derartigen Rahmenträgern ist im allgemeinen der Einfluß aus horizontaler Verschiebbarkeit des Tragwerks (Rechnungsabschnitt II) auf die Einflußlinien der Feldmomente für vertikale Belastung sehr gering, vor allem, wenn mehrere Stützen vorhanden sind. Da sich die einzelnen Beträge in den verschiedenen Feldern zudem gegenseitig aufheben, kann bei einstöckigen Rahmen mit mehreren Stielen für das Feldmoment direkt die Einflußlinie für den festgehaltenen Zustand (R/I) benutzt werden. Besonders gilt dies für symmetrische Tragwerke. Nur für die Stützenmomente kann der Einfluß der Verschiebekraft in manchen Fällen von größerer Bedeutung sein.

Für den Fall, daß auch der Einfluß der Verschiebekraft (R/II) auf die Einflußlinien für vertikale Lasten berücksichtigt werden muß, sei nachstehend kurz der Rechnungsgang angegeben:

Aus der Bestimmung der Einflußlinie ergeben sich für jede Laststellung die Querkräfte in den Stützen (Abb. 153a). Die algebraische Summe dieser Querkräfte ergibt dann die bei den einzelnen Laststellungen auftretenden Festhaltekräfte bzw. Verschiebekräfte

$V = Q_1 + Q_2 + Q_3 + Q_4 \ldots$ Werden diese Verschiebekräfte V, wie in Abb. 153b gezeigt, in den einzelnen Punkten aufgetragen, so erhalten wir die Einflußlinie für die Verschiebekraft V. Außerdem

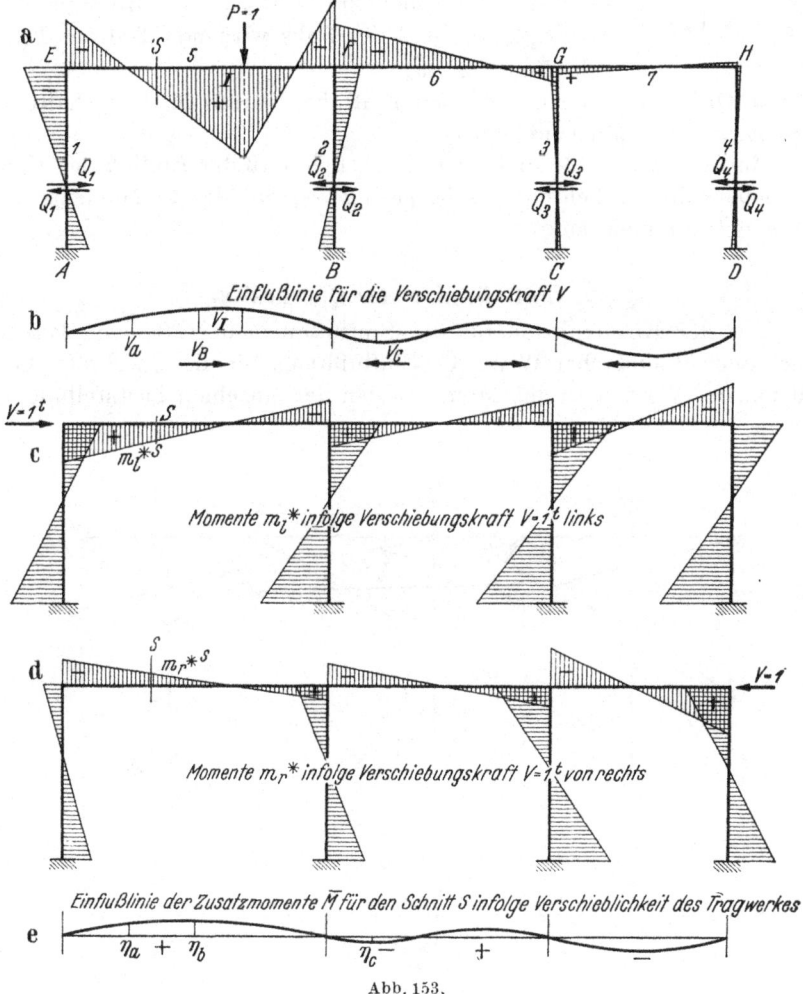

Abb. 153.

benötigen wir noch die Momente m^* für die Verschiebekraft $V = 1\,t$ von links und von rechts (Abb. 153c u. d).

Die Einflußlinie für die Zusatzmomente $\overline{M}$ aus der Verschiebbarkeit des Tragwerks ergibt sich nun durch Multiplikation der Einflußlinie für die Verschiebekraft V (Abb. 153b) mit dem für den betreffenden Schnitt der Einflußlinie maßgebenden Moment aus der Verschiebekraft $V = 1\,t$ von links bzw. von rechts (Abb. 153e).

Die Ordinaten der Einflußlinie für die Zusatzmomente $\overline{M}$ für den Punkt S erhalten wir also zu:

$$\eta_a = + V_a \cdot m_l^{*S}$$
$$\eta_b = + V_b \cdot m_l^{*S}$$
$$\eta_c = - V_c \cdot m_S^{*r}$$

d. h. der nach rechts wirkende Teil der Einflußlinie für die Verschiebekraft $V = 1\,t$ wird mit m_l^{*S} multipliziert und der links wirkende Teil der Einflußlinie mit m_r^{*S}.

Diese Ordinaten sind nun zu den Einflußordinaten für festgehaltene Knotenpunkte hinzuzurechnen.

Aus den Abb. 153c und d ist ersichtlich, daß der Einfluß der Verschiebekräfte in Feldmitte sehr gering ist, da hier die Momente m_l^* und m_r^* sehr klein sind.

2. Einflußlinien der Querkräfte.

Aus der Konstruktion für die Einflußlinien der Momente lassen sich auch in einfacher Weise die Einflußlinien für die Querkräfte bestimmen. Werden zu den Momentlinien der einzelnen Laststellungen

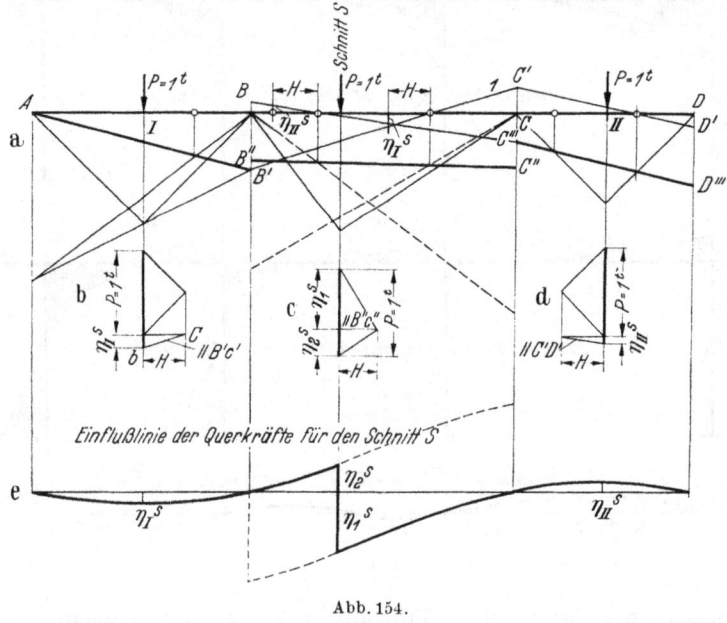

Abb. 154.

die Kraftecken gezeichnet und die Parallelen zu den zugehörigen Schlußlinien gezogen, so erhalten wir jeweils die Auflagerdrücke bzw. Querkräfte in den einzelnen Öffnungen.

Aus der Abb. 154 ist die Konstruktion der Querkrafts-Einflußlinie für den Schnitt S ersichtlich. Zur besseren Erläuterung werden nur für einige wenige Laststellungen die Ordinaten der Einflußlinie bestimmt.

In Abb. 154e ist die Einflußlinie für den Schnitt S in der zweiten Öffnung BC aufgetragen. Bei Stellung der Last $P = 1$ t in A ist die Querkraft im Schnitt $S = 0$; bei $P = 1$ t im Punkt I ergibt sich die Querkraft im Schnitt S aus dem unteren Teil des Kraftecks (Abb. 154b), indem die Linie bc parallel $B'C'$ gezogen wird, die auf der Senkrechten die Querkraftsordinate η_{II}^S abschneidet; bei $P = 1$ t in B ist die Ordinate wieder $= 0$; bei $P = 1$ t im Schnitt S ergeben sich aus dem Krafteck Abb. 154c die Querkraftsordinaten η_1^S und η_2^S, bei $P = 1$ t im Punkt II ergibt sich aus dem Krafteck Abb. 154d die Ordinate η_{II}^S usw.

Die Einflußlinie der Querkräfte kann auch aus den Einflußlinien für die Stützenmomente ermittelt werden.

In einem beliebigen Schnitt eines elastisch eingespannten Trägers ist die Querkraft

$$Q = \mathfrak{Q} + \frac{[M_r] - [M_l]}{l} ,$$

worin $\mathfrak{Q}$ die Querkraft des freiaufliegenden Balkens ist. Man erhält also die Einflußlinien der Querkräfte ohne weiteres, wenn die Einflußlinien der beiden Stützenmomente bekannt sind. Die Einflußlinie für $\mathfrak{Q}$ ist diejenige des freiaufliegenden Balkens (Abb. 155a). Wählt man als Maßstab für die Q-Einflußlinie den gleichen wie für die Momenteneinflußlinien, also z. B. 1 cm $= 1$ $mt = 1$ t, so erhält man die Werte $\frac{[M_r] - [M_l]}{l}$ auf einfache Weise aus der Reduktionsfigur Abb. 155b.

Auf der Vertikalen im Abstande l trägt man die mit dem Zirkel aus den Momenteneinflußlinien der beiden Stützenmomente abgegriffene Summe $\eta_r + \eta_l$ ab (da das eine Moment negativ, das andere positiv ist, sind entsprechend der Gleichung $[M_r] - [M_l]$ die beiden Werte zu addieren). Die Verbindungsgerade des Endpunktes mit dem Nullpunkt schneidet auf der Vertikalen im Abstande 1 den gesuchten Wert $\frac{\eta_r + \eta_l}{l}$ ab. Es sind stets die

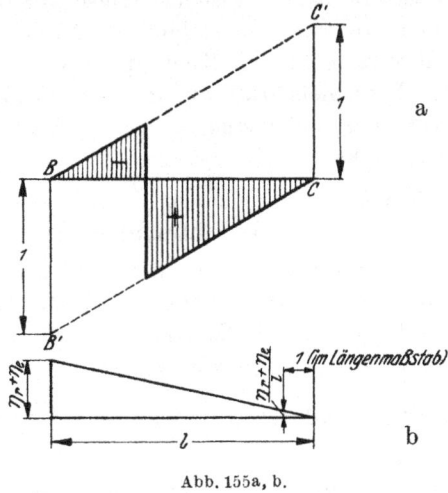

Abb. 155a, b.

Einflußlinien derjenigen Stützenmomente zu nehmen, zwischen denen der betrachtete Schnitt liegt. Die Einflußlinie der Querkraft für den Schnitt S im Feld 2 wird also mit Hilfe der Einflußlinien der Stützenmomente M_r^B und M_l^C ermittelt (Abb. 155c). Bei der Einflußlinie

im betrachteten Feld (im vorliegenden Fall Feld 2) sind die Ordi-
naten $\dfrac{\eta^{Cl} - \eta^{Br}}{l}$ zu den Ω-Ordinaten des frei aufliegenden Balkens
entsprechend zu addieren und abzuziehen (Abb. 155 d).

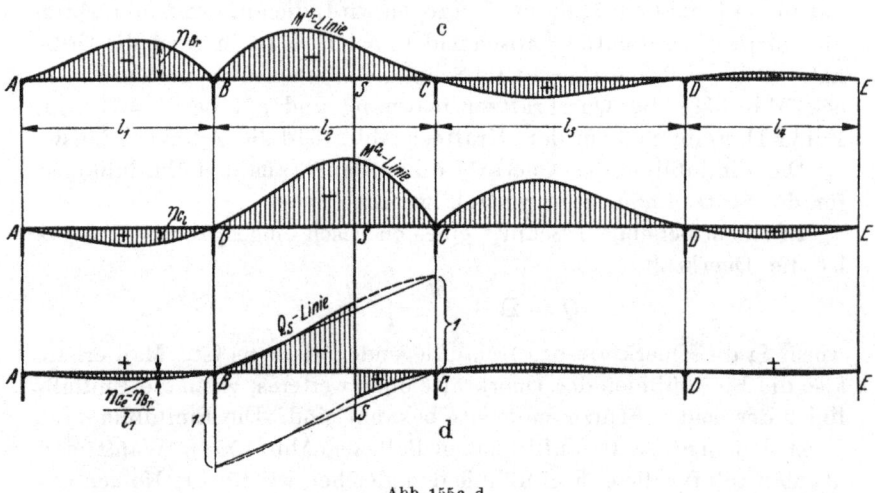

Abb. 155 c, d.

Die Einflußlinien der Querkräfte für das verschiebbare Tragwerk
ermittelt man in gleicher Weise aus den Einflußlinien der Stützenmomente, wobei die endgültigen Momenteneinflußlinien des Tragwerks
mit verschiebbaren Knotenpunkten verwendet werden. Der Einfluß
der Verschiebekraft auf die Querkräfte ist jedoch, sobald mehrere
Stiele vorhanden sind, so gering, daß er im allgemeinen vernachlässigt
werden kann.

3. Einflußlinien der Stützendrücke.

Die Einflußlinien der Stützendrücke ergeben sich aus den Einflußlinien der Querkräfte, denn z. B. für den in Abb. 156a dargestellten
durchlaufenden Balken ist der Stützendruck in $A =$ der Querkraft
rechts von A (Abb. 156a)

der Stützendruck in $B =$ Summe der Querkräfte links u. rechts von B
(Abb. 156 b, c u. d),
„   „   in $C =$ „   „   „   links u. rechts von C.

Die Einflußlinien für die Stützendrücke haben demnach den in Abb. 156
a bis d angegebenen Verlauf, der durch die Einflußlinien der betreffenden Querkraftslinien gegeben ist. Die Form dieser Einflußlinien kann
man sich als Biegelinie vorstellen für den Fall, daß die betreffende

Stütze in Wegfall kommt und an ihrer Stelle eine Last angebracht wird.

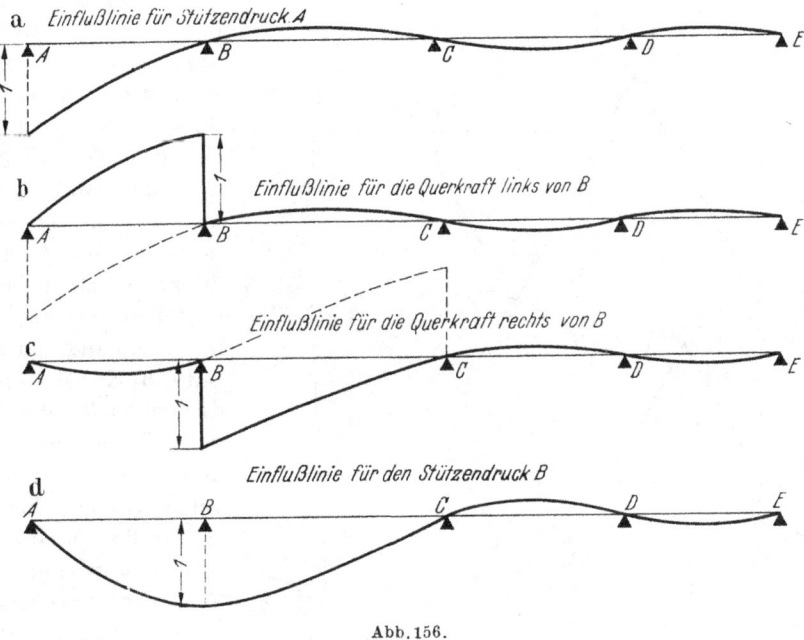

Abb. 156.

XIII. Momente infolge Temperaturänderung und Stützensenkung.

1. Momente infolge Temperaturänderung.

Ändert sich die Temperatur des Baustoffes eines Tragwerks gegenüber der Herstellungstemperatur, so ändern sich die Längen der einzelnen Stäbe desselben. Wir untersuchen nun den Einfluß dieser Längenänderungen auf die Spannungen des Tragwerks. Von der Behandlung des Einflusses der einseitigen Erwärmung wird abgesehen.

Bei einer *gleichmäßigen* Erwärmung um T^0 verlängert sich ein Stab von der Länge l um

$$\delta l = \alpha \cdot T^0 \cdot l,$$

wenn α der Wärmeausdehnungskoeffizient des betreffenden Baustoffes ist. Für Stahlbeton ist z. B. $\alpha = 0{,}000012$.

Wird der Stab um T^0 abgekühlt, so verkürzt er sich um dasselbe Maß.

Durch die Längenänderungen, welche jeder Stab bei einer Temperaturänderung erleidet, verschieben sich alle Knotenpunkte des Tragwerks, und durch diese Verschiebungen bzw. durch die „gegenseitigen rechtwinkligen Verschiebungen" der Enden aller Stäbe entstehen die gesuchten „Temperaturmoment" am ganzen Tragwerk.

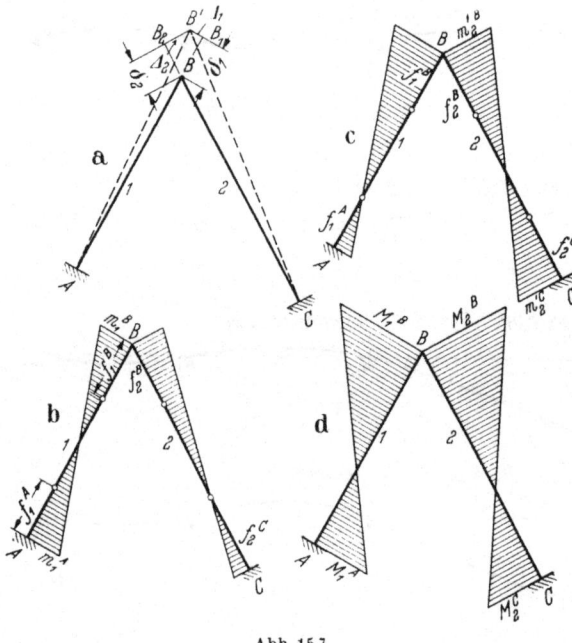

Abb. 157.

Betrachten wir das in Abb. 157a dargestellte Tragwerk ABC, bei dem durch Erwärmung der Stab AB um δ_1 und der Stab CB um δ_2 sich vergrößert. Um den Punkt B' zu erhalten, beschreiben wir um A mit AB_1 und um C mit CB_2 Kreisbogen, die sich in B' schneiden. Da es sich bei den δ-Werten um verschwindend kleine Größen handelt, so können wieder an Stelle der Kreisbögen die Lotrechten in B_1 bzw. B_2 auf AB_1

bzw. CB_2 gewählt werden. Die gegenseitige Verschiebung der Stabenden, durch welche die Momente hervorgerufen werden, sind dann

für Stab AB die Verschiebung $B_1 B' = \varDelta_1$
„   „ CB „   „ $B_2 B' = \varDelta_2$.

Für die Verschiebung des Stabes AB um $B_1 B' = \varDelta_1$ ergeben sich die Momente aus

der Gl. (47) $\mathfrak{m}_1^A = 6\,E \cdot k_1 \cdot \dfrac{\varDelta_1}{l_1 \cdot l_1'} \cdot f_1^A$, wobei $k_1 = \dfrac{J_1}{l_1}$ und

$$\mathfrak{m}_1^B = 6\,E \cdot k_1 \cdot \frac{\varDelta_1}{l_1 \cdot l_1'} \cdot f_1^B \quad l_1' = l_1 - f_1^A - f_1^B$$

und für die Verschiebung des Stabes CB um $B_2 B' = \varDelta_2$

$$\mathfrak{m}_2^B = 6 \cdot E \cdot k_2 \cdot \frac{\varDelta_2}{l_2 \cdot l_2'} \cdot f_2^B, \quad \text{wobei } k_2 = \frac{J_2}{l_2} \text{ und}$$

$$\mathfrak{m}_2^C = 6 \cdot E \cdot k_2 \cdot \frac{\varDelta_2}{l_2 \cdot l_2'} \cdot f_2^C \quad l_2' = l_2 - f_2^B - f_2^C .$$

In Abb. 157b ist das Momentenbild für die Verschiebung des Stabes AB_1 um $B_1 B'$ und in Abb. 157c für die Verschiebung des Stabes CB_2 um $B_2 B'$ angegeben. Durch Addition der beiden Momentenbilder erhalten wir die Gesamtmomente (Abb. 157 d) für die Verschiebung des Punktes B nach B' infolge der Erwärmung des Tragwerks.

Das Tragwerk Abb. 158, das in A, C und E eingespannt ist, kann sich bei Erwärmung nur in B, D und F in Richtung der Stäbe aus-

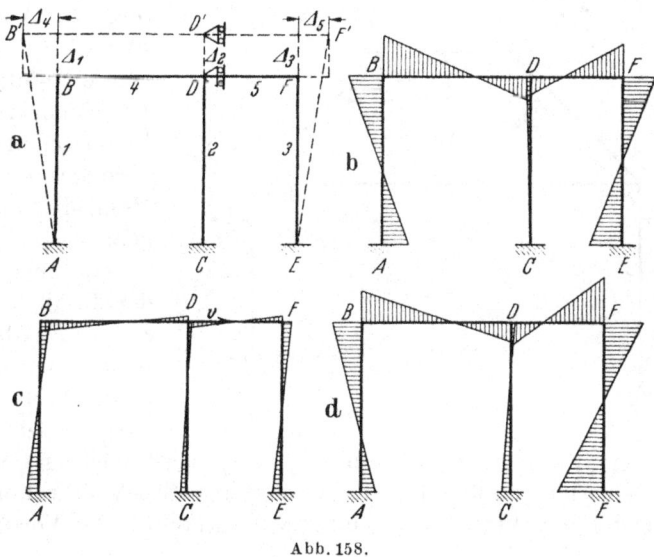

Abb. 158.

dehnen. Da das Tragwerk unsymmetrisch ist, so ist zunächst der Nullpunkt der Verschiebung im Riegel BF nicht bekannt. Wir nehmen nun zweckmäßig in D senkrecht zum Balken ein Lager an und rechnen von B aus die horizontalen Verlängerungen der Stäbe DB und DF. Man könnte ebensogut die Punkte B und F als waagerecht unverschieblich wählen, doch würden sich dann unnötig große Verschiebungen der anderen Punkte ergeben. Wir erhalten nun das in Abb. 158a dargestellte Verschiebungsbild. Das zugehörige Momentenbild in Abb. 158b aufgetragen, wobei zu beachten ist, daß nur die beiden Stäbe 1 und 3 die gegenseitigen Verschiebungen Δ_4 und Δ_5 erfahren, während die Stäbe 4, 5 und 2 keine gegenseiti-

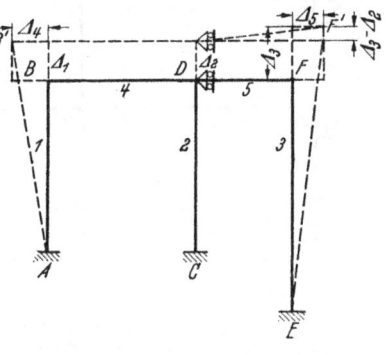

Abb. 159.

gen Verschiebungen aufweisen und diese Stäbe deshalb auch keine Momente erzeugen, sondern die Momente nur durch die Verschiebungen der Stäbe 1 und 3 hervorgerufen werden. Da der Rahmen un-

symmetrisch ist, und wir zunächst in D ein festes Lager angenommen
haben, so ergibt sich in D noch eine Festhaltekraft, die wir in ent-
gegengesetzter Richtung auf den Rahmen einwirken lassen müssen,

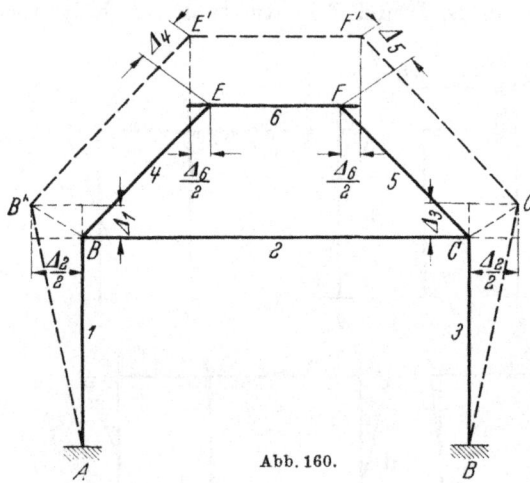

um die endgültigen
Momente zu erhal-
ten. In Abb. 158c
sind die Zusatzmo-
mente infolge der
Verschiebekraft im
Punkt D und in Abb.
158d die endgültigen
Momente aufgetra-
gen.

Ist eine Stütze
der Rahmen länger
z. B. FE (Abb. 159),
so muß bei der Mo-
mentenbildung noch
die gegenseitige Ver-

Abb. 160.

schiebung des Stabes DF um $\varDelta_3 - \varDelta_2$ berücksichtigt werden.

In den Abb. 160 und 161 sind noch einige Stockwerkrahmen mit
den zugehörigen Verschiebungsbildern dargestellt. Der Vorgang der

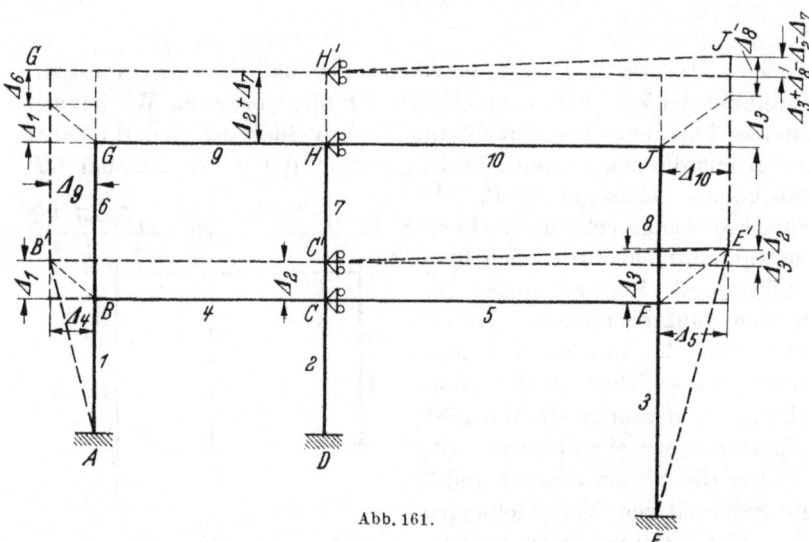

Abb. 161.

Berechnung dürfte nach den vorstehenden Ausführungen auch für
derartige Rahmen genügend ersichtlich sein.

Es sei noch besonders darauf hingewiesen, daß bei diesen Tragwerken infolge Temperaturänderungen große Normalkräfte (Zug- und

Druckkräfte) vor allem in den horizontalen Riegeln auftreten können, die aus den Querkräften der Stiele bzw. der Riegel sich ergeben.

2. Momente infolge Stützensenkung.

Senkt sich ein Auflager eines Tragwerks gegenüber seiner planmäßigen Lage um ein gegebenes, jedoch im Verhältnis zu den Stab-

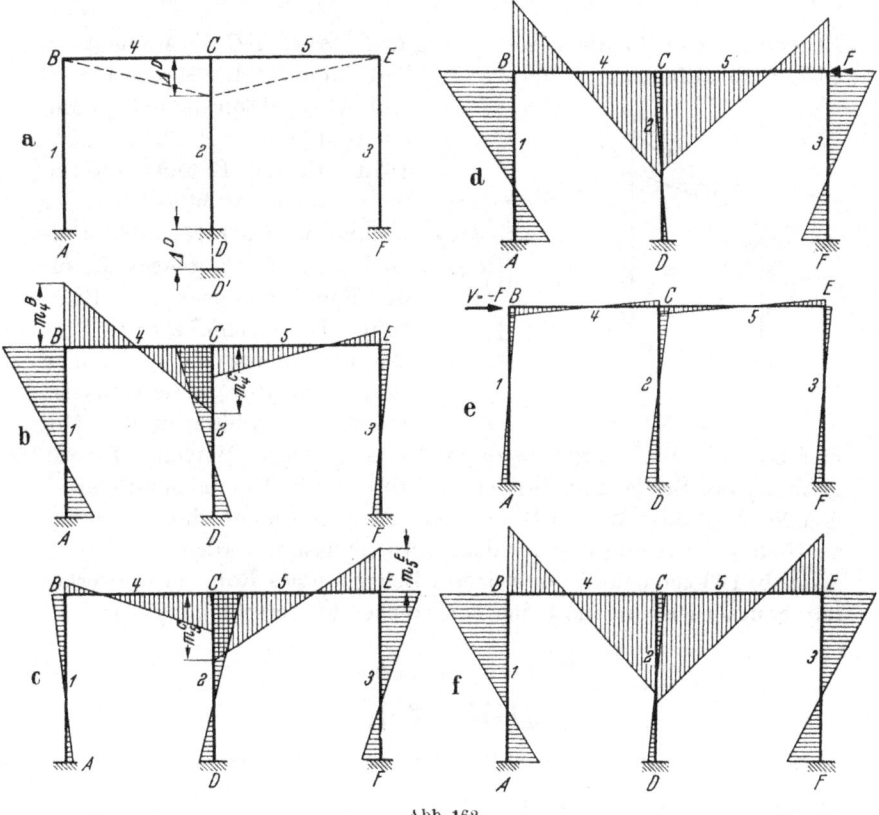

Abb. 162.

längen des Tragwerks verschwindend kleines Maß in beliebiger Richtung, so werden dadurch Verschiebungen der Knotenpunkte des Tragwerks bzw. „gegenseitige rechtwinklige Verschiebungen" der Endpunkte seiner Stäbe hervorgerufen, die ihrerseits Momente am ganzen Tragwerk verursachen. Senken sich mehrere Auflager gleichzeitig, so ist jede einzelne Senkung für sich zu behandeln und am Schluß die Summe der erhaltenen Momentenflächen zu bilden.

Betrachten wir den unsymmetrischen Rechteckrahmen (Abb. 162a), dessen mittlerer Stiel sich um $\varDelta^D$ senkt. Hier verschiebt sich dadurch auch der Punkt C um $\varDelta^D$, so daß Stab BC und Stab CE eine „gegenseitige Verschiebung" um $\varDelta^D$ erleiden. Die Momente ergeben sich aus der Gl. (47)

8*

für Stab BC zu: $\mathfrak{m}_4^B = 6 \cdot E \cdot k_4 \cdot \dfrac{\varDelta^D}{l_4 \cdot l_4'} \cdot f_4^B$, worin $k_4 = J_4/l_4$

$$\mathfrak{m}_4^C = 6 \cdot E \cdot k_4 \cdot \frac{\varDelta^D}{l_4 \cdot l_4'} \cdot f_4^C \text{ u. } l_4 = l_4 - f_4^B - f_4^C$$

und für Stab CE zu: $\mathfrak{m}_5'^C = 6 \cdot E \cdot k_5 \cdot \dfrac{\varDelta^D}{l_5 \cdot l_5'} \cdot f_5^C$, worin $k_5 = J_5/l_5$

und $\qquad \mathfrak{m}_5'^E = 6 \cdot E \cdot k_5 \cdot \dfrac{\varDelta^D}{l_5 \cdot l_5'} \cdot f_5^E \text{ u. } l_5 = l_5' - f_5^C - f_5^E.$

Es werden also für die Verschiebung des Stabes BC die Momente in Abb. 162b aufgetragen und für die Verschiebung des Stabes CE in

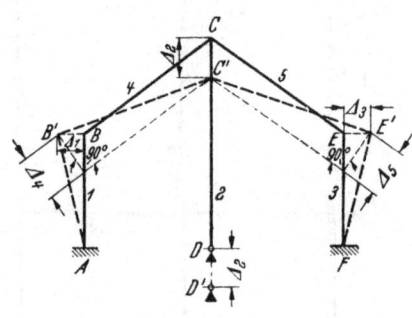

Abb. 162c, dann die beiden Momentenbilder addiert in Abb. 162d. Da der Rahmen unsymmetrisch ist, ergibt sich aus der Summe der Querkräfte der Stiele noch eine Festhaltekraft F, für die nun in umgekehrter Richtung als Verschiebekraft V die Zusatzmomente zu bestimmen sind (Abb. 162e). Diese Zusatz-

Abb. 163.

momente, addiert zu den Momenten Abb. 162d, ergeben dann die endgültigen Momente für die Senkung des Stieles 2 in D nach D' (Abb. 162f). Die dabei auftretenden Normalkräfte in den Stielen und Riegeln können dabei sehr beachtlich werden und dürfen nicht vernachlässigt werden.

Abb. 163 zeigt noch ein weiteres Beispiel eines Rahmentragwerkes mit Stützensenkung und das entsprechende Verschiebungsbild.

Fünfter Abschnitt.

Hilfstafeln.

Tafel 1. *Zur Bestimmung der Festpunktabstände f.*

Werte $n = \dfrac{f}{l}$ als Funktion von $\dfrac{k}{\Sigma k}$ bei $\left.\begin{array}{l}\text{voller Einspannung}\\\text{teilweiser Einspannung}\\\text{gelenkiger Lagerung}\end{array}\right\}$ $\begin{array}{l}\text{der an-}\\\text{schließenden}\\\text{Stäbe.}\end{array}$

$\dfrac{k}{\Sigma k}$	$n = \dfrac{f}{l}$			$\dfrac{k}{\Sigma k}$	$n = \dfrac{f}{l}$		
	volle Ein-spannung	teilweise Einspan-nung(Mittel-wertkurve)	gelenkige Lagerung		volle Ein-spannung	teilweise Einspan-nung(Mittel-wertkurve)	gelenkige Lagerung
0,00	0,333	0,333	0,333	1,05	0,219	0,208	0,196
0,05	0,325	0,324	0,323	1,10	0,215	0,204	0,192
0,10	0,317	0,315	0,313	1,15	0,212	0,201	0,189
0,12	0,314	0,312	0,309	1,20	0,208	0,197	0,185
0,14	0,312	0,309	0,305	1,25	0,205	0,194	0,182
0,16	0,309	0,305	0,301	1,30	0,202	0,191	0,179
0,18	0,306	0,302	0,298	1,35	0,199	0,187	0,175
0,20	0,303	0,299	0,294	1,40	0,196	0,184	0,172
0,22	0,300	0,296	0,291	1,45	0,193	0,181	0,169
0,24	0,298	0,293	0,287	1,50	0,190	0,179	0,167
0,26	0,295	0,290	0,284	1,55	0,188	0,176	0,164
0,28	0,292	0,287	0,281	1,60	0,185	0,173	0,161
0,30	0,290	0,284	0,278	1,65	0,183	0,171	0,159
0,32	0,287	0,281	0,275	1,70	0,180	0,168	0,156
0,34	0,285	0,279	0,272	1,75	0,178	0,166	0,154
0,36	0,282	0,276	0,269	1,80	0,175	0,164	0,152
0,38	0,280	0,273	0,266	1,85	0,173	0,161	0,149
0,40	0,278	0,271	0,263	1,90	0,171	0,159	0,147
0,42	0,275	0,268	0,260	1,95	0,169	0,157	0,145
0,44	0,273	0,266	0,258	2,00	0,167	0,155	0,143
0,46	0,271	0,263	0,255	2,10	0,163	0,151	0,139
0,48	0,269	0,261	0,253	2,20	0,159	0,147	0,135
0,50	0,267	0,259	0,250	2,30	0,155	0,144	0,132
0,52	0,265	0,257	0,248	2,40	0,152	0,140	0,128
0,54	0,262	0,254	0,245	2,50	0,148	0,137	0,125
0,56	0,260	0,252	0,243	2,60	0,145	0,134	0,122
0,58	0,258	0,249	0,240	2,70	0,142	0,131	0,119
0,60	0,256	0,247	0,238	2,80	0,139	0,128	0,116
0,62	0,254	0,245	0,236	2,90	0,136	0,125	0,114
0,64	0,253	0,243	0,234	3,00	0,133	0,122	0,111
0,66	0,251	0,241	0,231	3,20	0,128	0,117	0,106
0,68	0,249	0,239	0,229	3,40	0,123	0,113	0,102
0,70	0,247	0,237	0,227	3,60	0,119	0,109	0,098
0,72	0,245	0,235	0,225	3,80	0,115	0,105	0,094
0,74	0,243	0,233	0,223	4,00	0,111	0,101	0,091
0,76	0,242	0,232	0,221	4,20	0,108	0,098	0,088
0,78	0,240	0,230	0,219	4,40	0,104	0,095	0,085
0,80	0,238	0,228	0,217	4,60	0,101	0,092	0,082
0,82	0,236	0,226	0,216	4,80	0,098	0,089	0,079
0,84	0,235	0,225	0,214	5,00	0,095	0,086	0,077
0,86	0,233	0,223	0,212	6,00	0,083	0,075	0,067
0,88	0,231	0,221	0,210	7,00	0,074	0,067	0,059
0,90	0,230	0,219	0,208	8,00	0,067	0,060	0,053
0,92	0,228	0,218	0,207	9,00	0,061	0,055	0,048
0,94	0,227	0,216	0,205	10,00	0,056	0,050	0,043
0,96	0,225	0,214	0,203	15,00	0,039	0,035	0,030
0,98	0,224	0,213	0,202	20,00	0,030	0,027	0,023
1,00	0,222	0,211	0,200	30,00	0,021	0,018	0,016

Tafel 1a. *Zur Bestimmung der Festpunktabstände.*

$$n = \frac{f}{l}; \quad n' = \frac{1 - \dfrac{f}{l}}{1 - 1{,}5\dfrac{f}{l}} \quad \text{und} \quad Z = \frac{\dfrac{f}{l}}{1 - \dfrac{f}{l}}.$$

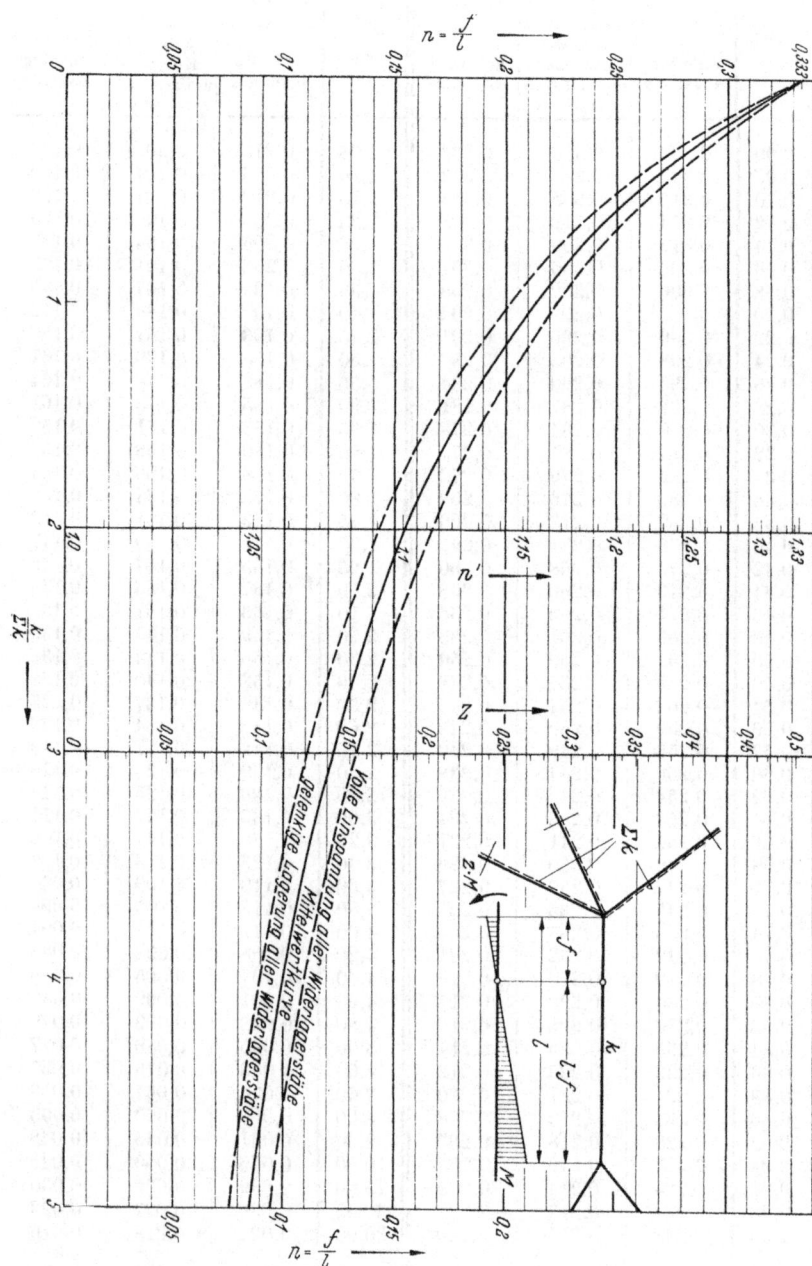

Tafel 2.

$$\text{Werte } n' = \frac{1 - \frac{f}{l}}{1 - 1{,}5\frac{f}{l}} \text{ zur Bestimmung der Winkelfestwerte } w = n' \cdot k$$

$$\text{und Übergangszahlen } z = \frac{\frac{f}{l}}{1 - \frac{f}{l}} \text{ für die Werte } \frac{f}{l} = n.$$

n	n'	z	n	n'	z	n	n'	z
0,333	1,333	0,50	0,22	1,164	0,28	0,11	1,066	0,12
0,32	1,307	0,47	0,21	1,153	0,27	0,10	1,059	0,11
0,31	1,290	0,45	0,20	1,143	0,25	0,09	1,052	0,10
0,30	1,273	0,43	0,19	1,133	0,24	0,08	1,046	0,09
0,29	1,257	0,41	0,18	1,123	0,22	0,07	1,039	0,08
0,28	1,241	0,39	0,17	1,114	0,20	0,06	1,033	0,06
0,27	1,227	0,37	0,16	1,105	0,19	0,05	1,027	0,05
0,26	1,213	0,35	0,15	1,097	0,18	0,04	1,021	0,04
0,25	1,200	0,33	0,14	1,089	0,16	0,03	1,016	0,03
0,24	1,188	0,32	0,13	1,081	0,15	0,02	1,010	0,02
0,23	1,176	0,30	0,12	1,073	0,14	0,01	1,005	0,01

Tafel 3.

Momentenflächen und Kreuzlinienabschnitte für häufig vorkommende Belastungsfälle.

1. Einzellasten.

Fall 1: *Einzellast in Stabmitte* (Abb. 164).

$$K^A = -\frac{3}{8} P \cdot l = K^B .$$

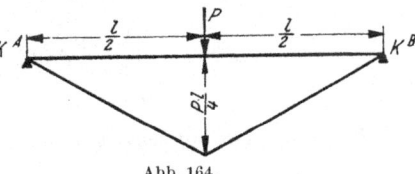

Abb. 164.

Fall 2: *Zwei gleiche Lasten in den Drittelpunkten des Stabes* (Abb. 165).

$$K^A = -\frac{2}{3} P \cdot l = K^B.$$

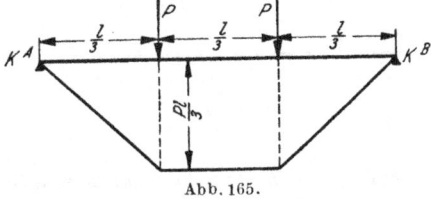

Abb. 165.

Fall 3: *Zwei gleiche Lasten in den Viertelpunkten des Stabes* (Abb. 166).

$$K^A = -\frac{9}{16} P \cdot l .$$

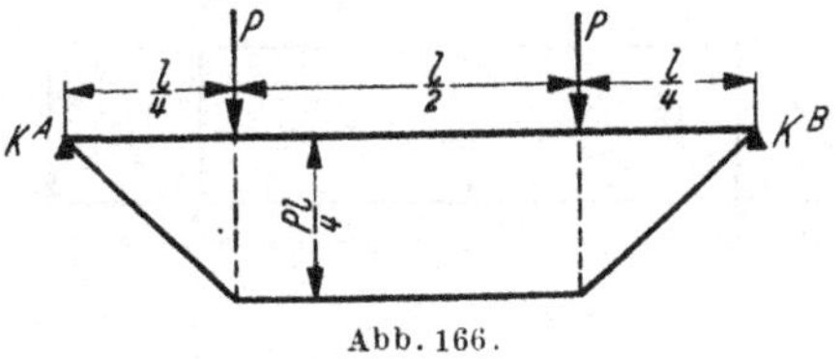

Abb. 166.

Fall 4: *Drei gleiche Lasten in gleichen Abständen voneinander und von den Auf-*
lagern (Abb. 167).

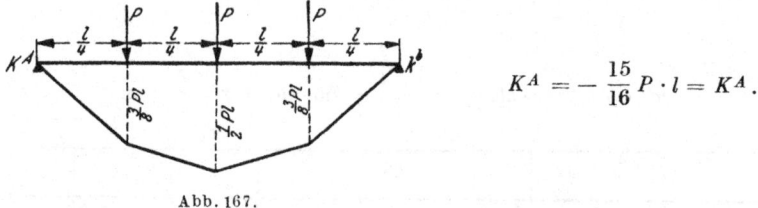

Abb. 167.

$$K^A = -\frac{15}{16}P \cdot l = K^A.$$

Fall 5: *n gleiche Lasten in gleichen Abständen voneinander und von den Auf-*
lagern (Abb. 168).

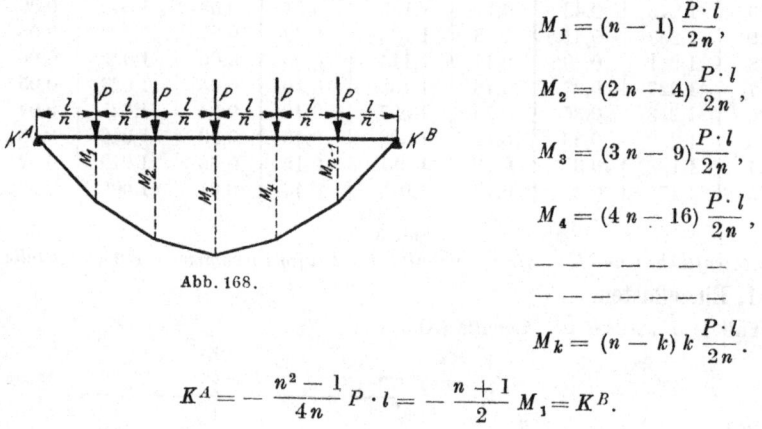

Abb. 168.

$$M_1 = (n-1)\frac{P \cdot l}{2n},$$

$$M_2 = (2n-4)\frac{P \cdot l}{2n},$$

$$M_3 = (3n-9)\frac{P \cdot l}{2n},$$

$$M_4 = (4n-16)\frac{P \cdot l}{2n},$$

$$- - - - - - -$$
$$- - - - - - -$$

$$M_k = (n-k)k\frac{P \cdot l}{2n}.$$

$$K^A = -\frac{n^2-1}{4n}P \cdot l = -\frac{n+1}{2}M_1 = K^B.$$

Fall 6: *Einzellast auf einseitiger Auskragung des Stabes* (Abb. 169).

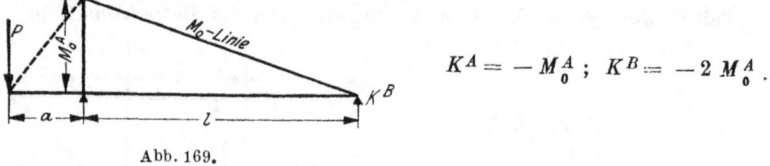

Abb. 169.

$$K^A = -M_0^A; \quad K^B = -2M_0^A.$$

Fall 7: *Gleiche Einzellast auf beidseitiger gleicher Auskragung des Stabes*
(Abb. 170).

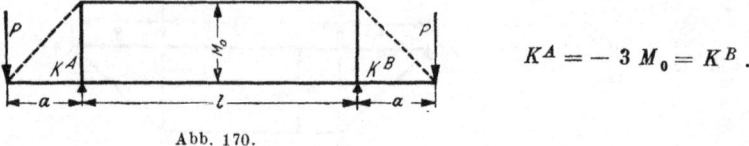

Abb. 170.

$$K^A = -3M_0 = K^B.$$

Fall 8: *Verschieden große Einzellast auf beidseitiger gleicher Auskragung des Stabes* (Abb. 171).

$$K^A = -(M_1 + 2\,M_2);$$

$$K^B = -(M_2 + 2\,M_1).$$

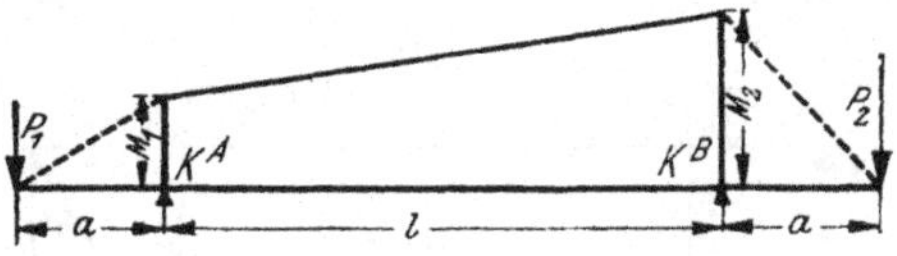

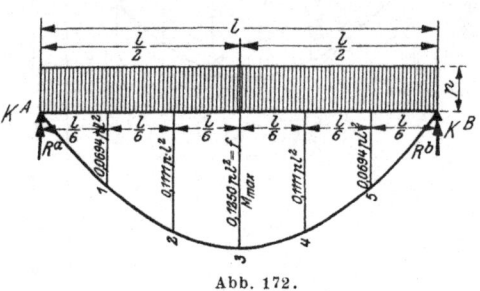

Abb. 171.

2. Stetige Belastung. Ist die belastete Öffnung über der ganzen Stützweite oder einem Teil derselben mit einer stetigen, jedoch von Querschnitt zu Querschnitt verschiedenen Belastung p pro Längeneinheit belastet, so teilt man die Belastungsstrecke in womöglich gleiche Teile von der Länge Δs und ermittelt die den Einzelkräften $P = p \cdot \Delta z$ entsprechenden Kreuzlinienabschnitte wie beim vorhergehenden Belastungsfall.

Im folgenden werden die Werte der Kreuzlinienabschnitte sowie mehrere Ordinaten der zugehörigen einfachen Momentenfläche für verschiedene häufig vorkommende Belastungsfälle angegeben:

Fall 1: *Gleichmäßig über den ganzen Stab verteilte Belastung p pro Längeneinheit* (Abb. 172).

Kreuzlinienabschnitte:

$$K^A = K^B = -\frac{p\,l^2}{4} = -2f,$$

d. h. die Kreuzlinien geben durch den Scheitel der Parabel, durch welche die einfache Momentenfläche begrenzt wird.

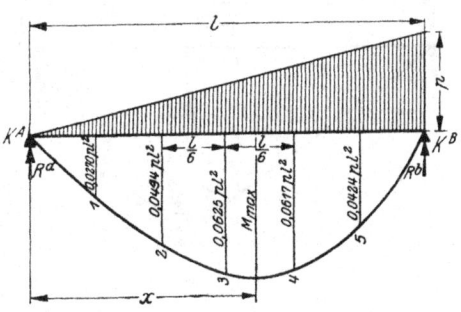

Abb. 172.

Fall 2: *Dreiecksbelastung über den ganzen Stab* (Abb. 173).

Kreuzlinienabschnitte:

$$K^A = -\frac{2}{15}\,p\,l^2; \quad K^B = -\frac{7}{60}p\,l^2.$$

Auflagerdrücke:

$$R^a = \frac{p\,l}{6}; \quad R^b = \frac{p\,l}{3}.$$

Maximalmoment:

$$M_{max} = 0{,}0642\,p\,l^2; \quad x = 0{,}577\,l.$$

Abb. 173.

Fall 3: *Trapezbelastung über den ganzen Stab* (Abb. 174).

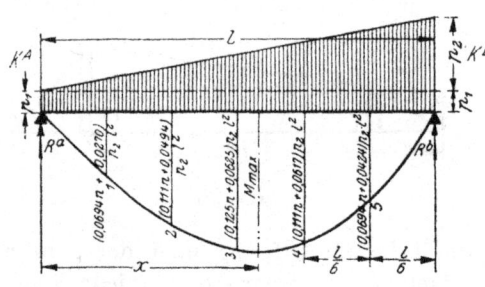

Abb. 174.

Kreuzlinienabschnitte:

$$K^A = -\frac{l^2}{4}(p_1 + 0{,}5333\, p_2);$$

$$K^B = -\frac{l^2}{4}(p_1 + 0{,}4666\, p_2).$$

Auflagerdrücke:

$$R^a = \frac{l}{6}(3\,p_1 + p_2);$$

$$R^b = \frac{l}{6}(3\,p_1 + 2\,p_2).$$

Maximalmoment:

$$M_{max} = \frac{p_2\, l^2}{6} \cdot m \cdot \left[\frac{2}{3} - n\,(m-2)\right];$$

$$x = l \cdot m;$$

$$m = \sqrt{n\,(n+1) + \frac{1}{3}} - n; \quad n = \frac{p_1}{p_2}.$$

Fall 4: *Gleichmäßig verteilte Last über einen Teil des Stabes* (Abb. 175).

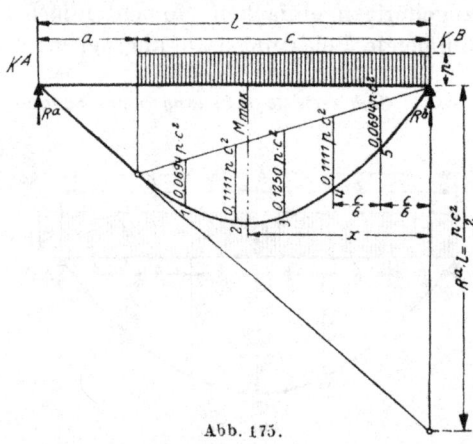

Abb. 175.

Kreuzlinienabschnitte:

$$K^A = -\frac{p \cdot c^2}{4\, l^2}(2l - c)^2 = -2\,M_{max}$$

$$K^B = -\frac{p \cdot c^2}{4\, l^2}(2\,l^2 - c^2).$$

Auflagerdrücke:

$$R^a = \frac{p\,c^2}{2\,l}; \quad R^b = \frac{p\,c}{l}\left(a + \frac{c}{2}\right).$$

Maximalmoment:

$$M_{max} = \frac{R^b \cdot x}{2}; \quad x = \frac{R^b}{p}$$

Fall 5: *Gleichmäßig verteilte Last auf einer Stabhälfte* (Abb. 176).

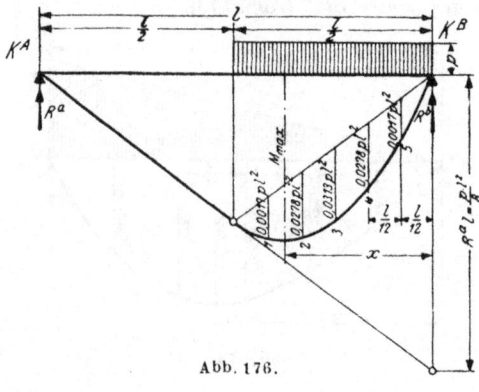

Abb. 176.

Kreuzlinienabschnitte:

$$K^A = -\frac{9}{64}\, p\, l^2 = -2\,M_{max};$$

$$K^B = -\frac{7}{64}\, p\, l^2.$$

Auflagerdrücke:

$$R^a = \frac{p\,l}{8}. \quad R^b = \frac{3}{8}\, p\,l.$$

Maximalmoment:

$$M_{max} = \frac{R^b \cdot x}{2}; \quad x = \frac{R^b}{p}.$$

Fall 6: *Dreiecksbelastung* laut Abb. 177.

Kreuzlinienabschnitte:

$$K^A = -\frac{p\,c^2}{l^2}\left(\frac{l^2}{3} - \frac{cl}{4} + \frac{c^2}{20}\right)$$

$$K^B = -\frac{p\,c^2}{l^2}\left(\frac{l^2}{6} - \frac{c^2}{20}\right).$$

Auflagerdrücke:

$$R^a = \frac{p\,c^2}{6\,l}; \quad R^b = \frac{p\,c}{6\,l}(3\,a + 2\,c).$$

Maximalmoment:

$$M_{\max} = R^a\left(a + \frac{2}{3}\,x\right);$$

$$x = c\sqrt{\frac{c}{3\,l}}.$$

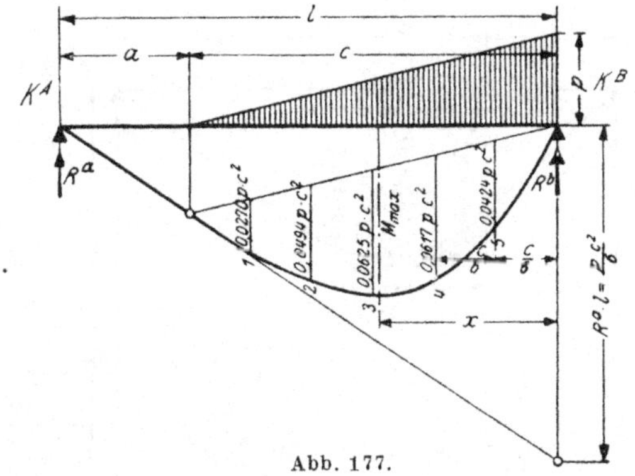

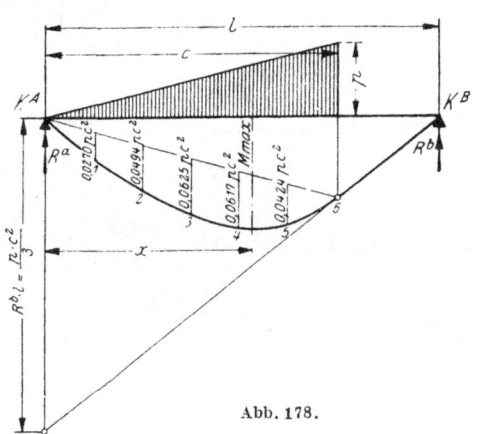

Abb. 177.

Fall 7: *Dreiecksbelastung* laut Abb. 178.

Kreuzlinienabschnitte:

$$K^A = -\frac{p\,c^2}{l^2}\left(\frac{l^2}{3} - \frac{c^2}{5}\right)$$

$$K^B = -\frac{p\,c^2}{l^2}\left(\frac{2}{3}l^2 - \frac{3}{4}\,c\,l + \frac{c^2}{5}\right).$$

Auflagerdrücke:

$$R^a = \frac{p\,c}{l}\left(\frac{l}{2} - \frac{c}{3}\right); \quad R^b = \frac{p\,c^2}{3\,l}.$$

Maximalmoment:

$$M_{\max} = \frac{2}{3}\,R^a \cdot x; \quad x = \sqrt{\frac{2\,R^a \cdot c}{p}}.$$

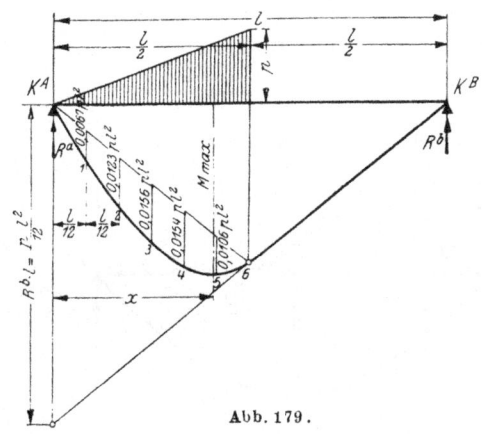

Abb. 178.

Fall 8: *Dreiecksbelastung* laut Abb. 179.

Kreuzlinienabschnitte:

$$K^A = -\frac{17}{240}\,p\,l^2; \quad K^B = -\frac{41}{480}p\,l^2.$$

Auflagerdrücke:

$$R^a = \frac{p\,l}{6}; \quad R^b = \frac{p\,l}{12}.$$

Maximalmoment:

$$M_{\max} = 0{,}0454\,p\,l^2;$$

$$x = 0{,}408\,l.$$

Abb. 179.

Fall 9: *Gleichmäßig verteilte Streckenlast* (Abb. 180).

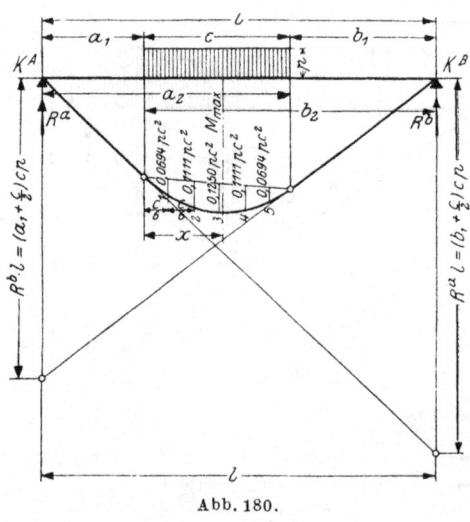

Abb. 180.

Kreuzlinienabschnitte:

$$K^A = -\frac{pc}{4\,l^2}(a_1 + a_2)(2\,l^2 - a_1^2 - a_2^2)$$

$$K^B = -\frac{pc}{4\,l^2}(b_1 + b_2)(2\,l^2 - b_1^2 - b_2^2).$$

Bei *Symmetrie*:

$$K^A = K^B = -\frac{pc}{8\,l}(3\,l^2 - c^2).$$

Auflagerdrücke:

$$R^t = \frac{pc}{l}\left(b_1 + \frac{c}{2}\right);$$

$$R^b = \frac{pc}{l}\left(a_1 + \frac{c}{2}\right).$$

Maximalmoment:

$$M_{\max} = R^a\left(a_1 + \frac{x}{2}\right);$$

$$x = \frac{R^a}{p}.$$

Fall 10: *Dreiecksbelastung* laut Abb. 181.

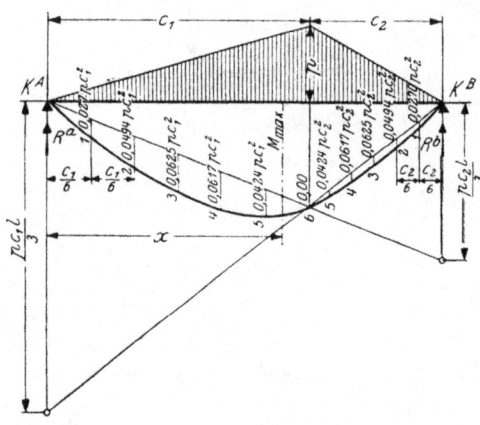

Abb. 181.

Kreuzlinienabschnitte:

$$K^A = -\frac{p(l + c_1)}{60\,l}(7\,l^2 - 3\,c_1^2)$$

$$K^B = -\frac{p(l + c_2)}{60\,l}(7\,l^2 - 3\,c_2^2).$$

Auflagerdrücke:

$$R^t = \frac{p}{6}(l + c_2);$$

$$R^b = \frac{p}{6}(l + c_1).$$

Maximalmoment:

$$M_{\max} = \frac{2}{3}R^a \cdot x;$$

$$x = \sqrt{\frac{2c_1 \cdot R^a}{p}}.$$

Fall 11: *Dreiecksbelastung* laut Abb. 182.

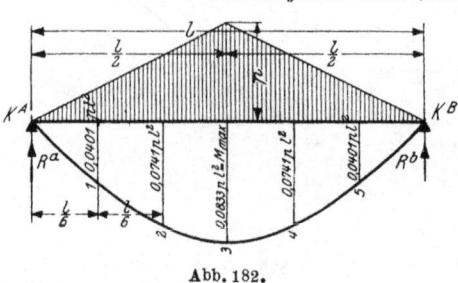

Abb. 182.

Kreuzlinienabschnitte:

$$K^A = K^B = -\frac{5}{32}p\,l^2.$$

Auflagerdrücke:

$$R^a = R^b = \frac{pl}{4}.$$

Maximalmoment:

$$M_{\max} = \frac{p\,l^2}{12}; \quad x = \frac{1}{2}.$$

Fall 12: *Dreiecksbelastung* laut Abb. 183.

Kreuzlinienabschnitte:

$$K^A = -\frac{l^2}{960}(37\,p_1 + 53\,p_2)$$

$$K^B = -\frac{l^2}{960}(53\,p_1 + 37\,p_2).$$

Auflagerdrücke:

$$R^a = \frac{l}{24}(5\,p_1 + p_2);$$

$$R^b = \frac{l}{24}(p_1 + 5\,p_2).$$

Maximalmoment:

$$M_{\max} = \frac{R^b}{6}\left(l - \frac{8\,x^2}{l + 2\,x}\right);$$

$$x = \frac{l}{2}\sqrt{1 - \frac{R^b}{Q_2}} = \frac{l}{2}\sqrt{\frac{p_2 - p_1}{6\,p_2}}.$$

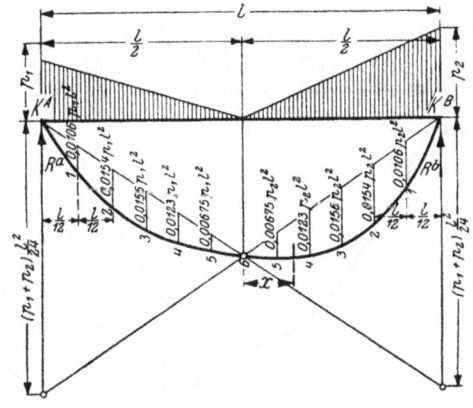

Abb. 183.

Fall 13: *Dreiecksbelastung* laut Abb. 184.

Kreuzlinienabschnitte:

$$K^A = K^B = -\frac{3}{32}\,p\,l^2.$$

Auflagerdrücke:

$$R^a = R^b = \frac{p\,l}{4}.$$

Maximalmoment:

$$M_{\max} = \frac{p\,l^2}{24}; \qquad x = \frac{l}{2}.$$

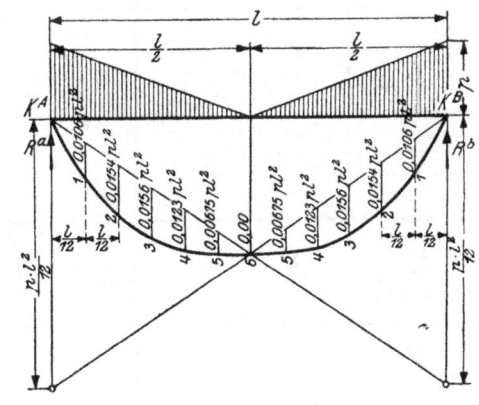

Abb. 184.

Fall 14: *Gleiche Streckenlast an beiden Stabenden* (Abb. 185).

Kreuzlinienabschnitte:

$$K^A = K^B = -\frac{p\cdot c^2\,(3\,l - 2\,c)}{2\,l}$$

$$= -M_{\max}\left(\frac{3\,l - 2\,c}{l}\right).$$

Auflagerdrücke:

$$R^a = R^b = p\cdot c.$$

Maximalmoment:

$$M_{\max} = \frac{p\cdot c^2}{2}.$$

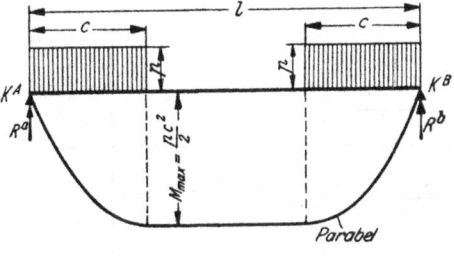

Abb. 185.

Fall 15: *Parabelförmige Belastung* (Abb. 186).

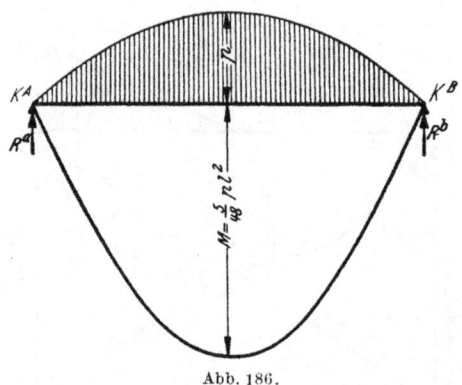

Abb. 186.

Kreuzlinienabschnitte:

$$K^A = K^B = -\frac{p \cdot l^2}{5}.$$

Auflagerdrücke:

$$R^a = R^b = \frac{p\,l}{3}.$$

Maximalmoment:

$$M_{\max} = \frac{5}{48}\,p\,l^2.$$

In einem beliebigen Schnitt:

$$M_x = \frac{p\,l}{3}\,x - \frac{p\,x^3}{3\,l^2}(2l - x).$$

Tafel 4. M_0-*Momente und Kreuzlinienabschnitte für konstantes J.*

Belastung	Auflagerdruck		Maximalmoment		Kreuzlinienabschnitte	
	A	B	M_0	bei $x =$ *	$-K^A$	$-K^B$
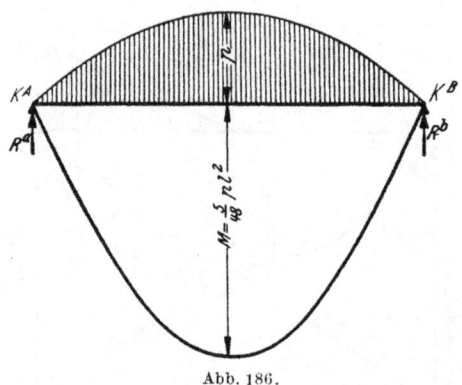	$\frac{P}{2}$	$\frac{P}{2}$	$\frac{P \cdot l}{4}$	$\frac{l}{2}$	$\frac{3}{8}\,P \cdot l$	$\frac{3}{8}\,P \cdot l$
	$P \cdot \frac{b}{l}$	$P \cdot \frac{a}{l}$	$P \cdot \frac{a \cdot b}{l}$	a	$\frac{P \cdot a \cdot b}{l^2}(l + a)$	$\frac{P \cdot a \cdot b}{l^2}(l +$
	$\frac{P}{3}$	$\frac{2}{3}\,P$	$\frac{2}{9} \cdot P \cdot l$	$\frac{2}{3}\,l$	$\frac{10}{27} \cdot P \cdot l$	$\frac{8}{27} \cdot P \cdot l$
	P	P	$P \cdot \frac{l}{3}$	$\frac{l}{3}$ bis $\frac{2}{3}\,l$	$\frac{2}{3} \cdot P \cdot l$	$\frac{2}{3} \cdot P \cdot l$
	P	P	$P \cdot \frac{l}{4}$	$\frac{l}{4}$ bis $\frac{3}{4}\,l$	$\frac{9}{16} \cdot P \cdot l$	$\frac{9}{16} \cdot P \cdot l$
	P	P	$P \cdot a$	a bis $(l - a)$	$3 \cdot \frac{P \cdot a}{l}(l - a$	$3 \cdot \frac{P \cdot a}{l}(l -$
	$\frac{2 \cdot P \cdot b}{l}$	$\frac{2 \cdot P \cdot a}{l}$			$\frac{2 \cdot P \cdot a}{l^2} \cdot \frac{l^2 - a^2 - {}^3/_4 \cdot c^2}{l^2}$	$\frac{2 \cdot P \cdot b}{l^2} \cdot \frac{l^2 - b^2 - {}^3/_4}{l^2}$

* $x =$ Abstand vom linken Auflager A.

Tafel 4. M_0-Momente und Kreuzlinienabschnitte für konstantes J. (Forts.)

Belastung	Auflagerdruck A	B	Maximalmoment M_0	bei $x =$ *	Kreuzlinienabschnitte $- K^A$	$- K^B$
	$1{,}5 \cdot P$	$1{,}5 \cdot P$	$P \cdot \dfrac{l}{2}$	$\dfrac{l}{2}$	$\dfrac{15}{16} \cdot P \cdot l$	$\dfrac{15}{16} \cdot P \cdot l$
	$\dfrac{n-1}{2} \cdot P$	$\dfrac{n-1}{2} \cdot P$		$\dfrac{l}{2}$	$\dfrac{n^2-1}{4\,n} \cdot P \cdot l$	$\dfrac{n^2-1}{4\,n} \cdot P \cdot l$
	$\dfrac{n}{2} \cdot P$	$\dfrac{n}{2} \cdot P$		$\dfrac{l}{2}$	$\dfrac{n^2+0{,}5}{4\,n} \cdot P \cdot l$	$\dfrac{n^2+0{,}5}{4\,n} \cdot P \cdot l$
	$P \cdot \dfrac{a+b}{l}$	$- P \cdot \dfrac{a}{l}$			$P \cdot a$	$2\,P \cdot a$
	P	P	$P \cdot a$		$3\,P \cdot a$	$3\,P \cdot a$
	$\dfrac{p \cdot l}{2}$	$\dfrac{p \cdot l}{2}$	$\dfrac{p \cdot l^2}{8}$	$\dfrac{l}{2}$	$\dfrac{p \cdot l^2}{4}$	$\dfrac{p \cdot l^2}{4}$
	$p \cdot c$	$p \cdot c$	$\dfrac{p \cdot c^2}{2}$	c bis $(l-c)$	$\dfrac{p \cdot c^2}{2\,l}(3\,l-2\,c)$	$\dfrac{p \cdot c^2}{2\,l}(3\,l-2\,c)$
	$p \cdot c$	$p \cdot c$	$p \cdot c \cdot d$	$(a+c)$ bis $(a+c+b)$	$\dfrac{p \cdot c}{l} \cdot \left[3\,d\,(l-d)-\dfrac{c^2}{4}\right]$	$\dfrac{p \cdot c}{l}\left[3\,d\,(l-d)-\dfrac{c^2}{4}\right]$
	$\dfrac{p \cdot c}{2}$	$\dfrac{p \cdot c}{2}$	$\dfrac{p \cdot c}{2}\left(a+\dfrac{c}{4}\right)$	$\dfrac{l}{2}$	$\dfrac{p \cdot c}{8 \cdot l}(3\,l^2-c^2)$	$\dfrac{p \cdot c}{8 \cdot l}(3\,l^2-c^2)$
	$\dfrac{p \cdot c}{l} \cdot b$	$\dfrac{p \cdot c}{l} \cdot a$	$A \cdot \left(a\dfrac{c}{2}+\dfrac{c \cdot l}{2\,l}\right)$	$\dfrac{c \cdot b}{l}$	$\dfrac{a \cdot c \cdot p}{l^2} \cdot \left(l^2-a^2-\dfrac{c^2}{4}\right)$	$\dfrac{b \cdot c \cdot p}{l^2}\left(l^2-b^2-\dfrac{c^2}{4}\right)$
	$\dfrac{p \cdot c}{l}\left(a+\dfrac{c}{2}\right)$	$\dfrac{p \cdot c^2}{2\,l}$	$A \cdot \dfrac{x}{2} = A \dfrac{c}{2\,l}\left(a+\dfrac{c}{2}\right) = \dfrac{A}{p}$	$\dfrac{c}{l}\left(A+\dfrac{c}{2}\right) = \dfrac{A}{p}$	$\dfrac{n \cdot c^2}{4\,l^2}(2\,l^2-c^2)$	$\dfrac{n \cdot c^2}{4\,l^2}(2\,l^3-c^2)$
	$\dfrac{3}{8} \cdot p \cdot l$	$\dfrac{p \cdot l}{8}$	$A \cdot \dfrac{x}{2} = \dfrac{9}{128} \cdot p \cdot l^2$	$\dfrac{A}{p} = \dfrac{3}{8} \cdot l$	$\dfrac{7}{64} \cdot p \cdot l^2$	$\dfrac{9}{64} \cdot p \cdot l^2$

* $x =$ Abstand vom linken Auflager A.

Tafel 4. M_0-*Momente und Kreuzlinienabschnitte für konstantes J.* (Forts.)

Belastung	Auflagerdruck		Maximalmoment		Kreuzlinienabschnitte	
	A	B	M_0	bei $x =$ *	$\cdots$ K^A	$-$ K^B
	$\dfrac{4}{9} \cdot p \cdot l$	$\dfrac{2}{9} \cdot p \cdot l$	$A \cdot \dfrac{x}{2}$ $= \dfrac{8}{81} p \cdot l^2$	$\dfrac{A}{p} = \dfrac{4}{9} l$	$\dfrac{14}{81} \cdot p \cdot l^2$	$\dfrac{16}{81} \cdot p \cdot l^2$
	$\dfrac{l}{6}(2p_1 + p_2)$	$\dfrac{l}{6}(p_1 + 2p_2)$	$\dfrac{p_2 - p_1}{6} l^2 m \cdot$ $\left[\dfrac{2}{3} - n(m-2)\right]$ $n = \dfrac{p_1}{p_1 - p_2} :$ $m = \sqrt{n(n-1) + \dfrac{1}{3}} - n$ $x = l \cdot m$		$(7p_1 + 8p_2) \cdot \dfrac{l^2}{60}$	$(8p_1 + 7p_2) \cdot$
Parabel	$\dfrac{p \cdot l}{3}$	$\dfrac{p \cdot l}{3}$	$\dfrac{5}{48} \cdot p \cdot l^2$	$\dfrac{l}{2}$	$\dfrac{p \cdot l^3}{5}$	$\dfrac{p \cdot l^2}{5}$
	$\dfrac{p}{2}(a+b)$	$\dfrac{p}{2}(a+b)$	$\dfrac{p}{4}\big[l(a+b) - a\left(\dfrac{2}{3}a+b\right) - l^2\big]$	$\dfrac{l}{2}$	$\dfrac{p}{4} \cdot$ $\left(l^2 - 2a^2 + \dfrac{a^3}{l}\right)$	$\dfrac{p}{4}\left(l^2 - 2a^2 -\right.$
	$\dfrac{M_a - M_b}{l}$	$-\dfrac{M_a - M_b}{l}$			$M_a + 2M_b$	$2M_a + M$
	0	0			$3M$	$3M$
	$-\dfrac{M}{l}$	$\dfrac{M}{l}$			M	$2M$
	$-\dfrac{M}{l}$	$\dfrac{M}{l}$	$M \cdot \dfrac{a}{l}$	a	$\dfrac{M}{l^2}(l^2 - 3a^2)$	$-\dfrac{M}{l^2}(l^2 - 3$
	$\dfrac{p \cdot l}{6}$	$\dfrac{p \cdot l}{3}$	$0,0642 \cdot p \cdot l^2$	$0,577 \cdot l$	$\dfrac{2}{15} \cdot p \cdot l^2$	$\dfrac{7}{60} \cdot p \cdot l^2$
	$\dfrac{p \cdot c}{l}\left(\dfrac{l}{2} - \dfrac{c}{3}\right)$	$\dfrac{p \cdot c^2}{3l}$	$\dfrac{2}{3} \cdot A \cdot x$	$\sqrt{\dfrac{2 \cdot A \cdot c}{p}}$	$\dfrac{p \cdot c^2}{l^2}\left(\dfrac{l^2}{3} - \dfrac{c^2}{5}\right)$	$\dfrac{p \cdot c^2}{l^2} \cdot$ $\left(\dfrac{2}{3}l^2 - \dfrac{3}{4}c \cdot l -\right.$
	$\dfrac{p \cdot l}{6}$	$\dfrac{p \cdot l}{12}$	$0,0454 \cdot p \cdot l^2$	$0,408 \cdot l$	$\dfrac{17}{240} \cdot p \cdot l^2$	$\dfrac{41}{480} \cdot p \cdot l$
	$\dfrac{p \cdot c}{6l}(3a + 2c)$	$\dfrac{p \cdot c^2}{6l}$	$l\left(a + \dfrac{2}{3} \cdot x\right)$	$c \cdot \sqrt{\dfrac{c}{3l}}$	$\dfrac{p \cdot c^2}{l^2}\left(\dfrac{l^2}{6} - \dfrac{c^2}{20}\right)$	$\dfrac{p \cdot c^2}{l^2}\left(\dfrac{l^2}{3} - \dfrac{c \cdot l}{4}\right.$

* x Abstand vom linken Auflager A.

Tafel 4. M_0-*Momente und Kreuzlinienabschnitte für konstantes J.* (Forts.)

Belastung	Auflagerdruck A	B	Maximalmoment M_0	bei $x =$ *	Kreuzlinienabschnitte $- K^A$	$- K^B$
	$\dfrac{5}{24}\,p \cdot l$	$\dfrac{1}{24} \cdot p \cdot l$	$0,0266 \cdot p \cdot l^2$	$0,204 \cdot l$	$\dfrac{37}{960} \cdot p \cdot l^2$	$\dfrac{53}{960} \cdot p \cdot l^2$
	$\dfrac{p \cdot c}{2}$	$\dfrac{p \cdot c}{2}$	$\dfrac{p \cdot c^2}{6}$	c bis $(l-c)$	$\dfrac{p \cdot c^2}{4\,l}\,(2\,l-c)$	$\dfrac{p \cdot c^2}{4\,l}\,(2\,l-c)$
	$\dfrac{p \cdot c}{2}$	$\dfrac{p \cdot c}{2}$	$\dfrac{p \cdot c^2}{3}$	c bis $(l-c)$	$\dfrac{p \cdot c^2}{4\,l}\,(4\,l-3\,c)$	$\dfrac{p \cdot c^2}{4\,l}\,(4 \cdot l - 3\,c)$
	$\dfrac{l}{24}(5p_1+p_2)$	$\dfrac{l}{24}(p_1+5p_2)$	$\dfrac{8}{6}\left(l-\dfrac{8\,x^2}{l+2x}\right)$	$\dfrac{l}{2}\sqrt{\dfrac{p_2-p_1}{6\,p_2}}$	$\dfrac{l^2}{960}(37p_1+53p_2)$	$\dfrac{l^2}{960}\,(53\,p_1+37\,p_2)$
	$\dfrac{p \cdot l}{4}$	$\dfrac{p \cdot l}{4}$	$\dfrac{p \cdot l^2}{24}$	$\dfrac{l}{2}$	$\dfrac{3}{32} \cdot p \cdot l^2$	$\dfrac{3}{32} \cdot p \cdot l^2$
	$\dfrac{p \cdot b \cdot c}{2\,l}$	$\dfrac{p \cdot a \cdot c}{2\,l}$	$A\left(x-\dfrac{c}{3}\sqrt{\dfrac{b}{l}}\right)$	$a-\dfrac{2}{3}c\sqrt{\dfrac{b}{l}}$	$\dfrac{c \cdot p}{2\,l^2}\Big[a \cdot b\,(l+a)$ $-\dfrac{c^2}{270}\cdot(45a-2c)\Big]$	$\dfrac{c \cdot p}{2\,l^2}\Big[a \cdot b\,(l+b)$ $-\dfrac{c^2}{270}\,(45b+2c)\Big]$
	$\dfrac{2}{27} \cdot p \cdot l$	$\dfrac{5}{54} \cdot p \cdot l$	$\dfrac{26}{729} \cdot p \cdot l^2$	$\dfrac{5}{9} \cdot l$	$\dfrac{101}{1620} \cdot p \cdot l^2$	$\dfrac{47}{810} \cdot p \cdot l^2$
	$\dfrac{p \cdot l}{4}$	$\dfrac{p \cdot l}{4}$	$\dfrac{p \cdot l^2}{12}$	$\dfrac{l}{2}$	$\dfrac{5}{32} \cdot p \cdot l^2$	$\dfrac{5}{32} \cdot p \cdot l^2$
	$\dfrac{p}{6} \cdot (l+c_2)$	$\dfrac{p}{6} \cdot (l+c_1)$	$\dfrac{2}{3} \cdot A \cdot x$	$\sqrt{\dfrac{2 \cdot c_1 \cdot A}{p}}$	$\dfrac{p\,(l+c_1)}{60\,l} \cdot$ $\left(7\,l^2-3\,c_1^2\right)$	$\dfrac{p\,(l+c_2)}{60\,l}\,\left(7\,l^2-3c_2^2\right)$
	$\dfrac{p \cdot c \cdot b}{l}$	$\dfrac{p \cdot c \cdot a}{l}$	$A\left(\tilde{a}-\dfrac{c}{3}\right)$	$\tilde{a}$	$\dfrac{p \cdot a \cdot c}{2 \cdot l^2} \cdot$ $[2\,b\,(a+l)-c^2]$	$\dfrac{p \cdot b \cdot c}{2 \cdot l^2} \cdot$ $[2\,a\,(b+l)-c^2]$
	$\dfrac{p \cdot c}{4}$	$\dfrac{p \cdot c}{4}$	$\dfrac{c \cdot p}{12}\,(l+a)$	$\dfrac{l}{2}$	$\dfrac{c}{32\,l}\,(6\,l^2-c^2) \cdot p$	$\dfrac{c}{32\,l}\,(6\,l^2-c^2)\,p$
	$\dfrac{p \cdot l}{4}$	$\dfrac{p \cdot l}{4}$	$\dfrac{p \cdot l^2}{16}$	$\dfrac{l}{2}$	$\dfrac{17}{128} \cdot p \cdot l^2$	$\dfrac{17}{128} \cdot p \cdot l^2$

* $x =$ Abstand vom linken Auflager A.

Suter-Traub, Festpunkte, 3. Aufl.

9

Tafel 5. *Einflußlinien der Kreuzlinienabschnitte*

$$K^A = -\eta_1\, P\, l, \quad K^B = -\eta_2\, P \cdot l.$$

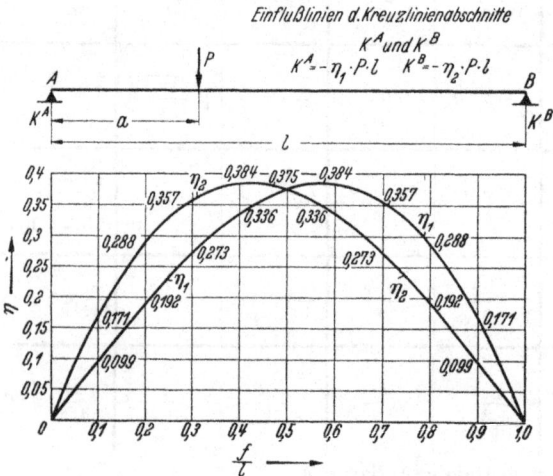

$a\,l$	η_1	η_2	a/l	η_1	η_2	$a\,l$	η_1	η_2	$a\,l$	η_1	η_2
0,01	0,010	0,020	0,26	0,242	0,335	0,51	0,377	0,372	0,76	0,321	0,226
0,02	0,020	0,039	0,27	0,250	0,341	0,52	0,379	0,369	0,77	0,313	0,218
0,03	0,030	0,057	0,28	0,258	0,347	0,53	0,381	0,366	0,78	0,305	0,209
0,04	0,040	0,075	0,29	0,266	0,352	0,54	0,382	0,363	0,79	0,297	0,201
0,05	0,050	0,093	0,30	0,273	0,357	0,55	0,384	0,359	0,80	0,288	0,192
0,06	0,060	0,110	0,31	0,280	0,362	0,56	0,384	0,355	0,81	0,279	0,183
0,07	0,070	0,126	0,32	0,287	0,366	0,57	0,385	0,350	0,82	0,269	0,174
0,08	0,080	0,141	0,33	0,294	0,369	0,58	0,385	0,346	0,83	0,258	0,165
0,09	0,089	0,156	0,34	0,301	0,373	0,59	0,385	0,341	0,84	0,247	0,156
0,10	0,099	0,171	0,35	0,307	0,375	0,60	0,384	0,336	0,85	0,236	0,147
0,11	0,109	0,185	0,36	0,313	0,378	0,61	0,383	0,331	0,86	0,224	0,137
0,12	0,118	0,199	0,37	0,319	0,380	0,62	0,382	0,325	0,87	0,212	0,128
0,13	0,128	0,212	0,38	0,325	0,382	0,63	0,380	0,319	0,88	0,199	0,118
0,14	0,137	0,224	0,39	0,331	0,383	0,64	0,378	0,313	0,89	0,185	0,109
0,15	0,147	0,236	0,40	0,336	0,384	0,65	0,375	0,307	0,90	0,171	0,099
0,16	0,156	0,247	0,41	0,341	0,385	0,66	0,373	0,301	0,91	0,156	0,089
0,17	0,165	0,258	0,42	0,346	0,385	0,67	0,369	0,294	0,92	0,141	0,080
0,18	0,174	0,269	0,43	0,350	0,385	0,68	0,366	0,287	0,93	0,126	0,070
0,19	0,183	0,279	0,44	0,355	0,384	0,69	0,362	0,280	0,94	0,110	0,060
0,20	0,192	0,288	0,45	0,359	0,384	0,70	0,357	0,273	0,95	0,093	0,050
0,21	0,201	0,297	0,46	0,363	0,382	0,71	0,352	0,266	0,96	0,075	0,040
0,22	0,209	0,305	0,47	0,366	0,381	0,72	0,347	0,258	0,97	0,057	0,030
0,23	0,218	0,313	0,48	0,369	0,379	0,73	0,341	0,250	0,98	0,039	0,020
0,24	0,226	0,321	0,49	0,372	0,377	0,74	0,335	0,242	0,99	0,020	0,010
0,25	0,234	0,328	0,50	0,375	0,375	0,75	0,328	0,234	1,00	0,000	0,000

Tafel 5 a.

Einflußlinien d. Kreuzlinienabschnitte

K^A und K^B

$$K^A = -\eta_1 \cdot P \cdot l \qquad K^B = -\eta_2 \cdot P \cdot l$$

Tafel 6. *Kreuzlinienabschnitte für Konsolmoment* $M = 1$

$$K^A = -1\left(1 - \frac{e^2 + 3x\,(e+x)}{l^2}\right)$$

$$K^B = +1\left(1 - \frac{e^2 + 3x'\,(e+x')}{l^2}\right)$$

bei $x = c \cdot l$ und $e = 0$

$e = 0,1\,l$

$e = 0,2\,l$

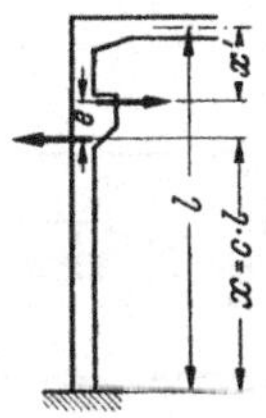

c	e = 0		e = 0,1 l		e = 0,2 l	
	K^A	K^B	K^A	K^B	K^A	K^B
0,00	− 1,00	− 2,00	− 1,00	− 2,31	− 1,00	− 2,64
0,05	− 0,9925	− 1,7075	− 0,9675	− 2,0025	− 0,9225	− 2,3175
0,10	− 0,97	− 1,43	− 0,93	− 1,71	− 0,87	− 2,01
0,15	− 0,9325	− 1,1675	− 0,8775	− 1,4325	− 0,8075	− 1,7175
0,20	− 0,88	− 0,92	− 0,81	− 1,17	− 0,72	− 1,44
0,25	− 0,8125	− 0,6875	− 0,7275	− 0,9225	− 0,6225	− 1,1775
0,30	− 0,73	− 0,47	− 0,63	− 0,69	− 0,51	− 0,93
0,35	− 0,6325	− 0,2675	− 0,5175	− 0,4725	− 0,3825	− 0,6975
0,40	− 0,52	− 0,08	− 0,39	− 0,27	− 0,24	− 0,48
0,45	− 0,3925	+ 0,0925	− 0,2475	− 0,0875	− 0,0825	− 0,2775
0,50	− 0,25	+ 0,25	− 0,09	+ 0,09	+ 0,09	− 0,09
0,55	− 0,0925	+ 0,3925	+ 0,0875	+ 0,2475	+ 0,2775	+ 0,0825
0,60	+ 0,08	+ 0,52	+ 0,27	+ 0,39	+ 0,48	+ 0,24
0,65	+ 0,2675	+ 0,6325	+ 0,4725	+ 0,5175	+ 0,6975	+ 0,3825
0,70	+ 0,47	+ 0,73	+ 0,69	+ 0,63	+ 0,93	+ 0,50
0,75	+ 0,6875	+ 0,8125	+ 0,9225	+ 0,7275	+ 1,1775	+ 0,6225
0,80	+ 0,92	+ 0,88	+ 1,17	+ 0,81	+ 1,44	+ 0,72
0,85	+ 1,1675	+ 0,9325	+ 1,4325	+ 0,8775	+ 1,7175	+ 0,8075
0,90	+ 1,43	+ 0,97	+ 1,71	+ 0,93	+ 2,01	+ 0,87
0,95	+ 1,7075	+ 0,9925	+ 2,0025	+ 0,9675	+ 2,3175	+ 0,9225
1,00	+ 2,00	+ 1,00	+ 2,31	+ 1,00	+ 2,64	+ 1,00

Tafel 7. *Drehwinkel und der Einflußlinien für die Kreuzlinienabschnitte von Balken mit Vouten.*

1. Balken mit beidseitig gleicher gerader Voute.

Drehwinkel $\bar{\alpha}$ und β.

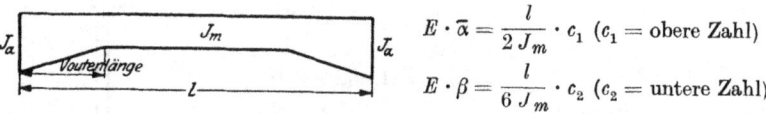

$$E \cdot \bar{\alpha} = \frac{l}{2\,J_m} \cdot c_1 \quad (c_1 = \text{obere Zahl})$$

$$E \cdot \beta = \frac{l}{6\,J_m} \cdot c_2 \quad (c_2 = \text{untere Zahl})$$

Vouten-länge	Werte von $n = \dfrac{J_m}{J_a}$												
	0,020	0,030	0,040	0,050	0,060	0,080	0,100	0,125	0,150	0,200	0,250	0,350	0,500
$\dfrac{l}{2}$	0,172	0,204	0,229	0,250	0,271	0,307	0,339	0,375	0,407	0,462	0,512	0,596	0,705
	0,234	0,271	0,302	0,327	0,349	0,389	0,423	0,460	0,492	0,545	0,593	0,668	0,760
$\dfrac{l}{3}$	0,448	0,468	0,485	0,500	0,513	0,538	0,559	0,583	0,602	0,639	0,673	0,728	0,803
	0,610	0,631	0,647	0,660	0,672	0,692	0,710	0,729	0,743	0,770	0,797	0,835	0,881
$\dfrac{l}{4}$	0,585	0,601	0,614	0,625	0,635	0,653	0,669	0,688	0,701	0,729	0,756	0,797	0,850
	0,767	0,779	0,789	0,797	0,804	0,817	0,827	0,839	0,847	0,864	0,879	0,901	0,931
$\dfrac{l}{5}$	0,668	0,680	0,691	0,700	0,708	0,722	0,734	0,750	0,761	0,784	0,804	0,838	0,881
	0,846	0,853	0,860	0,866	0,870	0,878	0,885	0,894	0,900	0,910	0,921	0,935	0,954
$\dfrac{l}{6}$	0,725	0,734	0,742	0,750	0,756	0,769	0,779	0,792	0,801	0,820	0,837	0,864	0,901
	0,891	0,896	0,900	0,904	0,908	0,914	0,919	0,925	0,929	0,937	0,944	0,954	0,968

Ordinaten der Einflußlinien für die Kreuzlinienabschnitte K^A und K^B.

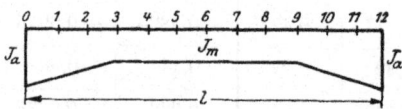

$$K^A = -\,l \cdot c_1 \quad (c_1 = \text{obere Zahl})$$

$$K^B = -\,l \cdot c_2 \quad (c_2 = \text{untere Zahl})$$

Vouten-Länge	$n = \dfrac{J_m}{J_a}$	Last $P = 1$ in										
		1	2	3	4	5	6	7	8	9	10	11
—	1,0	0,083	0,162	0,234	0,296	0,344	0,375	0,385	0,270	0,328	0,255	0,146
		0,146	0,255	0,328	0,370	0,385	0,375	0,344	0,296	0,234	0,162	0,083
$\dfrac{l}{2}$	0,20	0,083	0,165	0,242	0,313	0,369	0,402	0,401	0,365	0,304	0,220	0,117
		0,117	0,220	0,304	0,365	0,401	0,402	0,369	0,313	0,242	0,165	0,083
	0,10	0,083	0,166	0,244	0,318	0,375	0,408	0,405	0,364	0,298	0,212	0,110
		0,110	0,212	0,298	0,364	0,405	0,408	0,375	0,318	0,244	0,166	0,083
	0,05	0,084	0,166	0,246	0,319	0,379	0,412	0,407	0,364	0,294	0,206	0,106
		0,106	0,206	0,294	0,364	0,407	0,412	0,379	0,319	0,246	0,166	0,084
$\dfrac{l}{3}$	0,20	0,083	0,165	0,243	0,312	0,364	0,395	0,398	0,370	0,310	0,223	0,117
		0,117	0,223	0,310	0,370	0,398	0,395	0,364	0,312	0,243	0,165	0,083
	0,10	0,083	0,166	0,244	0,315	0,368	0,398	0,401	0,370	0,307	0,218	0,112
		0,112	0,218	0,307	0,370	0,401	0,398	0,368	0,315	0,244	0,166	0,083
	0,05	0,084	0,166	0,245	0,316	0,370	0,400	0,402	0,370	0,305	0,215	0,110
		0,110	0,215	0,305	0,370	0,402	0,400	0,370	0,316	0,245	0,166	0,084
$\dfrac{l}{4}$	0,20	0,083	0,165	0,242	0,308	0,358	0,388	0,394	0,372	0,318	0,232	0,122
		0,122	0,232	0,318	0,372	0,394	0,388	0,358	0,308	0,242	0,165	0,083
	0,10	0,083	0,165	0,243	0,309	0,360	0,390	0,395	0,372	0,317	0,229	0,118
		0,118	0,229	0,317	0,372	0,395	0,390	0,360	0,309	0,243	0,165	0,083
	0,05	0,084	0,166	0,243	0,310	0,361	0,391	0,398	0,372	0,316	0,227	0,117
		0,117	0,227	0,316	0,372	0,398	0,391	0,361	0,310	0,243	0,166	0,084

Ordinaten der Einflußlinien für die Kreuzlinienabschnitte K^A und K^B (Forts.).

Vouten-Länge	$n = \dfrac{J_m}{J_a}$	Last $P = 1$ in										
		1	2	3	4	5	6	7	8	9	10	11
$\dfrac{l}{5}$	0,20	0,083	0,165	0,240	0,304	0,354	0,384	0,391	0,372	0,322	0,239	0,126
		0,126	0,239	0,322	0,372	0,391	0,384	0,354	0,304	0,240	0,165	0,083
	0,10	0,083	0,165	0,241	0,306	0,355	0,385	0,392	0,372	0,321	0,237	0,124
		0,124	0,237	0,321	0,372	0,392	0,385	0,355	0,306	0,241	0,165	0,083
	0,05	0,084	0,165	0,241	0,306	0,356	0,386	0,393	0,372	0,321	0,236	0,123
		0,123	0,236	0,321	0,372	0,393	0,386	0,356	0,306	0,241	0,165	0,084
$\dfrac{l}{6}$	0,20	0,083	0,164	0,239	0,302	0,351	0,382	0,390	0,371	0,324	0,244	0,130
		0,130	0,244	0,324	0,371	0,390	0,382	0,351	0,302	0,239	0,164	0,083
	0,10	0,083	0,165	0,239	0,303	0,352	0,382	0,391	0,371	0,324	0,243	0,128
		0,128	0,243	0,324	0,371	0,391	0,382	0,352	0,303	0,239	0,165	0,083
	0,05	0,084	0,165	0,240	0,304	0,352	0,383	0,391	0,372	0,323	0,242	0,127
		0,127	0,242	0,323	0,372	0,391	0,383	0,352	0,304	0,240	0,165	0,084

2. Balken mit beidseitig gleicher parabolischer Voute. Drehwinkel $\bar{\alpha}$ und β.

$$E \cdot \bar{\alpha} = \frac{l}{2 J_m} \cdot c_1 \quad (c_1 = \text{obere Zahl})$$

$$l \cdot \beta = \frac{l}{6 J_m} \cdot c_2 \quad (c_2 = \text{untere Zahl})$$

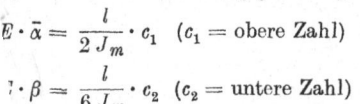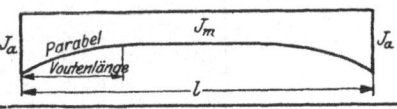

Werte von $n = \dfrac{J_m}{J_a}$

Voutenlänge in	0,02	0,03	0,04	0,05	0,06	0,08	0,10	0,125	0,15	0,20	0,25	0,35	0,50
										…010	0,656	0,720	0,800
							…043	0,670	0,692	0,732	0,763	0,812	0,872
									…114	0,744	0,769	0,813	0,869
				…166	0,795	0,811	0,825	0,839	0,849	0,868	0,884	0,909	0,938
$\dfrac{l}{4}$	0,676	0,693	0,706	0,717	0,727	0,743	0,757	0,772	0,785	0,808	0,828	0,860	0,902
	0,847	0,858	0,866	0,873	0,879	0,888	0,897	0,905	0,911	0,922	0,932	0,946	0,964
$\dfrac{l}{5}$	0,741	0,754	0,764	0,773	0,780	0,794	0,806	0,818	0,829	0,847	0,861	0,888	0,922
	0,899	0,907	0,912	0,916	0,920	0,927	0,932	0,938	0,942	0,949	0,955	0,965	0,976
$\dfrac{l}{6}$	0,784	0,795	0,803	0,811	0,818	0,829	0,839	0,848	0,857	0,872	0,886	0,906	0,932
	0,928	0,933	0,938	0,941	0,943	0,947	0,952	0,956	0,958	0,964	0,968	0,975	0,983

Ordinaten der Einflußlinien für die Kreuzlinienabschnitte K^A und K^B

$$K^A = - l \cdot c_1 \quad (c_1 = \text{obere Zahl})$$

$$K^B = - l \cdot c_2 \quad (c_2 = \text{untere Zahl})$$

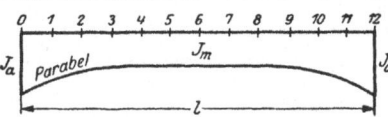

Vouten-länge	$n = \dfrac{J_m}{J_a}$	Last $P = 1$ in										
		1	2	3	4	5	6	7	8	9	10	11
—	1,0	0,083	0,162	0,234	0,296	0,344	0,375	0,385	0,370	0,328	0,255	0,146
		0,146	0,255	0,328	0,370	0,385	0,375	0,344	0,296	0,234	0,162	0,083
$\dfrac{l}{2}$	0,20	0,083	0,164	0,241	0,308	0,361	0,393	0,396	0,368	0,312	0,230	0,123
		0,123	0,230	0,312	0,368	0,396	0,393	0,361	0,308	0,241	0,164	0,083
	0,10	0,083	0,165	0,242	0,311	0,364	0,396	0,398	0,368	0,309	0,225	0,119
		0,119	0,225	0,309	0,368	0,398	0,396	0,364	0,311	0,242	0,165	0,083
	0,05	0,083	0,165	0,243	0,312	0,366	0,398	0,399	0,368	0,308	0,223	0,117
		0,117	0,223	0,308	0,368	0,399	0,398	0,366	0,312	0,243	0,165	0,083
$\dfrac{l}{3}$	0,20	0,083	0,164	0,240	0,307	0,358	0,388	0,394	0,371	0,317	0,234	0,125
		0,125	0,234	0,317	0,371	0,394	0,388	0,358	0,307	0,240	0,164	0,083
	0,10	0,083	0,165	0,241	0,309	0,360	0,389	0,395	0,371	0,315	0,230	0,122
		0,122	0,230	0,315	0,371	0,395	0,389	0,360	0,309	0,241	0,165	0,083
	0,05	0,083	0,165	0,242	0,309	0,361	0,391	0,396	0,371	0,314	0,229	0,120
		0,120	0,229	0,314	0,371	0,396	0,391	0,361	0,309	0,242	0,165	0,083

Ordinaten der Einflußlinien für die Kreuzlinienabschnitte KA und KB (Forts.).

Vouten-Länge	$n = \dfrac{J_m}{J_a}$	Last $P = 1$ in										
		1	2	3	4	5	6	7	8	9	10	11
$\dfrac{l}{4}$	0,20	0,083	0,164	0,239	0,304	0,353	0,384	0,391	0,371	0,322	0,240	0,129
		0,129	0,240	0,322	0,371	0,391	0,384	0,353	0,304	0,239	0,164	0,083
	0,10	0,083	0,165	0,240	0,305	0,354	0,385	0,392	0,371	0,321	0,238	0,127
		0,127	0,238	0,321	0,371	0,392	0,385	0,354	0,305	0,240	0,165	0,083
	0,05	0,083	0,165	0,240	0,305	0,355	0,385	0,392	0,372	0,321	0,237	0,126
		0,126	0,237	0,321	0,372	0,392	0,385	0,355	0,305	0,240	0,165	0,083
$\dfrac{l}{5}$	0,20	0,083	0,164	0,238	0,302	0,350	0,381	0,389	0,371	0,324	0,245	0,132
		0,132	0,245	0,324	0,371	0,389	0,381	0,350	0,302	0,238	0,164	0,083
	0,10	0,083	0,164	0,239	0,302	0,351	0,382	0,390	0,371	0,324	0,243	0,131
		0,131	0,243	0,324	0,371	0,390	0,382	0,351	0,302	0,239	0,164	0,083
	0,05	0,083	0,164	0,239	0,303	0,352	0,382	0,390	0,371	0,324	0,243	0,130
		0,130	0,243	0,324	0,371	0,390	0,382	0,352	0,303	0,239	0,164	0,083
$\dfrac{l}{6}$	0,20	0,083	0,164	0,237	0,300	0,349	0,379	0,388	0,371	0,325	0,248	0,135
		0,135	0,248	0,325	0,371	0,388	0,379	0,349	0,300	0,237	0,164	0,083
	0,10	0,083	0,164	0,238	0,301	0,349	0,380	0,389	0,371	0,325	0,247	0,134
		0,134	0,247	0,325	:,371	0,389	0,380	0,349	0,301	0,238	0,164	0,083
	0,05	0,083	0,164	0,238	0,301	0,350	0,380	0,389	0,371	0,325	0,246	0,133
		0,133	0,246	0,325	0,371	0,389	0,380	0,350	0,301	0,238	0,164	0,083

3. Balken mit einseitiger gerader Voute.

Drehwinkel α^a, α^b und β.

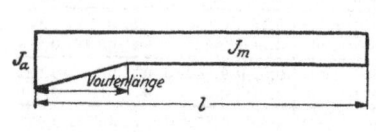

$$E \cdot \alpha^a = \frac{l}{2\,J_m} \cdot c_1 \quad (c_1 = \text{obere Zahl})$$

$$E \cdot \alpha^b = \frac{l}{2\,J_m} \cdot c_2 \quad (c_2 = \text{mittlere Zahl})$$

$$E \cdot \beta = \frac{l}{6\,J_m} \cdot c_3 \quad (c_3 = \text{untere Zahl})$$

Vouten-länge	Werte von $n = \dfrac{J_m}{J_a}$												
	0,02	0,03	0,04	0,05	0,06	0,08	0,10	0,125	0,15	0,20	0,25	0,35	0,50
l	0,074	0,097	0,117	0,136	0,154	0,185	0,215	0,249	0,282	0,342	0,395	0,492	0 625
	0,272	0,311	0,342	0,368	0,392	0,430	0,464	0,512	0,531	0,585	0,647	0,698	0,787
	0,125	0,157	0,184	0,208	0,230	0,268	0,303	0,341	0,376	0,438	0,490	0,580	0,703
$\dfrac{l}{2}$	0,355	0,376	0,394	0,410	0,421	0,451	0,474	0,500	0,524	0,567	0,600	0,670	0,758
	0,818	0,827	0,836	0,842	0,845	0,858	0,866	0,875	0,883	0,896	0,907	0,925	0,946
	0,617	0,636	0,651	0,664	0,676	0,695	0,712	0,730	0,746	0,774	0,797	0,835	0,882
$\dfrac{l}{3}$	0,530	0,546	0,560	0,572	0,583	0,603	0,620	0,639	0,657	0,688	0,716	0,757	0,827
	0,919	0,922	0,926	0,929	0,932	0,937	0,941	0,944	0,947	0,954	0,958	0,966	0,976
	0,805	0,815	0,823	0,830	0,836	0,846	0,855	0,864	0,872	0,887	0,898	0,917	0,941
$\dfrac{l}{4}$	0,632	0,645	0,655	0,666	0,674	0,690	0,704	0,719	0,733	0,758	0,781	0,816	0,865
	0,955	0,957	0,959	0,961	0,962	0,964	0,967	0,968	0,971	0,974	0,979	0,981	0,985
	0,884	0,890	0,895	0,899	0,902	0,909	0,914	0,916	0,924	0,933	0,940	0,951	0,964
$\dfrac{l}{5}$	0,699	0,709	0,718	0,726	0,733	0,746	0,758	0,770	0,782	0,803	0,819	0,861	0,891
	0,971	0,972	0,973	0,975	0,976	0,977	0,978	0,981	0,982	0,984	0,986	0,989	0,992
	0,923	0,927	0,930	0,933	0,935	0,940	0,943	0,947	0,950	0,956	0,961	0,968	0,977
$\dfrac{l}{6}$	0,746	0,754	0,762	0,768	0,775	0,782	0,795	0,805	0,816	0,833	0,848	0,878	0,908
	0,979	0,980	0,981	0,981	0,982	0,983	0,984	0,987	0,987	0,989	0,990	0,992	0,994
	0,944	0,948	0,950	0,952	0,954	0,957	0,961	0,962	0,964	0,972	0,972	0,977	0,983

Ordinaten der Einflußlinien für die Kreuzlinienabschnitte K^A und K^B.

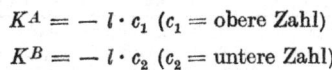

$$K^A = - l \cdot c_1 \quad (c_1 = \text{obere Zahl})$$
$$K^B = - l \cdot c_2 \quad (c_2 = \text{untere Zahl})$$

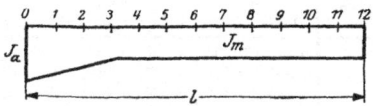

Vouten-länge	$n = \dfrac{J_m}{J_a}$	Last $P = 1$ in										
		1	2	3	4	5	6	7	8	9	10	11
l	0,20	0,082	0,165	0,242	0,313	0,373	0,419	0,446	0,448	0,416	0,340	0,207
		0,103	0,185	0,249	0,292	0,316	0,321	0,306	0,273	0,223	0,158	0,082
	0,10	0,083	0,165	0,244	0,317	0,382	0,435	0,470	0,479	0,455	0,381	0,239
		0,088	0,161	0,219	0,261	0,286	0,294	0,285	0,259	0,215	0,155	0,082
	0,05	0,083	0,166	0,245	0,321	0,390	0,448	0,490	0,509	0,492	0,423	0,273
		0,075	0,139	0,192	0,231	0,257	0,269	0,265	0,244	0,206	0,152	0,081
$\dfrac{l}{2}$	0,20	0,083	0,165	0,244	0,318	0,382	0,429	0,451	0,442	0,396	0,311	0,180
		0,094	0,176	0,244	0,296	0,329	0,339	0,323	0,286	0,230	0,161	0,083
	0,10	0,083	0,166	0,247	0,323	0,393	0,447	0,474	0,467	0,421	0,331	0,192
		0,080	0,153	0,217	0,269	0,307	0,324	0,315	0,281	0,228	0,160	0,083
	0,05	0,083	0,166	0,248	/0,327	0,401	0,461	0,493	0,489	0,442	0,349	0,203
		0,069	0,135	0,195	0,247	0,288	0,312	0,308	0,278	0,227	0,160	0,082
$\dfrac{l}{3}$	0,20	0,083	0,165	0,244	0,315	0,371	0,409	0,422	0,408	0,363	0,283	0,163
		0,106	0,199	0,277	0,332	0,359	0,359	0,335	0,291	0,232	0,161	0,083
	0,10	0,083	0,166	0,246	0,320	0,380	0,419	0,434	0,421	0,374	0,292	0,168
		0,095	0,183	0,261	0,320	0,351	0,354	0,332	0,290	0,232	0,161	0,083
	0,05	0,083	0,166	0,248	0,324	0,386	0,427	0,443	0,430	0,383	0,302	0,174
		0,087	0,171	0,247	0,309	0,344	0,351	0,330	0,289	0,231	0,161	0,083
$\dfrac{l}{4}$	0,20	0,083	0,165	0,243	0,310	0,363	0,396	0,408	0,393	0,349	0,271	0,156
		0,115	0,216	0,298	0,349	0,371	0,366	0,339	0,294	0,233	0,162	0,083
	0,10	0,083	0,166	0,245	0,314	0,368	0,403	0,415	0,400	0,355	0,276	0,159
		0,107	0,205	0,288	0,343	0,366	0,363	0,338	0,293	0,233	0,162	0,083
	0,05	0,083	0,166	0,246	0,317	0,372	0,408	0,420	0,406	0,360	0,280	0,161
		0,100	0,196	0,281	0,337	0,362	0,361	0,336	0,292	0,233	p,162	0,083
$\dfrac{l}{5}$	0,20	0,083	0,165	0,243	0,308	0,360	0,391	0,403	0,387	0,344	0,266	0,153
		0,118	0,223	0,306	0,356	0,375	0,369	0,340	0,295	0,232	0,161	0,083
	0,10	0,083	0,166	0,245	0,312	0,363	0,397	0,407	0,392	0,348	0,270	0,156
		0,112	0,214	0,299	0,352	0,342	0,367	0,340	0,294	0,233	0,162	0,083
	0,05	0,083	0,166	0,247	0,314	0,367	0,401	0,411	0,397	0,351	0,271	0,156
		0,105	0,206	0,295	0,348	0,369	0,365	0,338	0,293	0,234	0,162	0,083
$\dfrac{l}{6}$	0,20	0,083	0,165	0,243	0,307	0,358	0,387	0,400	0,383	0,341	0,263	0,150
		0,120	0,228	0,311	0,361	0,378	0,371	0,340	0,296	0,230	0,160	0,083
	0,10	0,083	0,166	0,245	0,311	0,360	0,393	0,402	0,387	0,343	0,266	0,154
		0,115	0,220	0,306	0,358	0,359	0,370	0,341	0,294	0,233	0,162	0,083
	0,05	0,083	0,166	0,247	0,312	0,374	0,396	0,405	0,391	0,345	0,265	0,153
		0,108	0,213	0,304	0,355	0,374	0,368	0,339	0,293	0,234	0,162	0,083

4. Balken mit einseitiger parabolischer Voute.

Drehwinkel α^a, α^b und β.

$$E \cdot \alpha^a = \frac{l}{2 J_m} \cdot c_1 \quad (c_1 = \text{obere Zahl})$$

$$E \cdot \alpha^b = \frac{l}{2 J_m} \cdot c_2 \quad (c_2 = \text{mittlere Zahl})$$

$$E \cdot \beta = \frac{l}{6 J_m} \cdot c_3 \quad (c_3 = \text{untere Zahl})$$

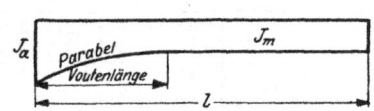

Vouten-länge	Werte von $n = \dfrac{J_m}{J_a}$												
	0,02	0,03	0,04	0,05	0,06	0,08	0,10	0,125	0,15	0,20	0,25	0,35	0,50
l	0,172	0,203	0,230	0,253	0,272	0,308	0,340	0,374	0,407	0,464	0,512	0,601	0,632
	0,536	0,571	0,597	0,619	0,636	0,665	0,689	0,714	0,735	0,770	0,792	0,838	0,910
	0,309	0,349	0,380	0,407	0,430	0,469	0,501	0,536	0,566	0,617	0,657	0,741	0,881
$\dfrac{l}{2}$	0,471	0,495	0,514	0,532	0,545	0,570	0,593	0,615	0,637	0,674	0,706	0,757	0,824
	0,884	0,893	0,899	0,905	0,909	0,916	0,923	0,928	0,933	0,943	0,950	0,959	0,972
	0,740	0,758	0,771	0,783	0,792	0,808	0,821	0,834	0,846	0,866	0,886	0,905	0,933
$\dfrac{l}{3}$	0,622	0,640	0,653	0,661	0,677	0,695	0,711	0,728	0,743	0,770	0,792	0,829	0,879
	0,949	0,952	0,954	0,957	0,959	0,962	0,965	0,968	0,970	0,974	0,978	0,982	0,988
	0,871	0,880	0,887	0,893	0,898	0,905	0,912	0,918	0,925	0,935	0,942	0,953	0,968
$\dfrac{l}{4}$	0,706	0,721	0,732	0,741	0,750	0,764	0,777	0,791	0,803	0,823	0,839	0,868	0,906
	0,971	0,973	0,974	0,976	0,977	0,979	0,980	0,982	0,983	0,986	0,987	0,989	0,992
	0,924	0,930	0,934	0,937	0,940	0,945	0,949	0,953	0,956	0,962	0,966	0,973	0,981
$\dfrac{l}{5}$	0,760	0,772	0,782	0,790	0,796	0,808	0,818	0,830	0,839	0,856	0,869	0,892	0,922
	0,982	0,983	0,984	0,985	0,985	0,986	0,987	0,988	0,990	0,991	0,992	0,993	0,995
	0,950	0,954	0,956	0,959	0,961	0,964	0,966	0,969	0,971	0,975	0,978	0,982	0,987
$\dfrac{l}{6}$	0,799	0,807	0,816	0,823	0,828	0,839	0,847	0,856	0,864	0,879	0,889	0,910	0,935
	0,988	0,988	0,989	0,989	0,990	0,990	0,991	0,991	0,993	0,994	0,995	0,997	0,997
	0,964	0,967	0,969	0,970	0,972	0,974	0,976	0,978	0,980	0,982	0,985	0,987	0,991

Ordinaten der Einflußlinien für die Kreuzlinienabschnitte K^A und K^B.

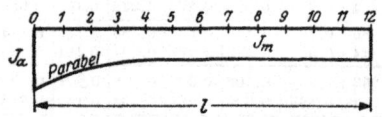

$K^A = - \, l \cdot c_1 \; (c_1 = \text{obere Zahl})$

$K^B = - \, l \cdot c_2 \; (c_2 = \text{untere Zahl})$

Vouten-länge	$n = \dfrac{J_m}{J_a}$	Last $P = 1$ in										
		1	2	3	4	5	6	7	8	9	10	11
l	0,20	0,083	0,165	0,243	0,315	0,377	0,424	0,450	0,449	0,412	0,330	0,196
		0,098	0,180	0,245	0,292	0,319	0,325	0,312	0,278	0,226	0,159	0,082
	0,10	0,083	0,166	0,246	0,321	0,387	0,442	0,476	0,482	0,449	0,366	0,220
		0,082	0,154	0,213	0,259	0,289	0,301	0,294	0,276	0,221	0,158	0,082
	0,05	0,083	0,166	0,247	0,324	0,396	0,455	0,498	0,512	0,486	0,404	0,247
		0,069	0,131	0,185	0,230	0,261	0,278	0,276	0,256	0,215	0,156	0,082
$\dfrac{l}{2}$	0,20	0,083	0,165	0,243	0,314	0,372	0,411	0,426	0,413	0,368	0,287	0,165
		0,106	0,199	0,274	0,327	0,354	0,356	0,333	0,291	0,232	0,161	0,083
	0,10	0,083	0,166	0,246	0,319	0,381	0,424	0,441	0,429	0,383	0,299	0,173
		0,094	0,180	0,254	0,309	0,342	0,348	0,329	0,288	0,231	0,161	0,083
	0,05	0,083	0,166	0,247	0,323	0,389	0,435	0,455	0,444	0,397	0,311	0,180
		0,085	0,164	0,236	0,294	0,330	0,340	0,324	0,286	0,230	0,161	0,083
$\dfrac{l}{3}$	0,20	0,083	0,165	0,242	0,308	0,362	0,395	0,407	0,392	0,348	0,271	0,155
		0,117	0,219	0,299	0,349	0,371	0,366	0,339	0,294	0,233	0,162	0,083
	0,10	0,083	0,166	0,244	0,313	0,367	0,402	0,415	0,400	0,356	0,276	0,159
		0,109	0,207	0,288	0,342	0,366	0,366	0,338	0,292	0,233	0,162	0,083
	0,05	0,083	0,166	0,246	0,316	0,372	0,408	0,421	0,407	0,362	0,282	0,162
		0,101	0,197	0,278	0,333	0,360	0,366	0,336	0,291	0,232	0,162	0,083
$\dfrac{l}{4}$	0,20	0,083	0,165	0,240	0,305	0,355	0,388	0,398	0,384	0,340	0,264	0,152
		0,125	0,232	0,311	0,359	0,377	0,370	0,342	0,295	0,234	0,162	0,083
	0,10	0,083	0,165	0,242	0,308	0,359	0,392	0,403	0,388	0,344	0,267	0,154
		0,118	0,224	0,305	0,354	0,374	0,368	0,341	0,294	0,234	0,162	0,083
	0,05	0,083	0,166	0,243	0,310	0,362	0,396	0,407	0,392	0,348	0,270	0,156
		0 113	0,217	0,300	0,351	0,372	0,367	0,340	0,294	0,233	0,162	0,083

Ordinaten der Einflußlinien für die Kreuzabschnitte K^A und K^B (Forts.).

Voutenlänge	$n = \dfrac{J_m}{J_a}$	Last $P = 1$ in										
		1	2	3	4	5	6	7	8	9	10	11
$\dfrac{l}{5}$	0,20	0,083 0,128	0,165 0,237	0,240 0,316	0,304 0,363	0,352 0,379	0,385 0,371	0,395 0,343	0,381 0,295	0,337 0,234	0,261 0,162	0,152 0,083
	0,10	0,083 0,122	0,165 0,231	0,241 0,312	0,306 0,359	0,356 0,377	0,388 0,369	9,398 0,342	0,383 0,295	0,339 0,234	0,263 0,162	0,157 0,083
	0,05	0,083 0,118	0,166 0,225	0,242 0,309	0,308 0,358	0,358 0,377	0,391 0,370	0,402 0,342	0,386 0,295	0,343 0,233	0,265 0,162	0,154 0,083
$\dfrac{l}{6}$	0,20	0,083 0,130	0,165 0,240	0,240 0,319	0,304 0,366	0,350 0,380	0,382 0,371	0,393 0,343	0,279 0,295	0,385 0,234	0,259 0,162	0,152 0,083
	0,10	0,083 0,125	0,165 0,236	0,241 0,317	0,305 0,362	0,354 0,379	0,385 0,369	0,395 0,342	0,380 0,295	0,336 0,234	0,260 0,162	0,159 0,083
	0,05	0,083 0,121	0,166 0,230	0,242 0,315	0,307 0,363	0,355 0,380	0,388 0,372	0,399 0,343	0,382 0,295	0,340 0,233	0,262 0,162	0,153 0,083

5. Sonderfall: Gleichmäßig verteilte Belastung der unter 1. bis 4. behandelten Balken.

Wie im V. Abschnitt, Tafel 3, 2 auf Seite 121 erwähnt, sind für einen beliebigen symmetrischen Balken, also auch für die unter 1. und 2. behandelten Balken, für gleichmäßig verteilte Belastung auf der ganzen Länge die Kreuzlinienabschnitte:

$$K^A = K^B = -\frac{p\,l^2}{4} = -2f,$$

d. h. genau gleich groß wie wenn das Trägheitsmoment auf die ganze Balkenlänge konstant wäre.

Für die unter 3. und 4. behandelten Balken mit einseitiger Voute sind die Werte der Kreuzlinienabschnitte K^A und K^B in nachstehenden beiden Tabellen zusammengestellt, damit man die unter 3. und 4. angegebenen Einflußlinien der Kreuzlinienabschnitte für diesen häufig vorkommenden Belastungsfall nicht auszuwerten braucht.

a) Balken mit einseitiger gerader Voute.

$K^A = -\,pl^2 \cdot c_1$ ($c_1 = $ obere Zahl)

$K^B = -\,pl^2 \cdot c_2$ ($c^2 = $ untere Zahl)

Voutenlänge	Werte von $n = \dfrac{J_m}{J_a}$												
	0,02	0,03	0,04	0,05	0,06	0,08	0,10	0,125	0,15	0,20	0,25	0,35	0,50
l	0,344 0,157	0,335 0,166	0,328 0,172	0,323 0,177	0,318 0,182	0,311 0,189	0,306 0,194	0,304 0,196	0,297 0,197	0,289 0,203	0,285 0,215	0,278 0,222	0,269 0,231
$\dfrac{l}{2}$	0,318 0,182	0,313 0,187	0,310 0,190	0,308 0,193	0,305 0,195	0,301 0,199	0,298 0,203	0,294 0,206	0,291 0,209	0,286 0,215	0,281 0,219	0,275 0,225	0,268 0,233
$\dfrac{l}{3}$	0,287 0,213	0,285 0,215	0,283 0,217	0,282 0,218	0,281 0,219	0,279 0,221	0,277 0,223	0,275 0,225	0,274 0,227	0,271 0,229	0,269 0,231	0,265 0,235	0,260 0,239
$\dfrac{l}{4}$	0,273 0,227	0,272 0,228	0,271 0,229	0,270 0,230	0,270 0,231	0,269 0,232	0,267 0,233	0,265 0,234	0,265 0,235	0,263 0,237	0,262 0,238	0,260 0,241	0,257 0,243
$\dfrac{l}{5}$	0,266 0,234	0,265 0,235	0,265 0,236	0,264 0,236	0,263 0,237	0,263 0,238	0,262 0,238	0,261 0,239	0,260 0,240	0,259 0,241	0,258 0,242	0,257 0,243	0,255 0,245
$\dfrac{l}{6}$	0,260 0,239	0,260 0,240	0,260 0,240	0,260 0,240	0,259 0,241	0,259 0,241	0,259 0,241	0,258 0,242	0,257 0,243	0,256 0,244	0,255 0,245	0,255 0,245	0,254 0,246

b) Balken mit einseitiger parabolischer Voute.

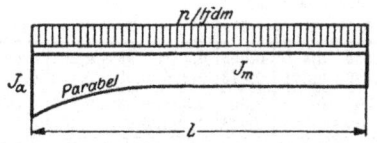

$$K^A = - p\,l^2 \cdot c_1 \quad (c_1 = \text{obere Zahl})$$

$$K^B = - p\,l^2 \cdot c_2 \quad (c_2 = \text{untere Zahl})$$

Vouten-länge	Werte von $n = \dfrac{J_m}{J_a}$												
	0,02	0,03	0,04	0,05	0,06	0,08	0,10	0,125	0,15	0,20	0,25	0,35	0,50
l	0,338	0,332	0,326	0,321	0,317	0,310	0,306	0,301	0,296	0,289	0,285	0,277	0,267
	0,160	0,168	0,174	0,179	0,183	0,189	0,195	0,200	0,204	0,211	0,216	0,223	0,233
$\dfrac{l}{2}$	0,296	0,293	0,290	0,288	0,286	0,283	0,281	0,278	0,276	0,273	0,270	0,266	0,261
	0,204	0,208	0,210	0,212	0,214	0,217	0,220	0,222	0,224	0,228	0,230	0,234	0,239
$\dfrac{l}{3}$	0,275	0,273	0,272	0,270	0,269	0,268	0,267	0,265	0,265	0,263	0,261	0,259	0,256
	0,225	0,227	0,228	0,229	0,230	0,232	0,233	0,234	0,235	0,237	0,239	0,241	0,244
$\dfrac{l}{4}$	0,266	0,264	0,263	0,263	0,262	0,261	0,261	0,260	0,259	0,258	0,257	0,255	0,254
	0,235	0,236	0,237	0,237	0,238	0,239	0,240	0,240	0,241	0,242	0,243	0,245	0,246
$\dfrac{l}{5}$	0,261	0,260	0,259	0,259	0,258	0,258	0,257	0,257	0,256	0,255	0,255	0,254	0,253
	0,239	0,240	0,241	0,241	0,242	0,242	0,242	0,242	0,244	0,245	0,245	0,246	0,246
$\dfrac{l}{6}$	0,258	0,257	0,256	0,256	0,256	0,255	0,255	0,255	0,254	0,254	0,254	0,254	0,253
	0,242	0,243	0,244	0,244	0,245	0,245	0,245	0,245	0,246	0,246	0,246	0,246	0,246

Sechster Abschnitt.

Beispiele aus der Praxis.

An einer Reihe von Beispielen soll nunmehr die Anwendung der in den Abschnitten I—IV entwickelten Methode der Festpunkte für die Berechnung von Rahmentragwerken gezeigt werden. Diese Beispiele sind sämtlich dem Stahlbetonbau entnommen. Die Methode kann aber auch für die Berechnung von Baugliedern aus anderen Baustoffen verwendet werden.

Um die Handhabung zu erleichtern, war in Kapitel III eine übersichtliche Zusammenstellung des Rechnungsabschnittes I angeführt, ferner wurden in Abschnitt V noch Hilfstafeln zur raschen Ermittlung der Festpunktabstände und Kreuzlinienabschnitte sowie Momententafeln zusammengestellt.

Die folgenden Berechnungen werden teils graphisch, teils rechnerisch (z. B. bei den Stockwerkrahmen) mit Hilfe der Verteilungsmasse μ und der Übergangszahlen z durchgeführt.

Man merke vor allem, daß die Momente stets an der Seite aufzutragen sind, an welcher Zug entsteht, so daß eine Vorzeichenregel nicht erforderlich ist. Ebenso werden beim rechnerischen Verfahren die Momente an dem betreffenden Stab auf der Zugseite angeschrieben. Die Addition kann dann sowohl beim graphischen als auch beim rechnerischen Verfahren einwandfrei durchgeführt werden. Die Weiterleitung der Momente ist jederzeit graphisch mit Hilfe der Festpunkte oder rechnerisch an Hand der Tabelle über die Grundgrößen mit Hilfe von μ und z möglich.

An Hand eines Beispiels sei das Verfahren noch näher erläutert. Für den in Abb. 187 dargestellten Rahmen ist zunächst die Ta-

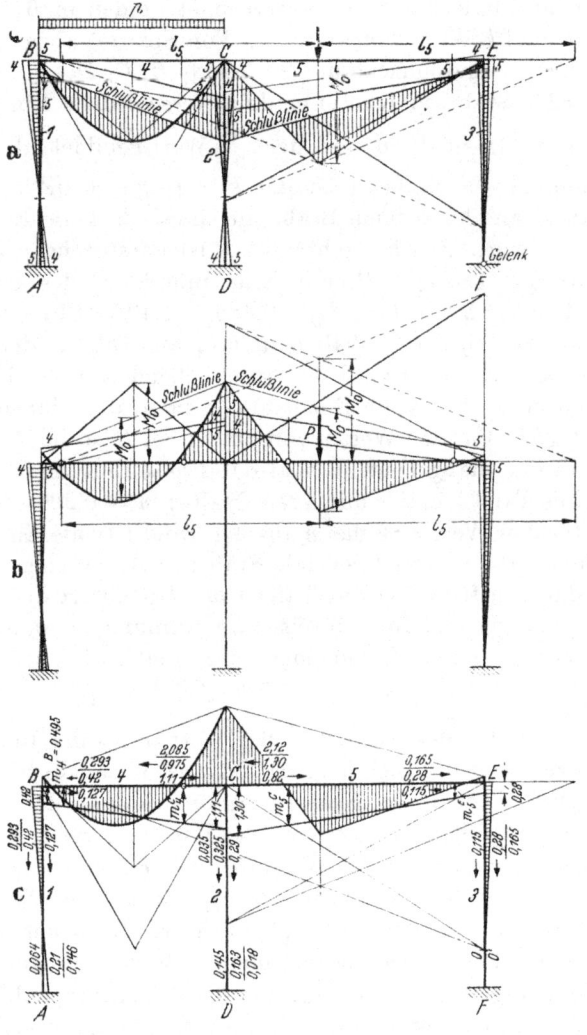

Abb. 187.

belle der Grundgrößen aufzustellen, wobei folgendes zu beachten ist: Die Stäbe des Rahmentragwerks sind mit Nummern 1, 2, 3 ... zu bezeichnen und die Knotenpunkte mit A, B, C ... In den ersten 4 Spalten wird nun für jeden Stab die Stabnummer, die Länge l, das Trägheitsmoment J und der k-Wert eingetragen, wobei es sich empfiehlt, wegen der einfacheren Rechenarbeit bei den J- und k-Werten z. B. den 1000fachen Betrag zu nehmen. (Dies ist ohne Einfluß auf die Rechnung, da es nur auf das gegenseitige Verhältnis der k-Werte ankommt. Nur wenn mit den wirklichen Stabverschiebungen, wie z. B. bei Temperaturänderungen u. a., gerechnet werden muß, so sind die richtigen J- und k-Werte einzusetzen.) Von Spalte 5 ab sind die Stäbe nach den beiden Endpunkten des Stabes A, B; C, D; ... aufzuteilen, da auch jeder Stab am Knotenpunkt 2 verschiedene Einspannungswerte besitzt. In Spalte 6 wird der $\frac{k}{\Sigma k}$ Wert gebildet, also z. B. am Knotenpunkt A des Stabes 1 ist der k-Wert gleich 0,425, der Wert Σk der an A anschließenden Stäbe gleich ∞, da volle Einspannung angenommen wird. Am Knotenpunkt B ist entsprechend $k_1 = 0,425$ und $\Sigma k = k_4 = 1,624$; z. B. am Knotenpunkt C des Stabes 4 ist $k_4 = 1,624$ und $\Sigma k = k_2 + k_5 = 0,425 + 1,49 = 1,915$ usw. Den Wert $n = f/l$ von Spalte 7 erhält man dann aus Tafel 1 oder 1a, wobei jeweils der Einspannungsgrad der anschließenden Stäbe berücksichtigt werden muß. Für volle Einspannung in A, d. h. für den Wert 0 wird $n = 0,333$. Für den Wert n von Stab 1 bei B ist die Einspannung des Stabes 4 in C maßgebend, d. h. also teilweise Einspannung, deshalb für 0,262 aus Tafel 1 in der mittleren Spalte: $n = 0,290$. Von Stab 4 ist bei B für den Wert 3,82 das n aus der Tafel 1 (volle Einspannung) zu entnehmen, da der anschließende Stab 1 in A voll eingespannt ist; bei C ist dagegen für 0,847 aus Tafel 1 der Mittelwert der Spalte für volle Einspannung und für teilweise Einspannung zu wählen, da der anschließende Stab 2 bei D voll eingespannt und Stab 5 bei E teilweise eingespannt ist; es wird also $n = \dfrac{0,235 + 0,225}{2} - 0,001 = 0,229$; von Stab 5 ist bei E füt den Wert 2,77 der Wert n aus der Reihe für gelenkige Lagerung zu entnehmen, da der anschließende Stab 3 bei F gelenkig gelagert ist. In der Spalte 8 ergibt sich dann der Festpunktabstand f durch Multiplikation von $n \cdot l$. Für die Berechnung der Verteilungsmasse μ sind noch die Werte n' und w notwendig; n' ergibt sich aus Tafel 2, wobei jedoch zu beachten ist, daß der Wert n_1^A den Wert $n_1'^B$ ergibt und n_1^B den Wert $n_1'^A$; die Werte für n' müssen also jeweils aus dem schräg gegenüberliegenden n-Wert entnommen werden. Für den Winkelfestwert w ist n' mit dem zugehörigen k zu multiplizieren; hierauf läßt sich das Verteilungsmaß μ errechnen. Die Übergangszahl z kann mit Hilfe der Tafel 2 aus dem Wert $n = f/l$ sofort angeschrieben werden, und zwar bedeutet die Übergangszahl z_1^A den Multiplikationsfaktor für das Moment von B nach A, umgekehrt die Übergangszahl z_1^B den Faktor für das Moment von A nach B usw. Diese Tabelle enthält also alle Grundgrößen, die für die Berechnung und Weiterleitung der Momente des Rahmens erforderlich sind. Sie ist bei einiger Übung sehr rasch aufgestellt und bewirkt eine wesentliche Vereinfachung der Berechnung von Rahmentragwerken.

In Abb. 187 sind nun noch 3 Möglichkeiten für das graphische und rechnerische Auftragen der Momente angegeben. In Abb. 187a werden in den belasteten Feldern von der Rahmenachse aus die M_0-Flächen aufgetragen und die Schlußlinien bestimmt. Die Bezugslinie für die Momente ist dann nicht die Rahmenachse sondern die Schlußlinie. Dieses Auftragen hat den Vorteil, daß das Konstruieren der Momentenkurven leichter ist, aber den Nachteil, daß als Bezugslinie für die Momente dann die Schlußlinie anzunehmen ist. Soll die Rahmenachse die Momentenbezugslinie werden, so sind, wie in Abb. 187b angegeben, die Kreuzlinienabschnitte nach oben, d. h. entgegen der Belastungsrichtung aufzutragen und die Schlußlinie zu bilden. Wenn von der

Grundgrößen.

Stab	l m	$\dfrac{1000\,J}{m^4}$	$1000\,k=\dfrac{J}{l}$	Knotenpunkt	$\dfrac{k}{\Sigma k}$	$n=\dfrac{f}{l}$ Tafel 1	f m	n' Tafel 2	$w = n'\cdot k$	μ $\mu_{2-5}=\dfrac{w_5}{w_5+w_4}$	Z Tafel 2
1	2	3	4	5	6	7	8	9	10	11	12
1	5,4	2,30	0,425	A	$\dfrac{0,425}{\infty}=0$	0,333	1,80	1,257	0,534		0,50
				B	$\dfrac{0,425}{1,624}=0,262$	0,290	1,56₅	1,333	0,567		0,41
2	5,4	2,30	0,425	C	$\dfrac{0,425}{3,114}=0,130$	0,310	1,67₅	1,333	0,567	$\mu_{2-4}^C=\dfrac{w_4^C}{w_4^C+w_5^C}=\dfrac{1,73₅}{1,73₅+1,60}=0,52$	0,45
				D	$\dfrac{0,425}{\infty}=0$	0,333	1,80	1,29	0,548	$\mu_{2-5}=\dfrac{w_5^C}{w_5^C+w_4^C}=\dfrac{1,60}{1,60+1,73₅}=0,48$	0,50
3	5,4	2,90	0,537	E	$\dfrac{0,537}{1,49}=0,63$	0,270	1,49	1,00	0,537		0,39
				F	$\dfrac{0,537}{0}=\infty$	0	0	1,235	0,663		0
4	5,0	8,12	1,624	B	$\dfrac{1,624}{0,425}=382$	0,115	0,57₅	1,175	1,91	$\mu_{4-5}^C=\dfrac{w_5^C}{w_5^C+w_2^C}=\dfrac{1,60}{1,60+0,567}=0,74$	0,13
				C	$\dfrac{1,624}{1,915}=0,847$	0,229	1,14₃	1,069₅	1,73₅	$\mu_{9-2}=\dfrac{w_2^C}{w_2^C+w_5^C}=\dfrac{0,567}{0,567+1,60}=0,26$	0,30
5	7,0	10,40	1,49	C	$\dfrac{1,49}{2,049}=0,720$	0,239	1,67₂	1,071	1,60	$\mu_{5-4}=\dfrac{wC_4}{w_4^C+w_2^C}=\dfrac{1,73₅}{1,73₅+0,567}=0,75$	0,32
				E	$\dfrac{1,49}{0,537}=2,77$	0,117	0,82	1,187	1,77	$\mu_{5-2}=\dfrac{w_2^C}{w_2^C+w_4^C}=\dfrac{0,567}{0,567+1,73₅}=0,25$	0,14

Schlußlinie nun die M_0-Momente aufgetragen werden, so wird in diesem Falle die Bezugslinie für die M-Momente die Rahmenachse. Hier erhalten wir also die Momente in richtiger Weise auf der Rahmenachse angetragen entsprechend der Regel, daß stets nach der Seite, wo das Moment angetragen ist, auch Zug entsteht.

Die dritte Möglichkeit (Abb. 187c) der Lösung ist halb graphisch, halb rechnerisch. Sie ist vor allem für Stockwerkrahmen, wo die Momente viel weitergeleitet werden müssen, zweckmäßig. In den belasteten Feldern werden zunächst die Randmomente wie bei 187a, also von der Rahmenachse aus, konstruiert, und die Weiterleitung mit Hilfe der Verteilungsmasse μ und Übergangszahlen z rechnerisch durchgeführt, wobei stets die Momente auf der Zugseite angeschrieben werden. Es empfiehlt sich, hierbei die Zahlen nicht an den Stabendpunkten anzuschreiben, sondern etwas mehr gegen die Stabmitte zu, damit die Zahlen an den Knotenpunkten sich nicht überschneiden. Diese Zahlen können ferner mit einem kleinen Pfeil versehen werden, woraus zu ersehen ist, nach welcher Seite die Weiterleitung erfolgt, so daß die Rechnung besser nachgeprüft werden kann. Die Addition ist leicht durchzuführen, indem das Resultat dann auf die Seite geschrieben wird, wo Zug vorhanden ist.

Die Randmomente können auch mit Hilfe der Momentenabschnitte in den Festpunkten ermittelt werden. Nach Kapitel III 2 ist $m^A = n^A \cdot K^B$ und

$$m^B = n^B \cdot K^A, \text{ im vorliegenden Fall wird also}$$
$$m_4^B = K_4^C \cdot n_4^B = 4,3 \cdot 0,115 = 0,495 \text{ mt}$$
und $\qquad m_4^C = K_4^B \cdot n_4^C = 4,3 \cdot 0,229 = 0,985 \text{ mt}$
ebenso $\qquad m_5^C = K_5^E \cdot n_5^C = 4,44 \cdot 0,239 = 1,06 \text{ mt}$
und $\qquad m_5^E = K_5^C \cdot n_5^E = 3,65 \cdot 0,117 = 0,41 \text{ mt}$.

In den folgenden Beispielen sind diese drei Möglichkeiten der Berechnung angewendet. In der Praxis wird es sich jeweils zeigen, wie die Momentenbestimmung am zweckmäßigsten, teils graphisch, teils rechnerisch, durchzuführen ist.

1. Beispiel. Der durchlaufende Träger.
(Gleiches Trägheitsmoment in allen Feldern.)

Dieses Beispiel zeigt das einfache graphische Verfahren für die Berechnung von durchlaufenden Trägern. In Abb. 188a — f ist die Durchführung der Berechnung im einzelnen dargestellt. In Abb. 188 a ist die Belastung des Trägers angegeben. Der Träger ist in A fest eingespannt, in B, C und D frei aufgelagert.

Das Eigengewicht beträgt $g_1 = g_2 = g_3 = 1,0 \text{ tm}$, die Verkehrslast $p_1 = 1,5 \text{ tm}$, die Einzellast $P_2 = 4 \text{ t}$ und die dreiecksförmige

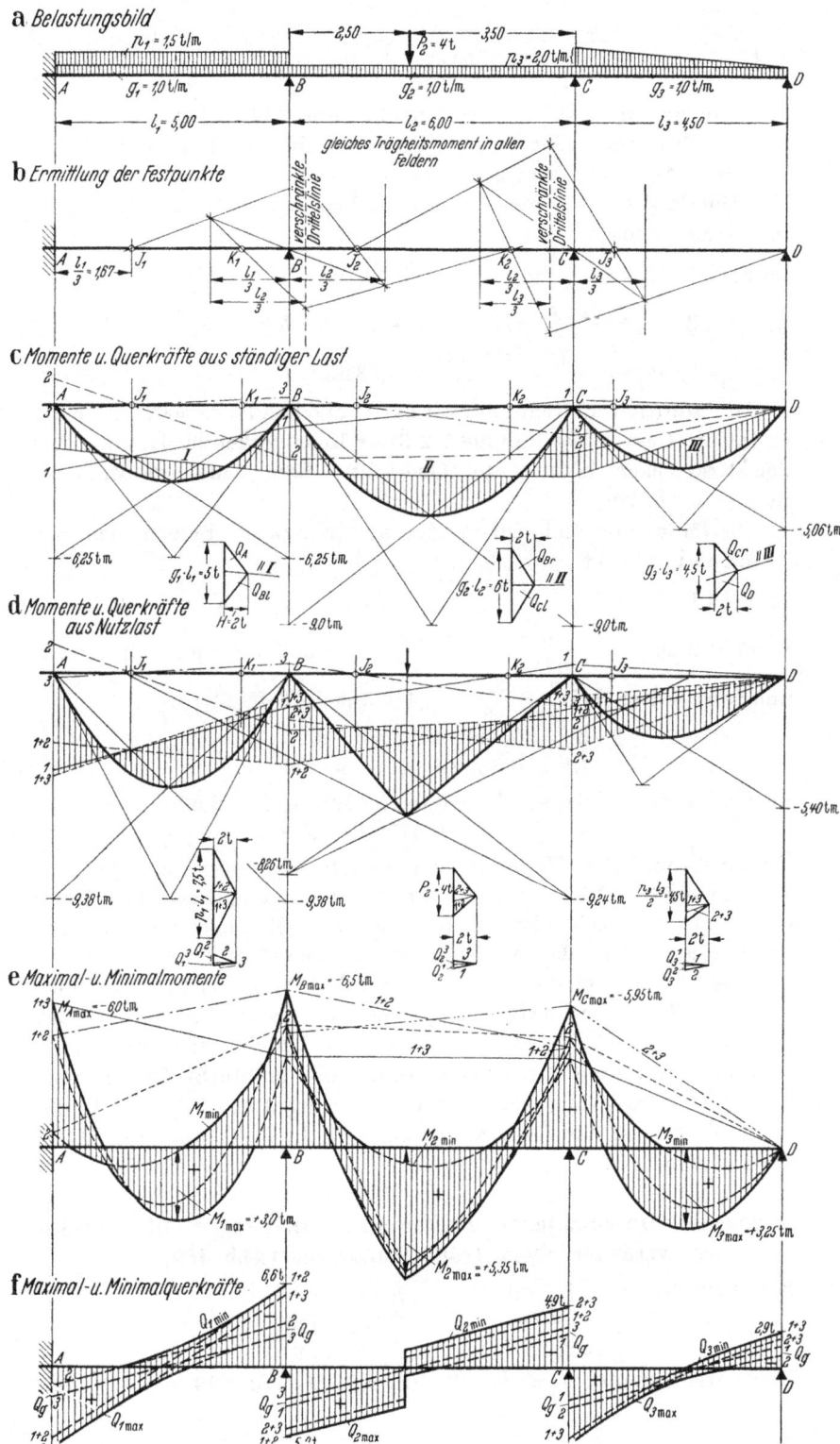

Verkehrslast in l_3 bei $C\!:\!p_3 = 2,0$ tm. Aus Abb. 188 b ist die graphische Ermittlung der Festpunkte zu ersehen (s. Einleitung S. 12). Für die in Abb. 188 c dargestellte graphische Bestimmung der Momente und Querkräfte aus Eigengewicht (ständige Last) werden zunächst die M_0-Werte benötigt:

$$\text{im Feld 1} \quad M_0 = \frac{g_1 \cdot l_1^2}{8} = \frac{1,0 \cdot 5^2}{8} = 3,12_5 \text{ mt}; \quad K_1^A = K_1^B = -6,25 \text{ mt},$$

$$\text{,, \quad ,, 2} \quad M_0 = \frac{g_2 \cdot l_2^2}{8} = \frac{1,0 \cdot 6^2}{8} = 4,50 \text{ mt}; \quad K_2^B = K_2^C = -9,0 \text{ mt},$$

$$\text{,, \quad ,, 3} \quad M_0 = \frac{g_3 \cdot l_3^2}{8} = \frac{1,0 \cdot 4,5^2}{8} = 2,53 \text{ mt}; \quad K_3^C = K_3^D = -5,06 \text{ mt.}$$

Die Addition der Schlußlinien der nacheinander belasteten Felder ergibt die Gesamt-Schlußlinie 1 2 3 für Eigengewichtsbelastung. Aus den Kraftecken können die Querkräfte bzw. Auflagerkräfte entnommen werden.

Die Momente und Querkräfte aus Nutzlast ergeben sich aus Abb. 188 d. Es ist

$$\text{im Feld 1} \quad M_0 = \frac{p_1 \cdot l_1^2}{8} = \frac{1,5 \cdot 5^2}{8} = 4,69 \text{ mt}; \quad K_1^A = K_1^B = -9,38 \text{ mt},$$

$$\text{im Feld 2} \quad M_0 = \frac{P \cdot x \, (l-x)}{l} = \frac{4 \cdot 2,5 \cdot 3,5}{6} = 5,83 \text{ mt}; \text{ hierzu die Kreuz-}$$

linienabschnitte bei $\dfrac{a}{l} = \dfrac{2,5}{6} = 0,416$ (nach Tafel 5):

$$K_2^B = 0,344 \cdot 4 \cdot 6 = -8,26 \text{ mt,}$$
$$K_2^C = 0,385 \cdot 4 \cdot 6 = -9,24 \text{ mt,}$$

im Feld 3 (nach Tafel 4) $M_0 = 0,0642 \cdot 2,0 \cdot 4,5^2 = 2,60$ mt bei
$$x = 0,577 \cdot l = 2,60 \text{ m.}$$

Die Max.- und Min.-Momente sind in Abb. 188 e aufgetragen; sie ergeben sich durch Addition der Momente aus ständiger Last (Abb. 188 c) mit dem entsprechenden Max.- oder Min.-Moment aus Nutzlast (Abb. 188 d). Z. B. das Max.-Einspannmoment in A aus Verkehrslast ergibt sich bei der Belastung durch Feld 1 und 3, die Schlußlinie 1 + 3 ist also hierfür maßgebend; das größte Feldmoment des Stabes AB entsteht bei Belastung von Feld 1 und 3, hierfür ist ebenfalls die Schlußlinie 1 + 3 maßgebend. Das größte Stützenmoment wird durch Belastung von Feld 1 und 2 erhalten, hierfür gilt die Schlußlinie 1 + 2 usw. Ebenso ergeben sich die Max.- und Min.-Querkräfte (Abb. 188 f).

2. Beispiel. Durchlaufender Balken über 3 Öffnungen mit feldweise veränderlichem Trägheitsmoment (Abb. 189).

Belastungen: $g_1 = 1,1$ tm $\qquad\qquad p\ = 2,0$ tm
$\qquad\qquad\quad g_2 = 1,4$ tm $\qquad\qquad P_1 = 4,5$ t
$\qquad\qquad\quad G_2 = 2,0$ t $\qquad\qquad\ P_2 = 3,0$ t
Trägheitsmomente: $J_1 = J_3 = 0,001$ m⁴; $\quad J_2 = 0,0014$ m⁴.

Grundgrößen.

Stab	l m	$\dfrac{1000}{J}$ m^4	$\dfrac{1000}{k=\frac{J}{l}}$	Knoten-punkt	$\dfrac{k}{\Sigma k}$	$n=\dfrac{f}{l}$ aus Tafel 1	f m
1	5,0	1,0	0,2	A	—	—	— freie Aufl.
				B	0,86	0,223	$1,12 = f_1^B$
2	6,0	1,4	0,233	B	1,16	0,188	$1,13 = f_2^B$
				C	1,16	0,188	$1,13 = f_2^C$
3	5,0	1,0	0,20	C	0,86	0,223	$1,12 = f_3^C$
				D	—	—	— freie Aufl.

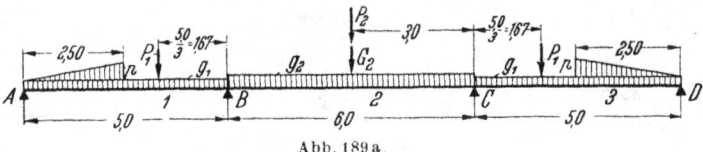

Abb. 189 a.

Zur Erläuterung: $\dfrac{k_1}{k_2} = \dfrac{0,2}{0,233} = 0,86$

$\dfrac{k_2}{k_1} = \dfrac{0,233}{0,2} = 1,16$.

M_0 Momente und Kreuzlinienabschnitte.

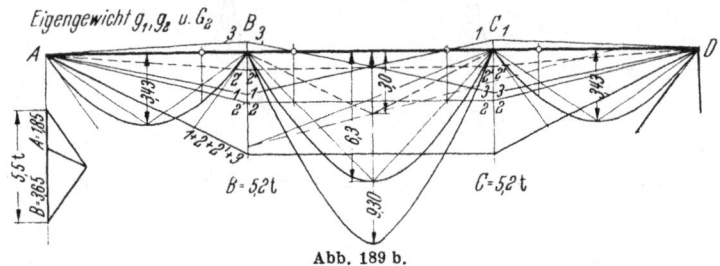

Abb. 189 b.

a) Ständige Last.

Stab 1 u. 3: $M_{g_1} = \dfrac{1,1 \cdot 5,0^2}{8} = 3,43$ mt $\quad K_1^A = K_1^B = -6,86$ mt .

Stab 2: $M_{g_2} = \dfrac{1,4 \cdot 6,0^2}{8} = 6,30$ mt $\quad K_2^B = K_2^C = -12,6$ mt,

$M_{G_2} = \dfrac{2,0 \cdot 6,0}{4} = 3,0$ mt $\quad K_2^B = K_2^C = -0,375 \cdot 6,0 \cdot 2,0$
$$= -4,5 \text{ mt} .$$

b) Nutzlast.

Stab 1 u. 3: in Feldmitte: nach Tafel 3 oder 4.

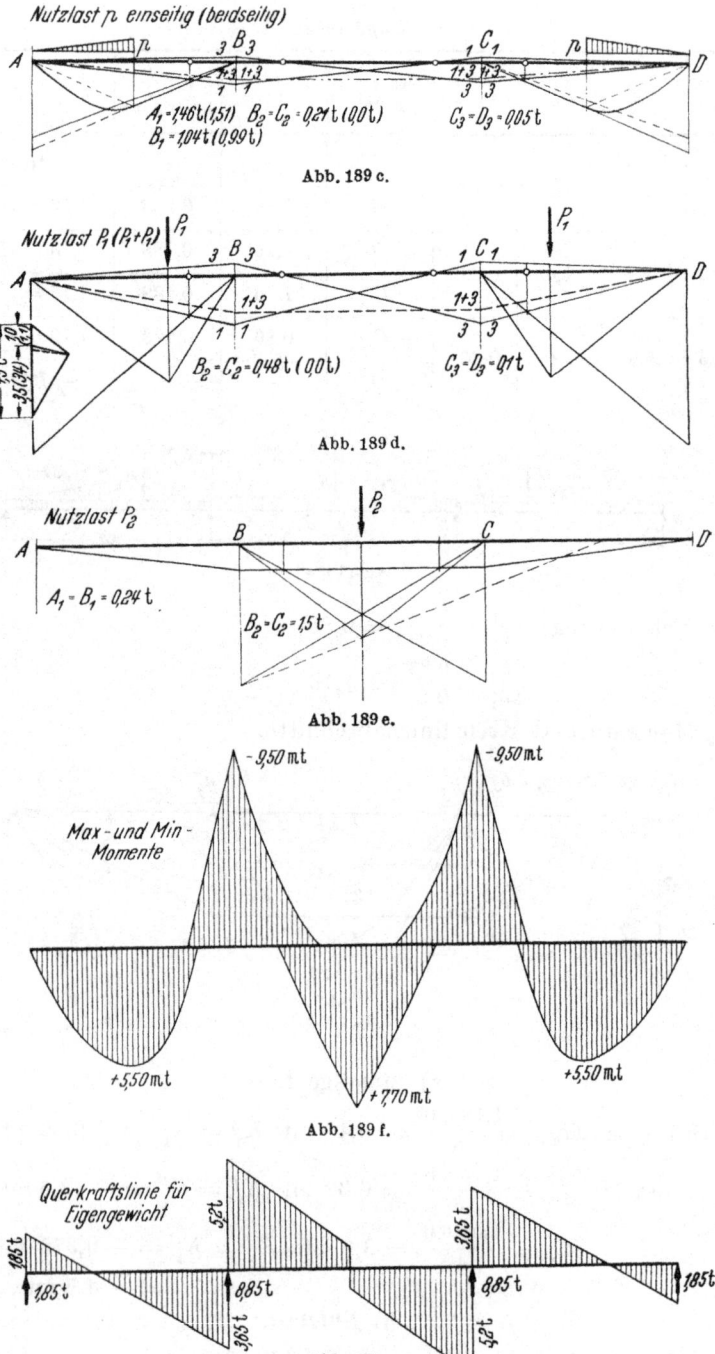

Abb. 189 c.

Abb. 189 d.

Abb. 189 e.

Abb. 189 f.

Abb. 189 g.

$$M_p = \frac{2,0 \cdot 5,0^2}{24} = 2,08 \text{ mt}$$

$$K_1^A = -\frac{17}{240} \cdot 2,0 \cdot 5^2 = -3,55 \text{ mt}$$

$$K_1^B = -\frac{41}{480} \cdot 2,0 \cdot 5^2 = -4,27 \text{ mt}$$

unter der Last P_1:

$$M_{p_1} = \frac{4,5 \cdot 1,67 \cdot 3,33}{5,0} = 5,0 \text{ mt}$$

$$K_1^A = -0,379 \cdot 4,5 \cdot 5,0 = -8,34 \text{ mt}$$

$$K_1^B = = 0,296 \cdot 4,5 \cdot 5,0 = -6,65 \text{ mt.}$$

Stab 2: $M_{p_2} = \dfrac{3,0 \cdot 6,0}{4} = 4,5 \text{ mt}$; $K_2^A = K_2^B = 0,375 \cdot 3,0 \cdot 6,0$

$$= -6,75 \text{ mt.}$$

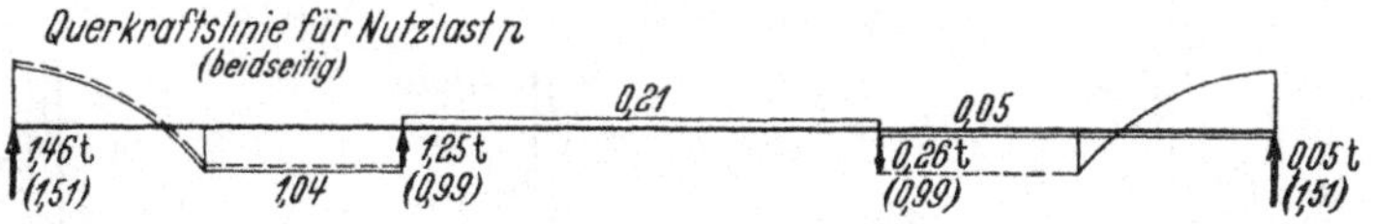

Querkraftslinie für Nutzlast p.
(beidseitig)

Abb. 189 h.

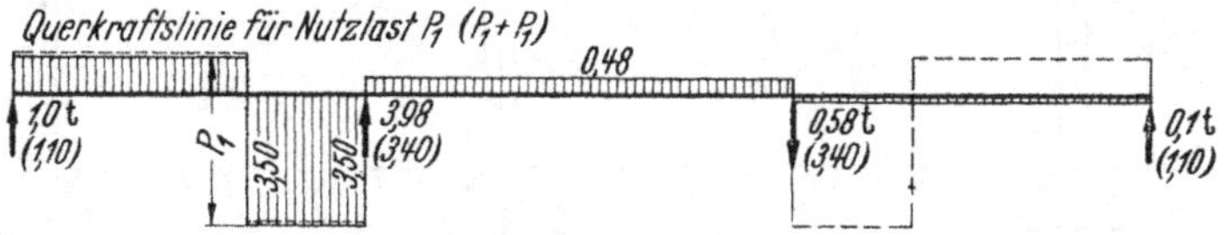

Querkraftslinie für Nutzlast P_1 $(P_1 + P_1)$

Abb. 189 i.

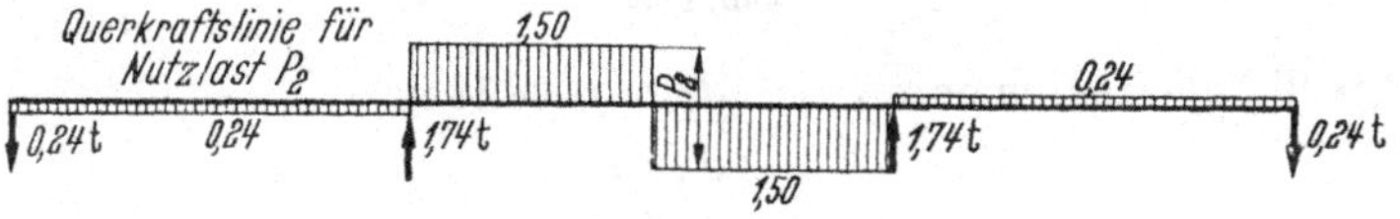

Querkraftslinie für Nutzlast P_2

Abb. 189 k.

links: max Querkraftslinie   rechts: min Querkraftslinie

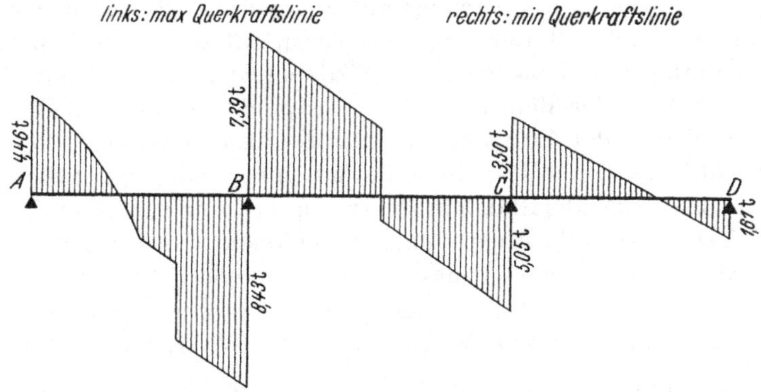

Abb. 189 l.

Die Momente aus ständiger Last und Nutzlast sind in Abb. 189 b—e ermittelt, woraus dann wieder die Max.-Momente sich ergeben (Abb. 189 f). In Abb. 189 g—k sind die Querkraftslinien für die einzelnen Belastungen aufgetragen; in Abb. 189 l ist die Max.- und Min.-Querkraftslinie angegeben.

10*

3. Beispiel. Unsymmetrischer Rechteckrahmen mit 2 Öffnungen.

Es soll ein Binder der in Abb. 190a dargestellten Halle für Eigengewicht und Schneelast, Kranbelastung, sowie für Temperaturänderungen berechnet werden. Die Größe dieser Lasten ist aus Abb. 190a ersichtlich.

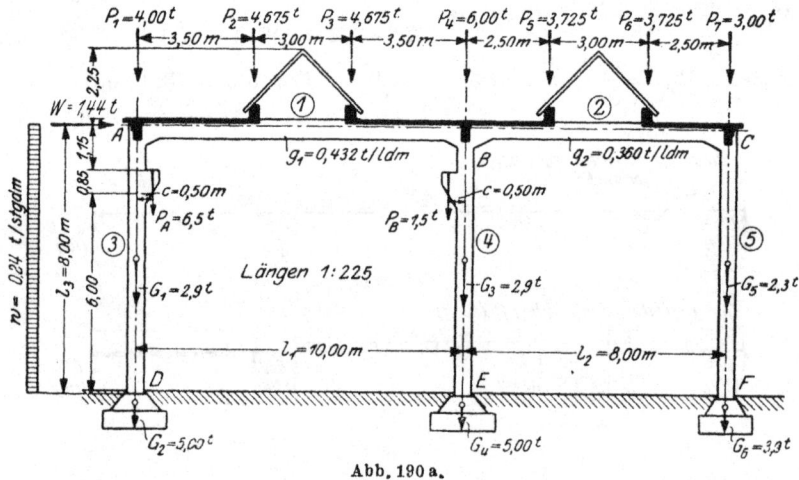

Abb. 190 a.

Die Trägheitsmomente sind: $J_1 = 0{,}0054 \text{ m}^4$

$$J_2 = J_3 = J_4 = 0{,}003\,125 \text{ m}^4$$

$$J_5 = 0{,}0016 \text{ m}^4.$$

Die Festpunkte und Übergangszahlen ergeben sich aus der nachstehenden Tabelle. Dabei ist zu beachten, daß die J mit dem 1000-fachen Betrag eingesetzt sind, um die Zahlenrechnung zu vereinfachen; ferner muß bei der Berechnung der Festpunkte f bzw. der Werte n aus der Tafel 1 der Einspannungsgrad der anschließenden Stäbe berücksichtigt werden. Es ist also z. B. für den Festpunkt f_1^A des Stabes 1, dessen anschließender Stab 3 in D fest eingespannt ist, aus der Tafel 1 der Wert n für volle Einspannung zu nehmen; dagegen ist für den Festpunkt f_1^B des Stabes 1, dessen anschließende Stäbe 2 und 4, der eine (Stab 2) bei C teilweise eingespannt, der andere (Stab 4) bei E voll eingespannt sind, aus der Tafel 1 der Mittelwert n aus voller und teilweiser Einspannung zu nehmen, also bei $\frac{k}{\Sigma k} = 0{,}69$ der Wert $n = \frac{1}{2} \cdot (0{,}248 + 0{,}238) = 0{,}243$; auch muß bei der Ausrechnung von n' darauf geachtet werden, daß der Wert z. B. von $n_1'^A$ abhängig ist von n_1^B usw.

I. Eigengewicht und Schneelast. A. Gleichmäßig verteilte Belastung $g_1 = 0{,}432$ t/lfd. m und $g_2 = 0{,}360$ t/lfd. m.

Grundgrößen.

Stab	l m	$\dfrac{1000\,J}{m^1}$	$1000\,k=\dfrac{J}{l}$	Knotenpunkt	$\dfrac{k}{\Sigma k}$	$n=\dfrac{f}{i}$	$\dfrac{f}{m}$	n'	$w=n'\cdot k$	$\mu=\dfrac{w}{\Sigma w}$
1	10	5,4	0,54	A	1,38	0,197	1,97	1,192	0,645	$\mu_{1-4}=\dfrac{0,514}{0,435+0,514}=0,542$
				B	0,69	0,243	2,43	1,140	0,615	$\mu_{1-2}=\dfrac{0,435}{0,949}\qquad=0,458$
2	8	3,125	0,391	B	0,42	0,271	2,17	1,113	0,435	$\mu_{2-1}=\dfrac{0,615}{0,615+0,514}=0,545$
				C	1,955	0,169	1,35	1,228	0,48	$\mu_{2-4}=\dfrac{0,514}{0,514+0,615}=0,465$
3	8	3,125	0,391	A	0,724	0,235	1,88	1,333	0,514	
				D	0,0	0,333	2,67	1,182	0,463	
4	8	3,125	0,391	B	0,42	0,268	2,14	1,333	0,514	$\mu_{4-1}=\dfrac{0,615}{0,615+0,435}=0,586$
				E	0,0	0,333	2,67	1,224	0,478	$\mu_{4-2}=\dfrac{0,435}{0,615+0,435}=0,414$
5	8	1,60	0,20	C	0,512	0,258	2,07	1,333	0,267	
				F	0,0	0,333	2,67	1,211	0,242	

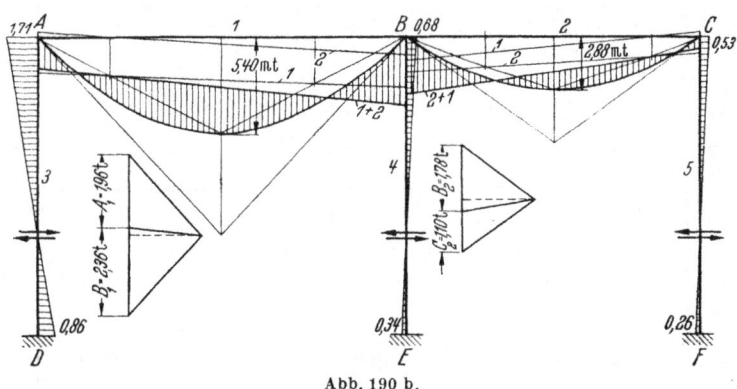

Abb. 190 b.

Rechnungsabschnitt I.

Die M_0-Momente für g_1 und g_2 ergeben sich zu

für Feld 1: $M_0 = \dfrac{0,432\cdot 10^2}{8} = 5,40$ mt

„ „ 2: $M_0 = \dfrac{0,360\cdot 8^2}{8} = 2,88$ mt .

In Abb. 190 b sind die Momente und die Schlußlinien eingetragen.

B. Einzellasten P_2, P_3, P_5 und P_6.

In derselben Weise erhalten wir die Momente für die Einzellasten
$P_2 = P_3 = 4{,}675$ t und $P_5 = P_6 = 3{,}725$ t.

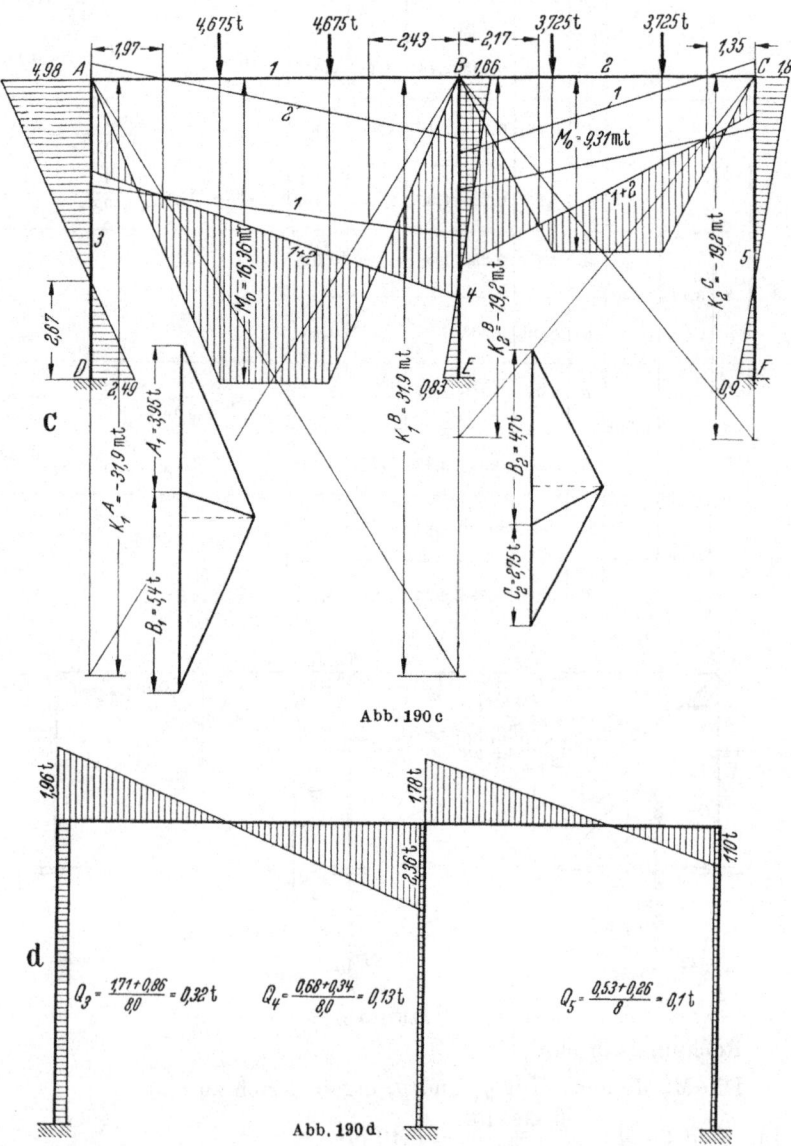

Abb. 190 c

Abb. 190 d

Für Feld 1, bei P_2 und P_3: $M_0 = 4{,}675 \cdot 3{,}5 = 16{,}36$ mt,
,,   ,,   2, bei P_5 und P_6: $M_0 = 3{,}725 \cdot 2{,}5 = 9{,}31$ mt .

Die Kreuzlinienabschnitte errechnen sich zu

aus Tabelle $K_1^A = K_1^B = 3 \cdot \dfrac{4{,}675 \cdot 3{,}5}{10}\,(10{,}0{-}3{,}5) = -31{,}9\ \mathrm{mt}\,,$

3 od. 4 $\quad K_2^A = K_2^B = 3 \cdot \dfrac{3{,}725 \cdot 2{,}5}{8{,}0}\,(8{,}0{-}2{,}5) = -19{,}2\ \mathrm{mt}\,.$

In Abb. 190 c sind die Momente und die Schlußlinien eingetragen.

Die Querkräfte sind angegeben

in Abb. 190 d für die gleichmäßig verteilte Belastung und

in Abb. 190 e für die Einzellasten.

Rechnungsabschnitt II. Verschiebung der Stütze 3 im Punkte A ergibt sich nach Gl. (55)

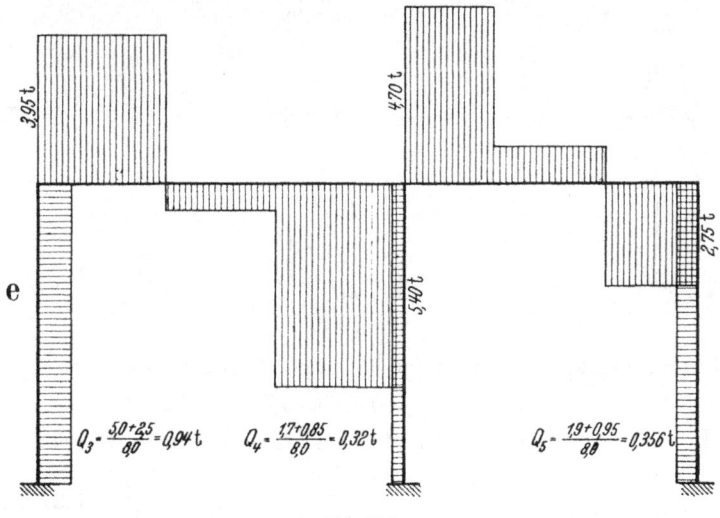

Abb. 190 e.

$\mathfrak{m}_3'^A = f_3^A = 1{,}88\ \mathrm{mt}\,,$

$\mathfrak{m}_3'^D = f_3^D = 2{,}67\ \mathrm{mt}\,.$

Verschiebung der Stütze 4 im Punkte B

$\mathfrak{m}_4''^B = \varkappa_4 \cdot f_4^B$

und $\mathfrak{m}_4''^E = \varkappa_4 \cdot f_4^E$, worin n. Gl. (57): $\varkappa_4 = \dfrac{k_4 \cdot l_3 \cdot l_3'}{k_3 \cdot l_4 \cdot l_4'} = \dfrac{0{,}391 \cdot 8{,}0 \cdot 3{,}45}{0{,}391 \cdot 8{,}0 \cdot 3{,}19}$

$= 1{,}08$

somit $\mathfrak{m}_4''^B = 1{,}08 \cdot 2{,}14 = 2{,}31\ \mathrm{mt}\,,$

$\mathfrak{m}_4''^E = 1{,}08 \cdot 2{,}67 = 2{,}88\ \mathrm{mt}\,.$

Verschiebung der Stütze 5 im Punkte C

$\mathfrak{m}_5''^C = \varkappa_5 \cdot f_5^C$

und $\mathfrak{m}_5''^F = \varkappa_5 \cdot f_5^F$, worin $\varkappa_5 = \dfrac{k_5 \cdot l_3 \cdot l_3'}{k_3 \cdot l_5 \cdot l_5'} = \dfrac{0{,}20 \cdot 8{,}0 \cdot 3{,}45}{0{,}391 \cdot 8{,}0 \cdot 3{,}26} = 0{,}54\,,$

somit $m_5''^C = 0,54 \cdot 2,07 = 1,118$ mt

$\qquad m_5''^F = 0,54 \cdot 2,67 = 1,44$ mt .

In Abb. 190f sind die Momente m_3', m_4'' und m_5''' der Stützenver-schiebungen aufgetragen, weitergeleitet und addiert; die zugehörigen Querkräfte sind:

$$Q_3 = \frac{2,14 + 2,82}{8,0} = 0,62 \text{ t}, \quad Q_4 = \frac{2,85 + 3,12}{8,0} = 0,75 \text{ t},$$

$$Q_5 = \frac{1,25 + 1,54}{8,0} = 0,35 \text{ t} .$$

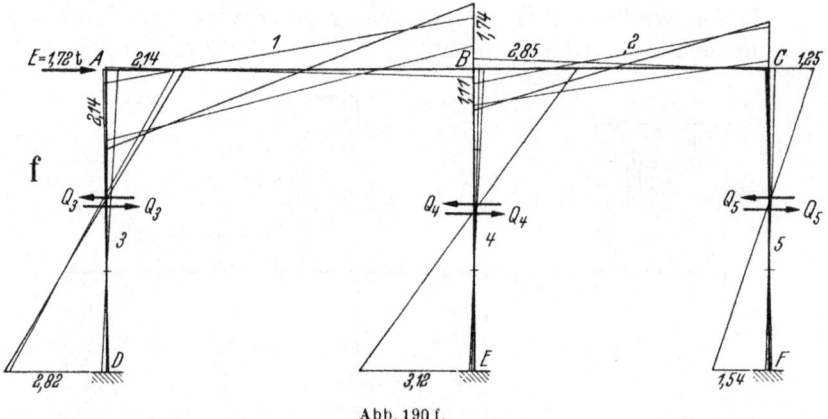

Abb. 190 f.

Die Erzeugungskraft E für diese Momente beträgt demnach

$$E = 0,62 + 0,75 + 0,35 = 1,72 \text{ t}$$

und die Momente für die Horizontalkraft $H = 1$ t (Abb. 190 g) betragen

$$M_3^A = \frac{2,14}{1,72} = 1,24 \text{ mt}$$

$$M_5^C = \frac{1,25}{1,72} = 0,73 \text{ mt}$$

$$M_3^D = \frac{2,82}{1,72} = 1,64 \text{ mt}$$

$$M_5^F = \frac{1,54}{1,72} = 0,89 \text{ mt}$$

Abb. 190 g.

$$M_4^B = \frac{2,85}{1,72} = 1,66 \text{ mt} \qquad M_2^B = \frac{1,11}{1,72} = 0,64 \text{ mt}$$

$$M_4^E = \frac{3,12}{1,72} = 1,81 \text{ mt} \qquad M_1^B = \frac{1,74}{1,72} = 1,01 \text{ mt} .$$

Die Festhaltekraft für die Belastung von Abb. 190b ergibt sich zu

$$F_1 = \frac{1,71 + 0,86}{8,0} - \frac{0,68 + 0,53 + 0,34 + 0,26}{8,0} = 0,32 - 0,226 = 0,094 \text{ t}$$

und für die Belastung von Abb. 190 c

$$F_1 = \frac{4,98 + 2,49}{8,0} - \frac{1,66 + 1,80 + 0,85 + 0,9}{8,0} = 0,935 - 0,65 = 0,285 \text{ t}.$$

Im Rechnungsabschnitt II treten also infolge der Verschiebekraft $V = F_1 + F_2 = 0,094 + 0,285 = 0,379$ die in Abb. 190 h angegebenen Zusatzmomente auf:

$$M_3^A = 0,379 \cdot 1,24 = 0,470 \text{ mt} \qquad M_5^C = 0,379 \cdot 0,73 = 0,277 \text{ mt}$$
$$M_3^D = 0,379 \cdot 1,64 = 0,622 \text{ mt} \qquad M_5^F = 0,379 \cdot 0,89 = 0,337 \text{ mt}$$
$$M_4^B = 0,379 \cdot 1,65 = 0,625 \text{ mt} \qquad M_2^B = 0,379 \cdot 0,64 = 0,243 \text{ mt}$$
$$M_4^C = 0,379 \cdot 1,81 = 0,686 \text{ mt} \qquad M_1^B = 0,379 \cdot 1,01 = 0,382 \text{ mt}$$

Der Einfluß auf die Querkräfte ist so gering, daß er vernachlässigt werden kann.

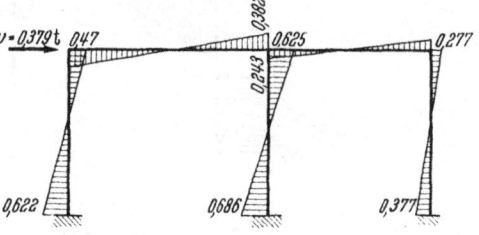

Zusatzmomente infolge $v = 0,379$ t.

Abb. 190 h.

II. Wind von links. Der Binderabstand betrage 4,0 m, so daß auf die Säule links ein Winddruck wirkt von

$w = 4,0 \cdot 0,060 \text{ t} = 0,240 \text{ t}$ je stg/dm (bis 8 m Höhe beträgt der Winddruck 60 kg/m², und 80 kg/m² über 8 m Höhe). Der Winddruck auf das Oberlicht beträgt pro Binder $w = 2,25 \cdot 0,08 \cdot 4,0 = 0,72$ t, somit der Winddruck auf die beiden hintereinander liegenden Oberlichter

$$W = 2 \cdot 0,72 = 1,44 \text{ t}$$

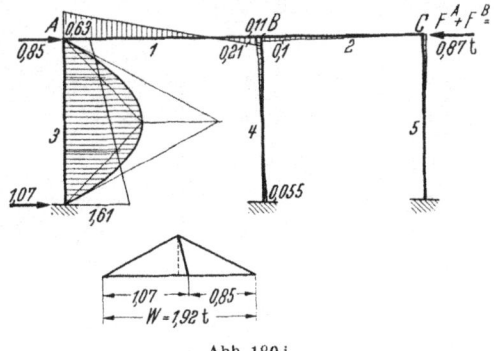

Abb. 190 i.

Winddruck auf Säule 3: $M_0 = \dfrac{0,24 \cdot 8,0^2}{8} = 1,92$ mt .

Für R. I ist in Abb. 190 i die Momentenlinie konstruiert. Der Winddruck auf die 8 m hohe Wand beträgt $8 \cdot 0,24 = 1,92$ t .

Aus dem Kräftedreieck ergibt sich für die Festhaltekraft im Punkte A:

$F^A = 0,85$ t; hierzu noch die Querkraft der Stäbe 4 und 5

$$F^B = \frac{0,11 + 0,055}{8,00} = 0,02 \text{ t}; \quad F^C = \sim 0 \quad \text{zus.} \quad F = 0,85 + 0,02 = 0,87 \text{ t}.$$

R. II: Die Zusatzmomente für die Verschiebekraft V aus der Festhaltekraft $F = 0{,}87$ t und des Winddrucks auf die Oberlichter $W = 1{,}44$ t zusammen also $V = 2{,}31$ t ergeben sich aus Abb. 190 k zu

$$M_3^A = 2{,}31 \cdot 1{,}24 = 2{,}86 \text{ mt} \qquad M_5^C = 2{,}31 \cdot 0{,}73 = 1{,}69 \text{ mt}$$
$$M_3^D = 2{,}31 \cdot 1{,}64 = 3{,}79 \text{ mt} \qquad M_5^F = 2{,}31 \cdot 0{,}89 = 2{,}06 \text{ mt}$$
$$M_4^B = 2{,}31 \cdot 1{,}65 = 3{,}82 \text{ mt} \qquad M_1^B = 2{,}31 \cdot 1{,}01 = 2{,}34 \text{ mt}$$
$$M_4^E = 2{,}31 \cdot 1{,}81 = 4{,}18 \text{ mt} \qquad M_2^B = 2{,}31 \cdot 0{,}64 = 1{,}48 \text{ mt}$$

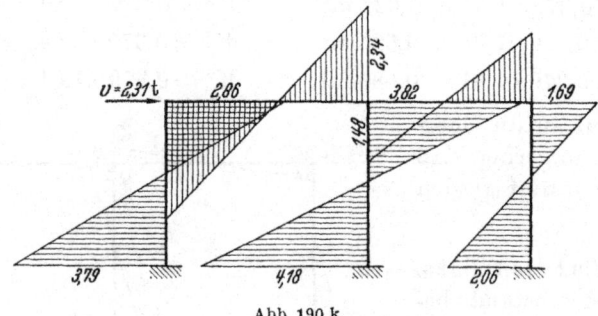

Abb. 190 k

Abb. 190 *l* zeigt die Gesamtmomente aus Winddruck durch Addition von Abb. 190 i und Abb. 190 k.

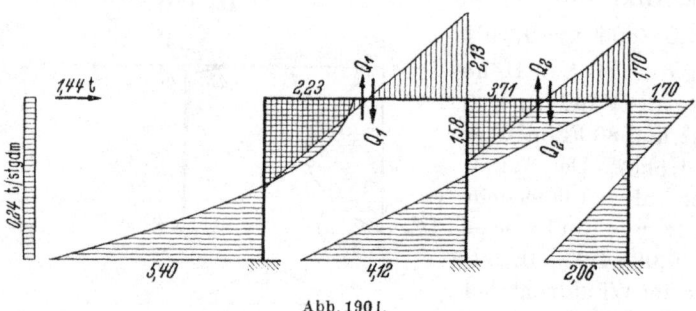

Abb. 190 l.

Die zugehörige Querkraftlinie ist in Abb. 190 m aufgetragen; sie wird wie folgt ermittelt:

$$Q_3^D = 1{,}07 + \frac{2{,}86 + 3{,}79}{8{,}0} = 1{,}07 + 0{,}83 = 1{,}90 \text{ t}$$
$$Q_3^A = 1{,}90 - 1{,}92 \qquad\qquad\quad = -0{,}02 \text{ t}$$
$$Q_4 = \frac{3{,}71 + 4{,}12}{8{,}0} \qquad\qquad = 0{,}98 \text{ t}$$
$$Q_5 = \frac{1{,}70 + 2{,}06}{8{,}0} \qquad\qquad = 0{,}47 \text{ t}$$
$$Q_1 = \frac{2{,}13 + 2{,}23}{10{,}0} \qquad\qquad = 0{,}436 \text{ t}$$
$$Q_2 = \frac{1{,}58 + 1{,}70}{8} \qquad\qquad = 0{,}42 \text{ t} .$$

Infolge Wind von links entstehen folgende Normalkräfte:

$N_1 = 0,98 + 0,47 = 1,45$ t (Druckkraft)

$N_2 = \qquad\qquad = 0,47$ t (Druckkraft)

$N_3 = \qquad\qquad = 0,436$ t (Zugkraft)

$N_4 = 0,436 - 0,42 = 0,016$ t (Druckkraft)

$N_5 = \qquad\qquad = 0,42$ t (Druckkraft) .

III. Kranlast in der linken Öffnung. Die Auflagerdrücke $P^A = 6,5$ t und $P^B = 1,5$ t des in der Öffnung l_1 stehenden Laufkranes erzeugen Normalkräfte in den Säulen A und B von der Größe dieser Auflager-

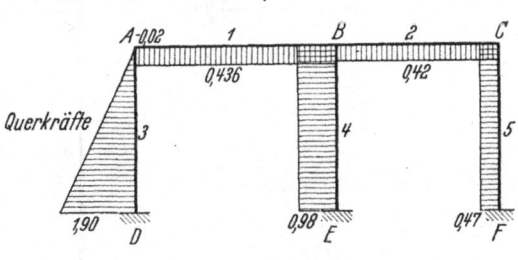

Abb. 190 n.

drücke sowie Konsolmomente $M_3 = + 3,25$ mt und $M_4 = -0,75$ mt, welche als äußere Belastung der Konsole einzuführen sind.

1. Momente (Rechnungsabschnitt I) Abb. 191a. Wir halten den Balken wieder durch ein in C gedachtes Lager vorübergehend horizontal unverschiebbar fest und führen die Berechnung für die Momente $M_3 = + 3,25$ mt und $M_4 = -0,75$ mt getrennt durch.

a) Belasten der Konsole an der Säule A (Stab 3) mit $M_3 = +3,25$ mt. Die Momentenfläche an der belasteten Säule ermitteln wir graphisch nach Kapitel III, 2 bzw. Abb. 86b Seite 41.

Damit wir die Momentenfläche gleich so erhalten, daß die Stabachse die positiven und negativen Momente trennt, bestimmen wir zuerst die Schlußlinie am belasteten Stab mit Hilfe der Kreuzlinienabschnitte und tragen dann die M_0-Fläche von der Schlußlinie ab. Die Kreuzlinienabschnitte erhalten wir nach den Gl. (38):

$$K_3^D = -M_3\left(1 - \frac{e^2 + 3x(e+x)}{l^2}\right) = -3,25\left(1 - \frac{0,85^2 + 3 \cdot 6,0(0,85+6,0)}{8^2}\right)$$

$$= +3,05 \text{ mt}$$

$$K_3^A = -M_3\left(\frac{e^2 + 3 \cdot x'(e+x')}{l^2} - 1\right) = -3,25\left(\frac{0,85^2 + 3 \cdot 1,15(0,85+1,15)}{8} - 1\right)$$

$$= +2,86 \text{ mt}$$

oder aus Tafel 6 für $e = 0,106 \cdot l = 0,85$ m und $c = 0,75$ durch Interpolieren: $K_3^D = -3,25 \cdot (-0,937) = +3,04$ mt

und $\qquad K_3^A = -3,25 \cdot (-0,88) \quad = +2,86$ mt .

An die mittels dieser Kreuzlinienabschnitte in Abb. 191a erhaltene Schlußlinie tragen wir unten $M_3 = 3,25$ mt nach rechts, oben das-

selbe nach links auf und verbinden die Endpunkte dieser Momentenordinaten mit dem anderen Stabende (bzw. Schlußlinienende).
Bringen wir nun die durch den Zug- und Druckmittelpunkt der Konsole gezogenen Waagerechten zum Schnitt mit diesen Verbindungs-

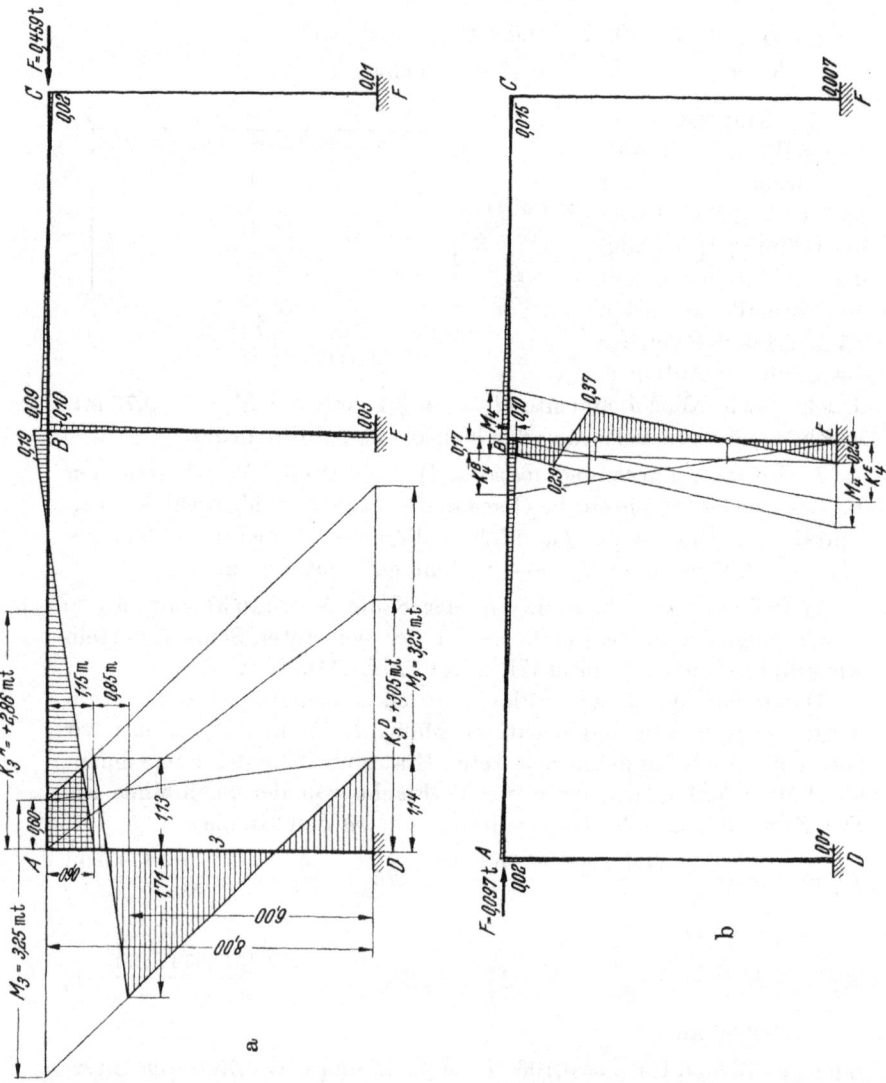

geraden, so erhalten wir durch geradlinige Verbindung der beiden
Schnittpunkte die in Abb. 191a schraffierte Momentenfläche des be-
lasteten Stabes 3. Das Moment $M_3^A = 0,60$ mt ist dann mit Hilfe der
Festpunkte und Verteilungsmasse nach rechts weiterzuleiten.

Die im gedachten Lager bei C während R. I. auftretende Festhaltekraft F ist gleich der Resultierenden aus den drei Querkräften an den Säulenköpfen, d. h.

$$F = Q_3^A + Q_4^B + Q_5^C.$$

Es ist $Q_3^A = \mathfrak{Q} + \dfrac{M_3^A - M_3^D}{l_3} = -\dfrac{3{,}25}{8{,}00} + \dfrac{0{,}60 - 1{,}14}{8{,}0} = -0{,}474$ t

$$Q_4^B = \frac{M_4^B - M_4^E}{l_4} = \frac{0{,}10 + 0{,}05}{8} \qquad\qquad = +0{,}019 \text{ t}$$

$$Q_5^C = \frac{M_5^C - M_5^F}{l_5} = \frac{-0{,}02 - 0{,}01}{8{,}0} \qquad\qquad = -0{,}004 \text{ t}$$

$$\text{somit } F = -0{,}459 \text{ t}.$$

b) Belasten der Konsole an der Säule B (Stab 4) mit $M_4 = -0{,}75$ mt. In derselben Weise wie unter a) erhalten wir die Kreuzlinienabschnitte $K_4^E = 0{,}937 \cdot 0{,}75 = -0{,}703$ mt,

$$K_4^B = 0{,}88 \cdot 0{,}75 = -0{,}660 \text{ mt},$$

mit deren Hilfe sich die in Abb. 191b schraffierte Momentenfläche ergibt. Die im gedachten Lager C auftretende Festhaltekraft F ist wieder gleich der Summe der Querkräfte an den Säulenköpfen.

Es ist $Q_3^A = \dfrac{-0{,}02 - 0{,}01}{8{,}0} \qquad\qquad = -0{,}004$

$$Q_4^B = \frac{0{,}75}{8{,}0} + \frac{-0{,}17 + 0{,}25}{8{,}0} \quad = +0{,}104$$

$$Q_5^C = \frac{0{,}015 + 0{,}007}{8} \qquad\qquad = -0{,}003$$

$$\text{somit } F = +0{,}097 \text{ t}.$$

c) Gleichzeitiges Belasten der beiden Konsolen mit $M_3 = +3{,}25$ mt und $M_4 = -0{,}75$ mt.

Die Momentenfläche erhalten wir durch Addieren der unter a) und b) gefundenen Momentenordinaten mit ihren Vorzeichen; die zugehörige Festhaltekraft hat die Größe:

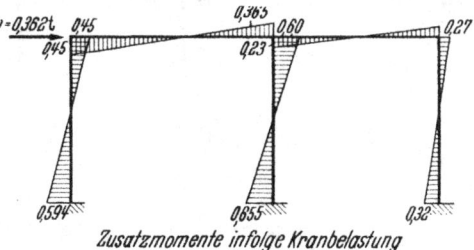

Zusatzmomente infolge Kranbelastung

Abb. 191 c.

$$F = -0{,}459 + 0{,}097 = -0{,}362 \text{ t}.$$

Aus Abb. 190g ergeben sich die in Abb. 191c aufgetragenen Zusatzmomente infolge der Verschiebekraft $V = 0{,}362$ t.

In Abb. 191d sind die Gesamtmomente infolge der Kranlasten von Stütze 3 und 4 aufgetragen; die zugehörigen Querkräfte sind in

Abb. 191e angegeben. Sie ermitteln sich wie folgt

Stab 3 unterhalb Konsole $\quad Q_3 = \dfrac{0,556 + 1,505}{6,0} = 0,34\,\text{t}$

$\qquad$ auf Konsollänge $\quad Q_3 = \dfrac{1,505 + 1,44}{0,85} = 3,45\,\text{t}$

$\qquad$ oberhalb Konsole $\quad Q_3 = \dfrac{1,44 - 1,03}{1,15} = 0,36\,\text{t}$

Stab 4 unterhalb Konsole $\quad Q_4 = \dfrac{0,905 + 0,73}{6,0} = 0,27\,\text{t}$

$\qquad$ auf Konsollänge $\quad Q_4 = \dfrac{0,73 - 0,19}{0,85} = 0,64\,\text{t}$

$\qquad$ oberhalb Konsole $\quad Q_4 = \dfrac{0,53 - 0,19}{1,15} = 0,29\,\text{t}$

Stab 5 $\qquad\qquad\quad Q_5 = \dfrac{0,3 + 0,235}{8,0} = 0,07\,\text{t}$

Stab 1 $\qquad\qquad\quad Q_1 = \dfrac{1,03 + 0,46}{10,0} = 0,15\,\text{t}$

Stab 2 $\qquad\qquad\quad Q_2 = \dfrac{0,07 + 0,235}{8,0} = 0,04\,\text{t}$

Infolge der Kranbelastung entstehen ferner die folgenden Normalkräfte:

$$N_1 = 0,36\,\text{t (Druck)}, \qquad N_3^A = -0,15\,\text{t (Zug)},$$
$$N_4^B = 0,15 - 0,04 = 0,11\,\text{t (Druck)}, \quad N_2 = 0,07\,\text{t (Druck)},$$
$$N_3^D = N_3^A + P^A \text{ (Druck)} = -0,15 + 6,5 = 6,35\,\text{t (Druck)},$$
$$N_4^E = 0,11 + 1,5 = 1,61\,\text{t (Druck)}, \qquad N_5 = 0,04\,\text{t (Druck)}.$$

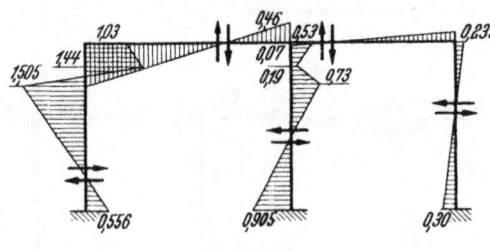

Abb. 191 d.

Querkräfte infolge Kranbelastung

Abb. 191 e.

IV. Temperaturänderung um T = 15°. Nachstehend ermitteln wir die inneren Kräfte am Rahmen infolge Temperaturerhöhung um $T = 15^0$ C. Die inneren Kräfte infolge Temperaturerniedrigung haben dann dieselbe Größe, jedoch entgegengesetztes Vorzeichen.

1. Momente (Rechnungsabschnitt I).

Da der Rahmen unsymmetrisch ist, kann der Balkenpunkt, der bei Temperaturänderungen in Ruhe bleibt, nicht von vornherein angegeben werden; deshalb müssen wir

den Balken, z. B. Knotenpunkt B vorübergehend horizontal unverschiebbar festhalten. Unter Annahme des Ausdehnungskoeffizienten
$\alpha = 0,000012$ verschiebt sich daher bei einer Temperaturerhöhung
von $T = 15^0$:

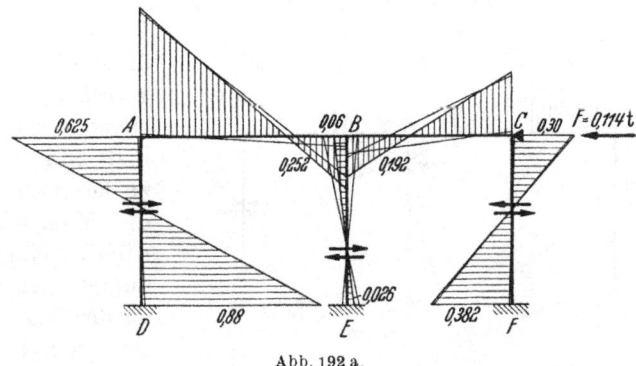

Abb. 192 a.

der Knotenpunkt A um:

$$\varDelta A = -\alpha \cdot T^0 \cdot l_1 = -0,000012 \cdot 15 \cdot 10,0 = -0,0018 \text{ m}$$

und der Knotenpunkt C um:

$$\varDelta C = +\alpha \cdot T^0 \cdot l_2 = +0,000012 \cdot 15 \cdot 8,0 = +0,00144 \text{ m}.$$

Die Stäbe 3 und 5 erleiden also gegenseitige rechtwinklige Verschiebungen ihrer Endpunkte und zwar ist

$$\varDelta_3 = \varDelta A = -0,0018 \text{ m} \quad \text{und} \quad \varDelta_5 = \varDelta C = +0,00144 \text{ m}.$$

Die Stäbe 1 und 2 erleiden
in diesem Falle keine gegenseitigen Verschiebungen
ihrer Endpunkte, weil die
Stäbe 3, 4 und 5 gleich
lang sind und sich daher
alle um gleich viel aus-
dehnen, so daß sich die
Stäbe 1 und 2 nur parallel
verschieben.

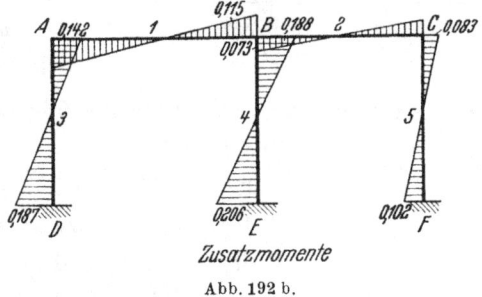

Zusatzmomente

Abb. 192 b.

Die Momente infolge dieser gegenseitigen Verschiebungen $\varDelta_3$ und
$\varDelta_5$ ermitteln wir nach den Gleichungen

$$\mathfrak{m}_3^D = 6 \cdot E \cdot k_3 \cdot \frac{\varDelta_3}{l_3 \cdot l_3'} \cdot f_3^D = 6 \cdot 2\,100\,000 \cdot \frac{0,391}{1000} \cdot \frac{0,0018}{8,0 \cdot 3,45} \cdot 2,67$$
$$= 0,322 \cdot 2,67 = 0,86 \text{ mt},$$

$$\mathfrak{m}_3^A = 6 \cdot E \cdot k_3 \cdot \frac{\varDelta_3}{l_3 \cdot l_3'} \cdot f_3^A = 0,322 \cdot 1,88 = 0,605 \text{ mt},$$

$$\mathfrak{m}_5^F = 6 \cdot E \cdot k_5 \cdot \frac{\varDelta_5}{l_5 \cdot l_5'} \cdot f_5^F = 6 \cdot 2100000 \cdot \frac{0,20}{1000} \cdot \frac{0,00144}{8,0 \cdot 3,26} \cdot 2,67$$

$$= 0,139 \cdot 2,67 = 0,372 \text{ mt},$$

$$\mathfrak{m}_5^C = 6 \cdot E \cdot k_5 \cdot \frac{\varDelta_5}{l_5 \cdot l_5'} \cdot f_5^C = 0,139 \cdot 2,07 = 0,288 \text{ mt}.$$

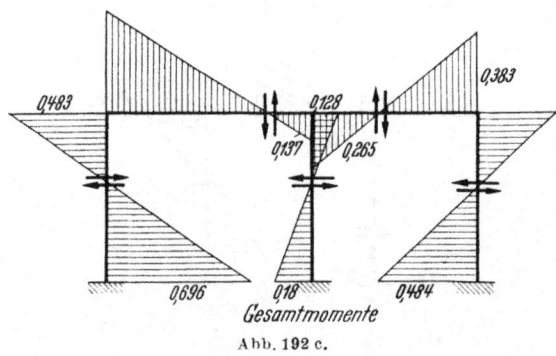

Gesamtmomente

Abb. 192 c.

In Abb. 192a sind diese Momente aufgetragen, entsprechend weitergeleitet und addiert, wobei zu beachten ist, daß die Momente stets nach derjenigen Seite aufgetragen werden, an der Zug entsteht, was sich leicht aus der Anschauung ergibt. Die bei dieser Momentenlinie entstehende Festhaltekraft F erhalten wir wieder aus den Querkräften. Es ist

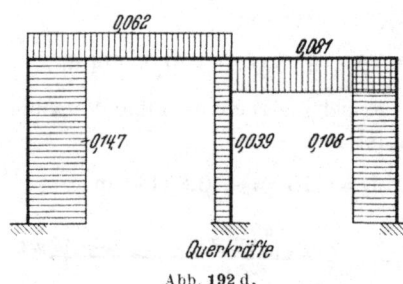

Querkräfte

Abb. 192 d.

$$Q_3 = \frac{0,88 + 0,625}{8,0} = 0,188 \text{ t},$$

$$Q_4 = \frac{0,06 + 0,026}{8,0} = 0,011 \text{ t},$$

$$Q_5 = -\frac{0,382 + 0,30}{8,0} = -0,085 \text{ t}$$

und hieraus $F = 0,188 + 0,011 - 0,085 = +0,114$ t.

Für die Verschiebungskraft $V = -F = -0,114$ t ergeben

sich mit Hilfe von Abb. 190g die folgenden Zusatzmomente, die in Abb. 192b eingetragen sind:

$$M_3^D = 0,114 \cdot 1,64 = 0,187 \text{ mt}$$

$$M_3^A = 0,114 \cdot 1,24 = 0,142 \text{ mt} = M_1^A$$

$$M_4^E = 0,114 \cdot 1,81 = 0,206 \text{ mt}$$

$$M_4^B = 0,114 \cdot 1,65 = 0,188 \text{ mt}$$

$$M_1^B = 0,114 \cdot 1,01 = 0,115 \text{ mt}$$

$$M_2^B = 0,114 \cdot 0,64 = 0,073 \text{ mt}$$

$$M_5^F = 0,114 \cdot 0,89 = 0,102 \text{ mt}$$

$$M_5^C = 0,114 \cdot 0,73 = 0,083 \text{ mt} = M_2^C$$

Die Gesamtmomente sind in Abb. 192c angegeben, die zugehörigen Querkräfte in Abb. 192d.

Die Normalkräfte infolge dieser Temperaturerhöhung ergeben sich dann zu: $N_1 = 0,147$ t Druck $N_4 = 0,062 + 0,081 = 0,143$ t Zug
$N_2 = 0,108$ t Druck $N_5 = 0,081$ t Druck
$N_3 = 0,062$ t Druck.

V. Stützensenkung. Wir nehmen an, das Fundament der linken Säule (Stab 3) senke sich um 1 cm. Durch die Senkung erleiden die Knotenpunkte Verschiebungen, die wir aber nicht von vornherein angeben können. Wir müssen daher den Balken zunächst unverschiebbar festhalten und die Momente für diesen Zustand (R. I.) bestimmen. Bei festgehaltenem Rahmen tritt dann nur die „gegenseitige rechtwinklige Verschiebung" auf.

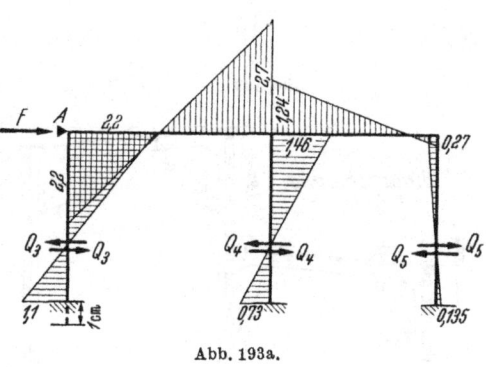

Abb. 193a.

Momente an den Enden des Stabes 1 infolge Verschiebung um 1 cm

$$m_1^A = 6 \cdot E \cdot k_1 \cdot \frac{0,01}{l_1 \cdot l_1'} \cdot f_1^A = 6 \cdot 2\,100\,000 \cdot \frac{0,54}{1000} \cdot \frac{0,01}{10,0 \cdot 5,6} \cdot 1,97$$
$$= 1,213 \cdot 1,97 = 2,20 \text{ mt},$$

$$m_1^B = 6 \cdot E \cdot k_1 \cdot \frac{0,01}{l_1 \cdot l_1'} \cdot f_1^B = 1,213 \cdot 2,43 = 2,70 \text{ mt}.$$

Die beiden Momente sind in Abb. 193a aufgetragen und weitergeleitet. Aus der erhaltenen Momentenfläche ermitteln wir nun die im gedachten Lager bei A auftretende Festhaltekraft F zu

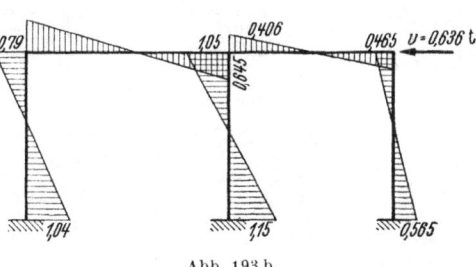

Abb. 193 b.

$$F = Q_3 + Q_4 - Q_5 = \frac{1,1 + 2,2}{8,0} + \frac{1,46 + 0,73}{8,0} - \frac{0,135 + 0,27}{8,0}$$

$$= 0,413 + 0,274 - 0,051 = 0,636 \text{ t}.$$

Entfernen wir das gedachte Lager in A, so tritt die Verschiebekraft V (umgekehrte Festhaltekraft) in Tätigkeit, welche die Senkungszusatzmomente (Abb. 193 b) hervorruft. Letztere erhalten wir durch Multiplikation der Momentenfläche der Abb. 190 g mit $V = 0,636$ t.

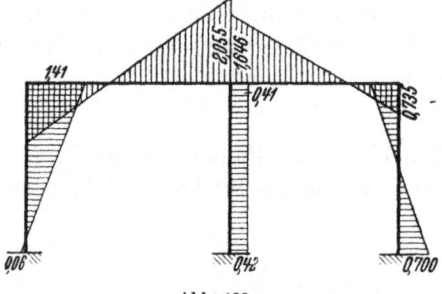

Abb. 193 c.

Durch Addition der Senkungsmomente für den festgehaltenen Zustand (Abb. 193a) und der Senkungs-Zusatzmomente (Abb. 193b) erhalten wir die endgültigen Momente (Abb. 193c).

4. Beispiel. Hallenbinder einer Erzbrikettierungsanlage, nach der Seite zweistöckig.

Es soll der in Abb. 194a dargestellte, nach der Seite zweistöckige Hallenbinder berechnet werden, dessen Säulenfüße fest eingespannt sind.

Die Trägheitsmomente werden auf Stablänge konstant angenommen. Es ergeben sich dann aus der Tabelle (S. 163) die Festpunkte, Verteilungsmaße und Übergangszahlen (Abb. 194b).

Zu beachten ist, daß z. B. $n_1'^B$ sich aus n_1^C nach Tafel 2 errechnet, also die Werte n' gegenüber den Werten von n vertauscht sind.

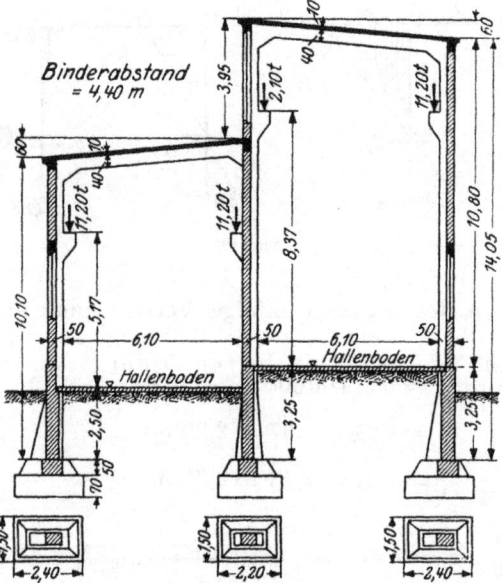

Abb. 194 a.

Da es sich um einen unsymmetrischen zweistöckigen Rahmen handelt, sind die Momente des Rechnungsabschnittes II von wesentlichem Einfluß. Es werden deshalb für die beiden Verschiebungszustände Abb. 194c und 194d die Momente mit den zugehörigen Verschiebungskräften ermittelt, woraus dann die Momente für die Horizontalkraft von 1 t am

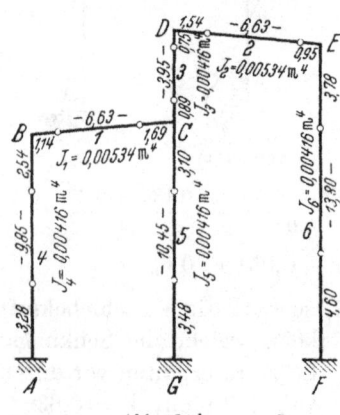

Abb. 194 b.

Grundgrößen.

Stab	l m	$\dfrac{1000\,J}{m^4}$	$1000\,k$	Knotenpunkt	$\dfrac{k}{\Sigma k}$	$n=\dfrac{f}{l}$ Ta.1	f m	n' Ta.2	$w=n'\cdot k$	μ z. B. $\mu_{1-5}=\dfrac{w_\kappa}{w_5+w_3}$	z Ta.2
1	6,63	5,34	0,806	B	1,91	0,171	1,14	1,208	0,975	$\mu_{1-5}=\dfrac{0,531}{1,724}=0,31$	0,20
				C	0,555	0,256	1,69	1,115	0,899	$\mu_{1-3}=\dfrac{1,193}{1,724}=0,69$	0,34
2	6,63	5,34	0,806	D	0,756	0,232	1,54	1,091	0,88		0,30
				E	2,67	0,143	0,95	1,178	0,949		0,17
3	3,95	4,16	1,052	C	0,875	0,226	0,89	1,133	1,193	$\mu_{3-1}=\dfrac{0,899}{1,430}=0,63$	0,29
				D	1,31	0,190	0,75	1,171	1,233	$\mu_{3-5}=\dfrac{0,531}{1,430}=0,37$	0,24
4	9,85	4,16	0,423	A	0	0,333	3,28	1,209	0,512		0,50
				B	0,525	0,257	2,54	1,333	0,565		0,34
5	10,45	4,16	0,398	G	0	0,333	3,48	1,268	0,505	$\mu_{5-1}=\dfrac{0,899}{2,092}=0,43$	0,50
				C	0,214	0,297	3,10	1,333	0,531	$\mu_{5-3}=\dfrac{1,193}{2,092}=0,57$	0,42
6	13,80	4,16	0,302	F	0	0,333	4,60	1,233	0,244		0,50
				E	0,375	0,274	3,78	1,333	0,402		0,38

oberen bzw. unteren Querriegel angegeben werden können. Verschiebungszustand I (Abb. 194 c).

Die Knotenpunkte B, C, D und E werden um ein gleiches Maß $\varDelta$ verschoben. Die in den Säulen 4, 5 und 6 entstehenden Momente errechnen sich zu:

Verschiebung der Säule 4: $\mathfrak{m}_4'^A = f_4^A = 3{,}28$ mt ,

$$\mathfrak{m}_4'^B = f_4^B = 2{,}54 \text{ mt}$$

der Säule 5:

$$\mathfrak{m}_5''^G = \varkappa_5 \cdot f_5^G$$
$$\mathfrak{m}_5''^C = \varkappa_5 \cdot f_5^C \text{ , worin } \varkappa_5 = \frac{k_5 \cdot l_4 \cdot l_4'}{k_4 \cdot l_5 \cdot l_5'} = \frac{0{,}398 \cdot 9{,}85 \cdot 4{,}03}{0{,}423 \cdot 10{,}45 \cdot 3{,}87} = 0{,}925,$$

somit $\mathfrak{m}_5''^G = 0{,}925 \cdot 3{,}48 = 3{,}22$ mt ,

$$\mathfrak{m}_5''^C = 0{,}925 \cdot 3{,}10 = 2{,}87 \text{ mt .}$$

11*

Verschiebung der Säule 6:

$$\mathfrak{m}_6^{'''F} = \varkappa_6 \cdot f_6^F$$
$$\mathfrak{m}_6^{'''E} = \varkappa_6 \cdot f_6^E \; , \quad \text{worin } \varkappa_6 = \frac{k_6 \cdot l_4 \cdot l_4'}{k_4 \cdot l_6 \cdot l_6'} = \frac{0{,}302 \cdot 9{,}85 \cdot 4{,}03}{0{,}423 \cdot 13{,}8 \cdot 5{,}42} = 0{,}378 \; ,$$

somit $\mathfrak{m}_6^{'''F} = 0{,}378 \cdot 4{,}60 = 1{,}74$ mt ,

$$\mathfrak{m}_6^{'''E} = 0{,}378 \cdot 3{,}78 = 1{,}43 \text{ mt} \; .$$

Säule 3 erleidet keine gegenseitige Verschiebung.

In Abb. 194e sind die Momente der einzelnen Verschiebungen eingeschrieben, mit Hilfe der Verteilungsmasse und Übergangszahlen

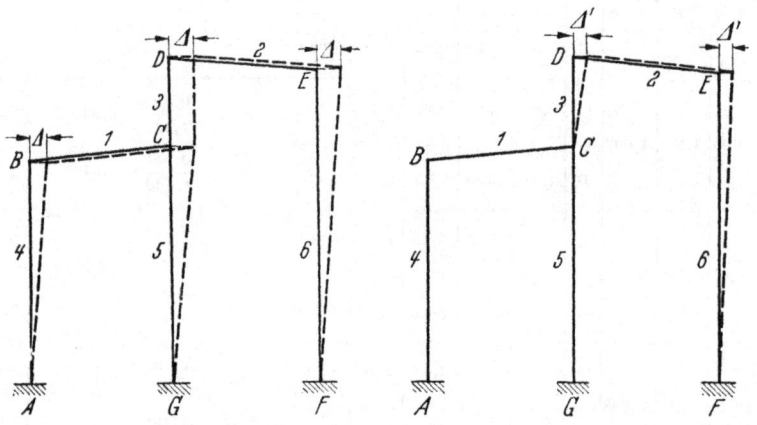

Abb. 194c. Verschiebungszustand I.   Abb. 194d. Verschiebungszustand II.

weitergeleitet und addiert. Abb. 194f zeigt das Momentenbild für den Verschiebungszustand I. Aus den Querkräften ergibt sich nun die Verschiebekraft V am Riegel 1 bei B zu

$$V_1 = Q_3 + Q_4 + Q_5 = \frac{0{,}914 - 0{,}179}{3{,}95} + \frac{3{,}411 + 2{,}802}{9{,}85} + \frac{3{,}331 + 3{,}092}{10{,}45}$$
$$= 0{,}186 + 0{,}631 + 0{,}615 = 1{,}432 \text{ t}$$

und die Festhaltekraft am Riegel 2 bei D zu

$$F_2 = Q_6 - Q_3 = \frac{1{,}388 + 1{,}719}{13{,}8} - 0{,}186 = 0{,}225 - 0{,}186 = 0{,}039 \text{ t} \; .$$

Verschiebungszustand II (Abb. 194d).

Die Knotenpunkte D und E werden um ein gleiches Maß $\varDelta'$ verschoben. In den Säulen 3 und 4 entstehen folgende Momente:

$$\mathfrak{m}_3^{'C} = f_3^C = 0{,}89 \text{ mt} \; ,$$
$$\mathfrak{m}_3^{'D} = f_3^D = 0{,}75 \text{ mt} \; ,$$
$$\mathfrak{m}_6^{''F} = \varkappa_6 \cdot f_6^F$$
$$\mathfrak{m}_6^{''E} = \varkappa_6 \cdot f_6^E \; , \quad \text{worin } \varkappa_6 = \frac{k_6 \cdot l_3 \cdot l_3'}{k_3 \cdot l_6 \cdot l_6'} = \frac{0{,}302 \cdot 3{,}95 \cdot 2{,}31}{1{,}052 \cdot 13{,}8 \cdot 5{,}42} = 0{,}035 \; ,$$

somit $\mathfrak{m}_6''^E = 0{,}035 \cdot 4{,}6 = 0{,}161$ mt ,

$\qquad \mathfrak{m}_6''^E = 0{,}035 \cdot 3{,}78 = 0{,}134$ mt .

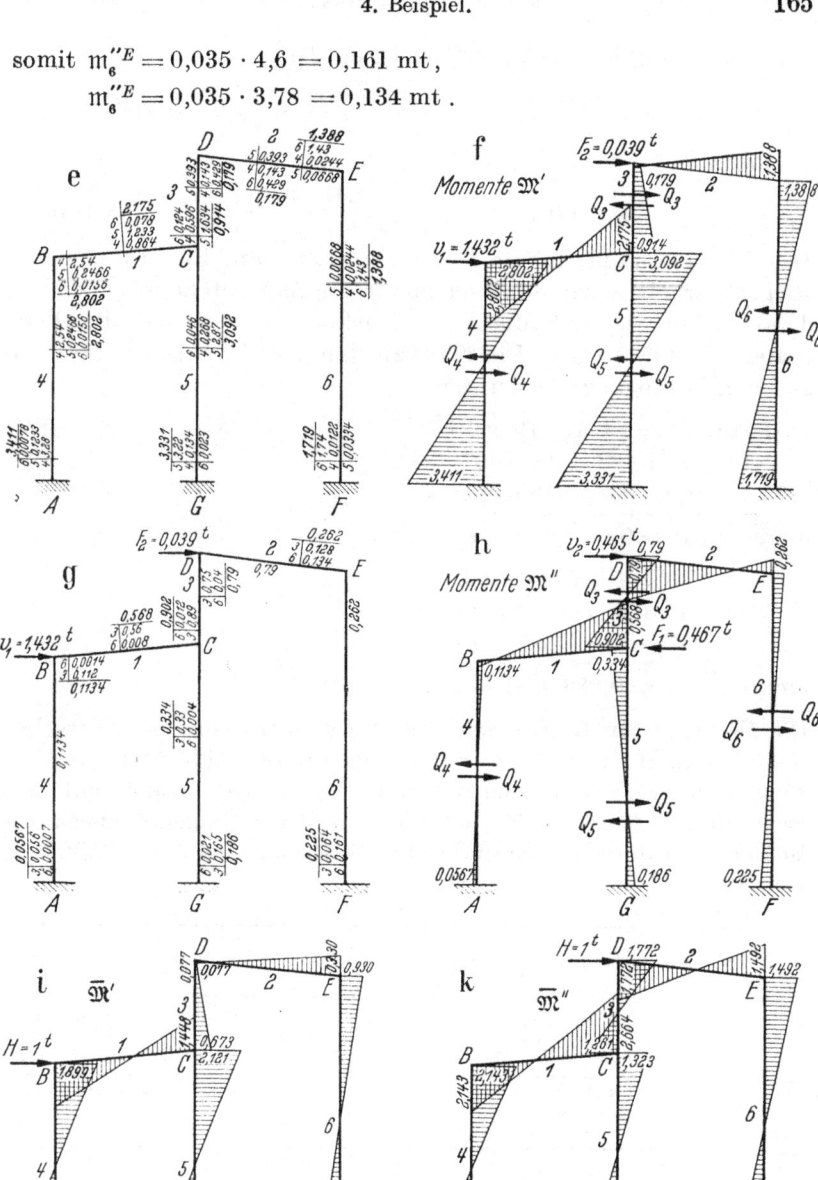

Abb. 194 e— k.

In Abb. 194 g ist wieder die Ausrechnung der Momente eingetragen und in Abb. 194 h das Momentenbild und die Verschiebekräfte angegeben. Verschiebekraft am Riegel 2 bei D:

$$V_2' = Q_3 + Q_6 = \frac{0,902 + 0,79}{3,95} + \frac{0,262 + 0,225}{13,8} = 0,43 + 0,035 = 0,465 \text{ t}.$$

Festhaltekraft am Riegel 1 bei C

$$F_1' = Q_3 + Q_5 - Q_4 = 0,43 + \frac{0,186 + 0,334}{10,45} - \frac{0,0567 + 0,1134}{9,85} = 0,467 \text{ t}.$$

Das Momentenbild für die Horizontalkraft 1 am Riegel 1 bzw. am Riegel 2 erhalten wir nun, indem wir die Momentenbilder I und II derart addieren, daß die Verschiebekraft $V = 1$ und die Festhaltekraft $F = 0$ wird. Die Koeffizienten a und b ergeben sich nun aus den Bedingungsgleichungen:

1. für $H = 1$ t am Riegel 1
$$a \cdot 1,432 - b \cdot 0,467 = 1$$
$$a \cdot 0,039 + b \cdot 0,465 = 0$$

hieraus $a = 0,68$ und $b = -0,057$

2. für $H = 1$ t am Riegel 2
$$a' \cdot 0,039 + b' \cdot 0,465 = 1$$
$$a' \cdot 1,432 - b' \cdot 0,467 = 0$$

hieraus $a' = 0,682$ und $b' = 2,09$.

Die Momente für die Horizontalkraft 1 t am Riegel 1 bei B ergeben sich also durch Multiplikation der Momente $\mathfrak{M}'$ (Abb. 194f) mit dem Koeffizienten $a = 0,68$ und der Momente $\mathfrak{M}''$ (Abb. 194h) mit dem Koeffizienten $b = -0,057$ und Addition dieser Momente, ebenso die Momente für die Horizontalkraft 1 t am Riegel 2 bei D mit Hilfe von a' und b'.

	$\mathfrak{M}_4^A$	$\mathfrak{M}_4^B = \mathfrak{M}_1^B$	$\mathfrak{M}_1^C$	$\mathfrak{M}_5^C$	$\mathfrak{M}_5^G$	$\mathfrak{M}_3^C$	$\mathfrak{M}_3^D = \mathfrak{M}_2^D$	$\mathfrak{M}_2^E$	$\mathfrak{M}_6^E$	$\mathfrak{M}_6^F$
$\mathfrak{M}'$	$-3,411$	$+2,802$	$-2,175$	$+3,092$	$-3,331$	$+0,914$	$+0,179$	$-1,388$	$+1,388$	$-1,72$
$\mathfrak{M}''$	$-0,0567$	$+0,1134$	$-0,567$	$-0,372$	$+0,186$	$-0,902$	$+0,79$	$-0,262$	$+0,262$	$-0,225$
$0,68 \cdot \mathfrak{M}'$	$-2,32$	$+1,906$	$-1,48$	$+2,10$	$-2,263$	$+0,621$	$+0,122$	$-0,944$	$+0,944$	$-1,17$
$-0,057\mathfrak{M}''$	$+0,003$	$-0,007$	$+0,032$	$+9,021$	$-9,011$	$+0,052$	$-0,045$	$+0,014$	$-0,014$	$+0,013$
$\overline{\mathfrak{M}}'$	$-2,317$	$+1,899$	$-1,448$	$+2,121$	$-2,274$	$+0,673$	$+0,077$	$-0,930$	$+0,930$	$-1,157$
$0,68 \cdot \mathfrak{M}'$	$-2,32$	$+1,906$	$-1,48$	$+2,10$	$-2,263$	$+0,621$	$+0,122$	$-0,944$	$+0,944$	$-1,17$
$2,09\mathfrak{M}''$	$-0,118$	$+0,237$	$-1,184$	$-0,777$	$+0,389$	$-1,882$	$+1,65$	$-0,548$	$+0,548$	$-0,47$
$\overline{\mathfrak{M}}''$	$-2,438$	$+2,143$	$-2,664$	$+1,323$	$-1,874$	$-1,261$	$+1,772$	$-1,492$	$+1,492$	$-1,64$

In Abb. 194i und 194k sind die Momente für $H = 1$ am oberen und unteren Riegel angegeben; als Probe muß die Summe der horizontalen Auflagerkräfte in A, G und F gleich der Angriffskraft $H = 1$ t sein

$$H'_A + H'_G + H'_F = Q_4 + Q'_5 + Q'_6 =$$

$$= \frac{2,317 + 1,899}{9,85} + \frac{2,274 + 2,121}{10,45} + \frac{1,157 + 0,93}{13,80} = 1,00 \text{ t}$$

und $H''_A + H''_G + H''_F = Q''_4 + Q''_5 + Q''_6$

$$= \frac{2,438 + 2,143}{9,85} + \frac{1,874 + 1,323}{10,45} + \frac{1,64 + 1,492}{13,80} = 0,99 \text{ t} .$$

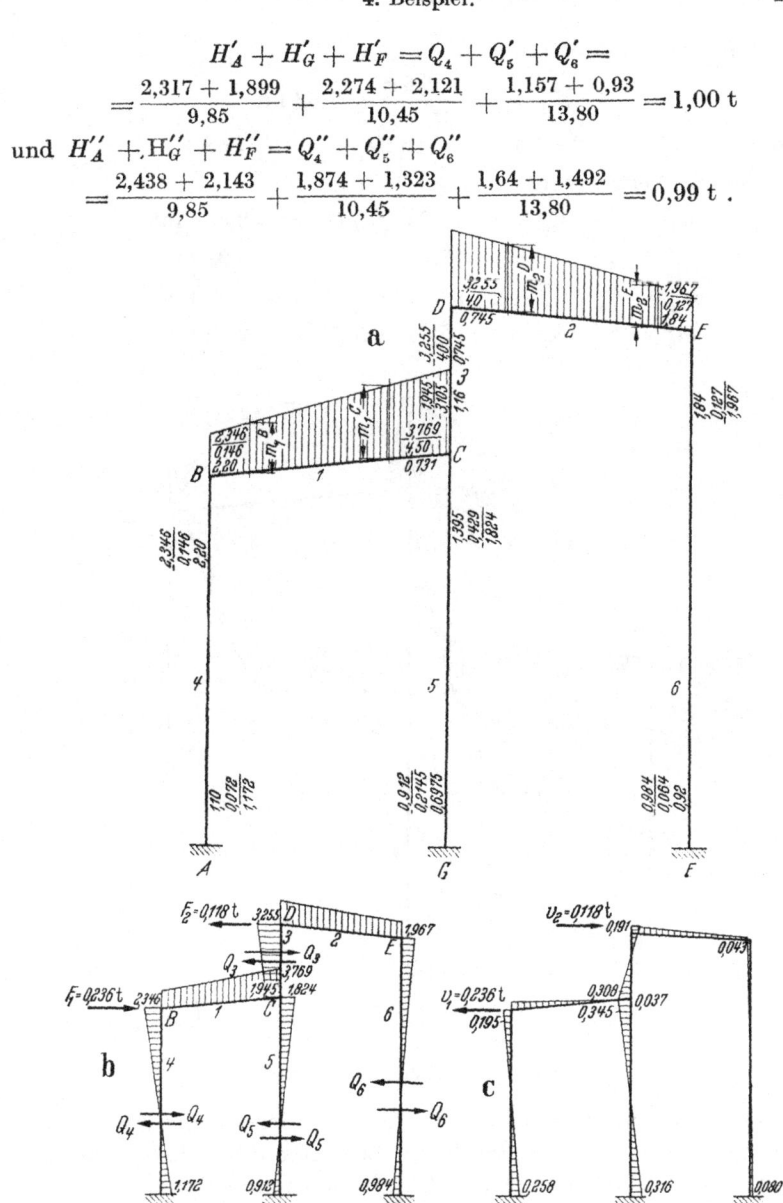

Abb. 195 a— c.

Momente und Querkräfte aus den äußeren Belastungen.

I. Eigengewicht: Dachdecke $4,40 \cdot 0,10 \cdot 2,4 = 1,06 \text{ t/m}$

Balken $\quad 0,25 \cdot 0,40 \cdot 2,4 = 0,24 \text{ t/m}$

Schnee u. Wind $\quad\quad\quad = 0,10 \text{ t/m}$

für beide Balken $\quad = 1,40 \text{ t/m}$

daher für die Balken 1 und 2

$$M_0 = \frac{1,40 \cdot 6,60^2}{8} = 7,62 \text{ mt}$$

und $K_1^B = K_1^C = - 2 \cdot 7,62 = - 15,24 \text{ mt} = K_2^D = K_2^E$.

Mit diesen Werten wird

$$m_1^B = K_1^C \cdot n_1^B = - 15,24 \cdot 0,171 = - 2,605 \text{ mt}$$
$$m_1^C = K_1^B \cdot n_1^C = - 15,24 \cdot 0,256 = - 3,91 \text{ mt}$$
$$m_2^D = K_2^E \cdot n_2^D = - 15,24 \cdot 0,232 = - 3,53 \text{ mt}$$
$$m_2^E = K_2^D \cdot n_2^E = - 15,24 \cdot 0,143 = - 2,18 \text{ mt} .$$

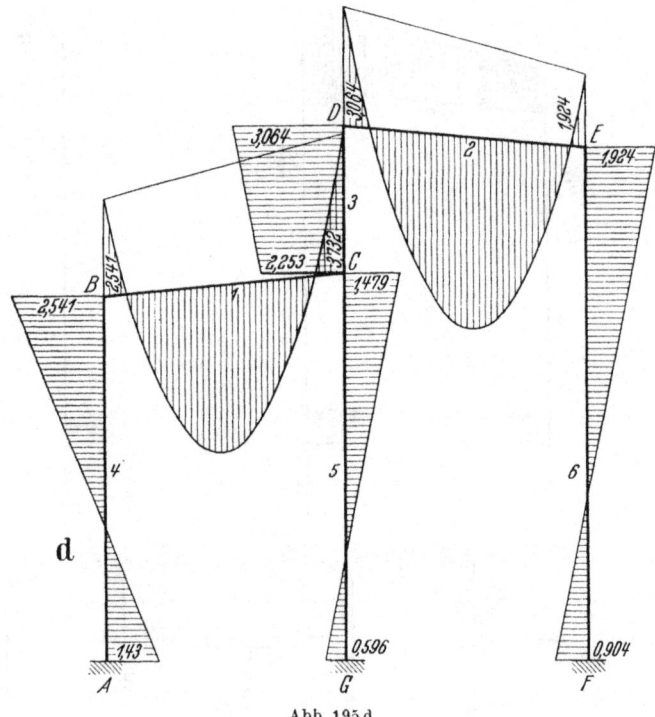

Abb. 195 d.

In Abb. 195a sind in den Festpunkten der Riegel 1 und 2 diese Momente m aufgetragen, wodurch die Schlußlinie der Belastung von Riegel 1 bzw. 2 erhalten wird. Die Eckmomente werden dann mit Hilfe der Verteilungsmasse μ und Übergangszahlen z der Grundgrößentabelle weitergeleitet und entsprechend addiert.

Abb. 195b zeigt die Momentenlinie für Rechnungsabschnitt I; die Querkräfte ergeben sich zu $\quad Q_3 = \dfrac{3,255 - 1,945}{3,95} = 0,332 \text{ t}$

$$Q_4 = \frac{1,172 + 2,346}{9,85} = 0,359 \text{ t}$$

$$Q_5 = \frac{0,912 + 1,824}{10,45} = 0,261 \text{ t}$$

$$Q_6 = \frac{0,984 + 1,967}{13,8} = 0,214 \text{ t} .$$

Hieraus die Festhaltekräfte $F_1 = Q_3 + Q_5 - Q_4 = 0,236$ t

und $F_2 = Q_6 - Q_3 = -0,118$ t .

Die Zusatzmomente für Rechnungsabschnitt II erhalten wir, indem wir die Festhaltekräfte als Verschiebekräfte (d. h. umgekehrtes Vorzeichen) einsetzen mit Hilfe von Abb. 194i und Abb. 194k zu:

$$\overline{M} = -0,236 \cdot \overline{\mathfrak{M}}' + 0,118 \cdot \overline{\mathfrak{M}}''$$

z. B. für Knotenpunkt A

$$\overline{M}_4^A = +0,236 \cdot 2,317 - 0,118 \cdot 2,438$$
$$= +0,258 \text{ mt} .$$

In Abb. 195c sind die Zusatzmomente für R. II angegeben. Diese Zusatzmomente zu den Momenten von R. I (Abb. 195b) addiert, ergeben die endgültigen Momente für die Eigengewichtsbelastung (Abb. 195d). Die zugehörigen Querkräfte zeigt Abb. 195e.

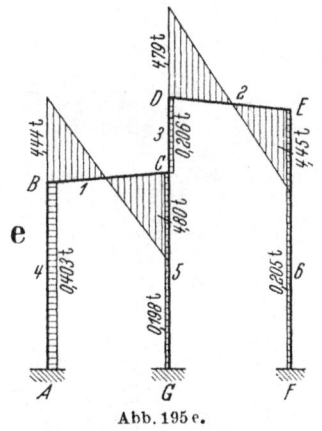

Abb. 195 e.

$$Q_1^B = \mathfrak{Q}_1^B - \frac{M_1^C - M_1^B}{l_1} = \frac{1,4 \cdot 6,6}{2} - \frac{3,732 - 2,514}{6,6} = 4,62 - 0,18 = 4,44 \text{ t,}$$

$$Q_1^C = \mathfrak{Q}_1^C + \frac{M_1^C - M_1^B}{l_1} \qquad\qquad = 4,62 + 0,18 = 4,80 \text{ t,}$$

$$Q_2^D = \mathfrak{Q}_2^D + \frac{M_2^D - M_2^E}{l_1} = 4,62 + \frac{3,064 - 1,924}{6,6} = 4,62 + 0,17 = 4,79 \text{ t,}$$

$$Q_2^E = \qquad\qquad\qquad\qquad\qquad\qquad = 4,62 + 0,17 = 4,45 \text{ t,}$$

$$Q_3 = \frac{3,064 - 2,253}{3,95} = 0,206 \text{ t,} \qquad Q_5 = \frac{1,479 + 0,596}{10,45} = 0,198 \text{ t,}$$

$$Q_4 = \frac{2,541 + 1,43}{9,85} = 0,403 \text{ t,} \qquad Q_6 = \frac{1,924 + 0,904}{13,8} = 0,205 \text{ t} .$$

Zur Probe: die horizontalen Auflagerkräfte in A, G und F müssen gleich 0 sein, d. h. $Q_4 - Q_5 - Q_6 = 0,403 - 0,198 - 0,205 = 0$.

II. Kranlasten am kleinen Rahmen. Die Konsolen der Säulen 4 und 5 sind durch zwei gleiche Kranlasten $P = 11,2$ t im Abstand von 0,50 m von der Säulenachse belastet. Daher wird bei den Konsolen ein Moment

$$M_0 = 11,2 \cdot 0,50 = 5,60 \text{ mt}$$

in die Säulen eingeleitet.

Die Kreuzlinienabschnitte erhalten wir mit Hilfe von Tafel 6 und

$$c = \frac{7,67}{9,85} = 0,78,$$

$$K_4^A = 0,82 \cdot 5,6 \ = +4,60 \text{ mt}$$
$$K_4^B = 0,853 \cdot 5,6 \ = +4,78 \text{ mt}$$

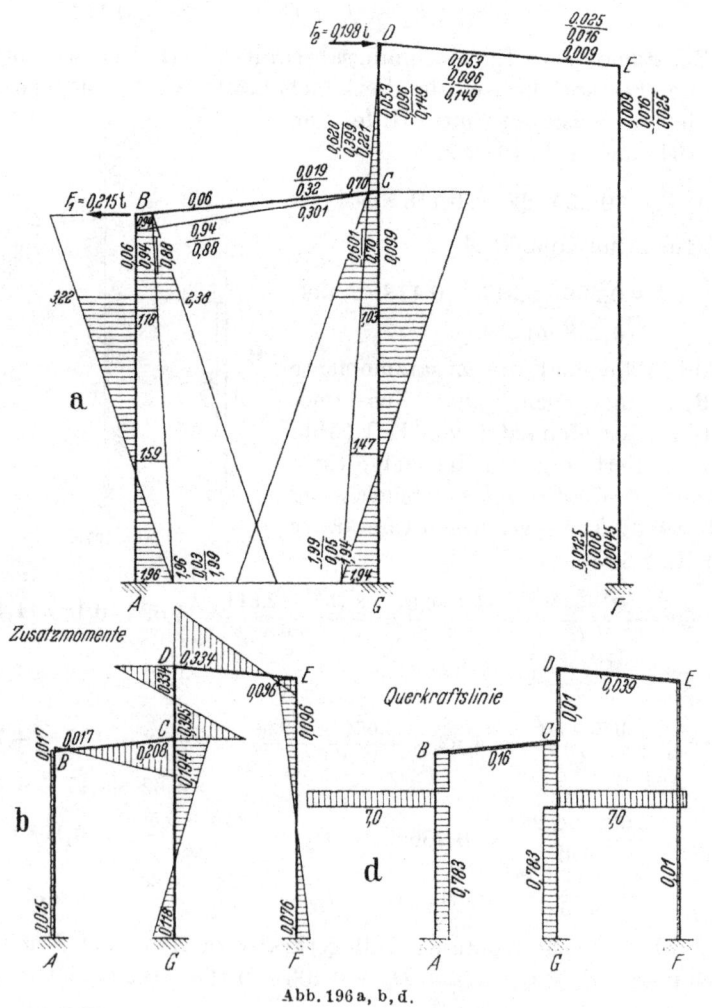

Abb. 196 a, b, d.

und $c = \dfrac{7,67}{10,45} = 0,734,$

$$K_5^G = 0,62 \ \cdot 5,6 \ = +3,47 \text{ mt}$$
$$K_5^C = 0,786 \cdot 5,6 \ = +4,41 \text{ mt} \ .$$

Mit diesen Werten ergeben sich wieder die Momente in den Festpunkten zu

$$m_4^A = K_4^B \cdot n_4^A = 4{,}78 \cdot 0{,}333 = 1{,}59 \text{ mt}$$
$$m_4^B = K_4^A \cdot n_4^B = 4{,}60 \cdot 0{,}257 = 1{,}18 \text{ mt}$$
$$m_5^G = K_5^C \cdot n_5^G = 4{,}41 \cdot 0{,}333 = 1{,}47 \text{ mt}$$
$$m_5^C = K_5^G \cdot n_5^C = 3{,}47 \cdot 0{,}297 = 1{,}03 \text{ mt} \; .$$

In Abb. 196a sind diese Festpunktmomente aufgetragen, weitergeleitet und durch Addition die Schlußlinien gebildet. Die Festhaltekräfte errechnen sich aus den Querkräften zu:

$$F_1 = -Q_3 - Q_4 + Q_5 = -\frac{0{,}62 + 0{,}149}{3{,}95} - \frac{2.38 - 0{,}88}{2{,}18} = \frac{2{,}46 - 0{,}601}{2{,}78}$$
$$= -0{,}195 - 0{,}688 + 0{,}668 = -0{,}215 \text{ t}$$
$$F_2 = Q_3 + Q_6 = 0{,}195 + \frac{0{,}0125 + 0{,}025}{13{,}8} = 0{,}195 + 0{,}003 = +0{,}198 \text{ t} \; .$$

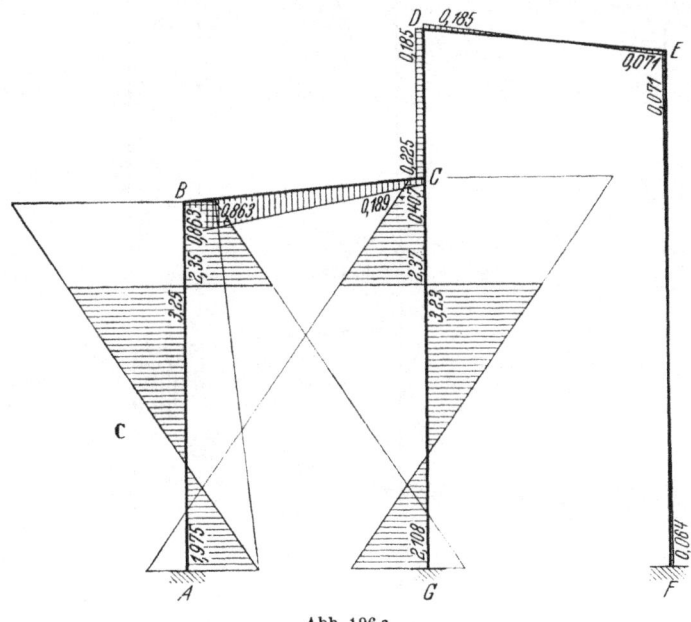

Abb. 196 c.

Diese Festhaltekräfte umgekehrt als Verschiebekräfte angebracht,
ergeben mit Hilfe von Abb. 194i und 194k die Zusatzmomente in
Abb. 196b. Diese nun addiert zu Abb. 196a geben die endgültigen
Momente (Abb. 196c). Die zugehörige Querkraftslinie zeigt Abb. 196d.

$$Q_1 = \frac{0{,}863 + 0{,}189}{6{,}6} = 0{,}16 \text{ t}$$
$$Q_2 = \frac{0{,}185 + 0{,}071}{6{,}6} = 0{,}039 \text{ t}$$
$$Q_3 = \frac{0{,}225 - 0{,}185}{3{,}95} = 0{,}01 \text{ t an der Konsole}$$

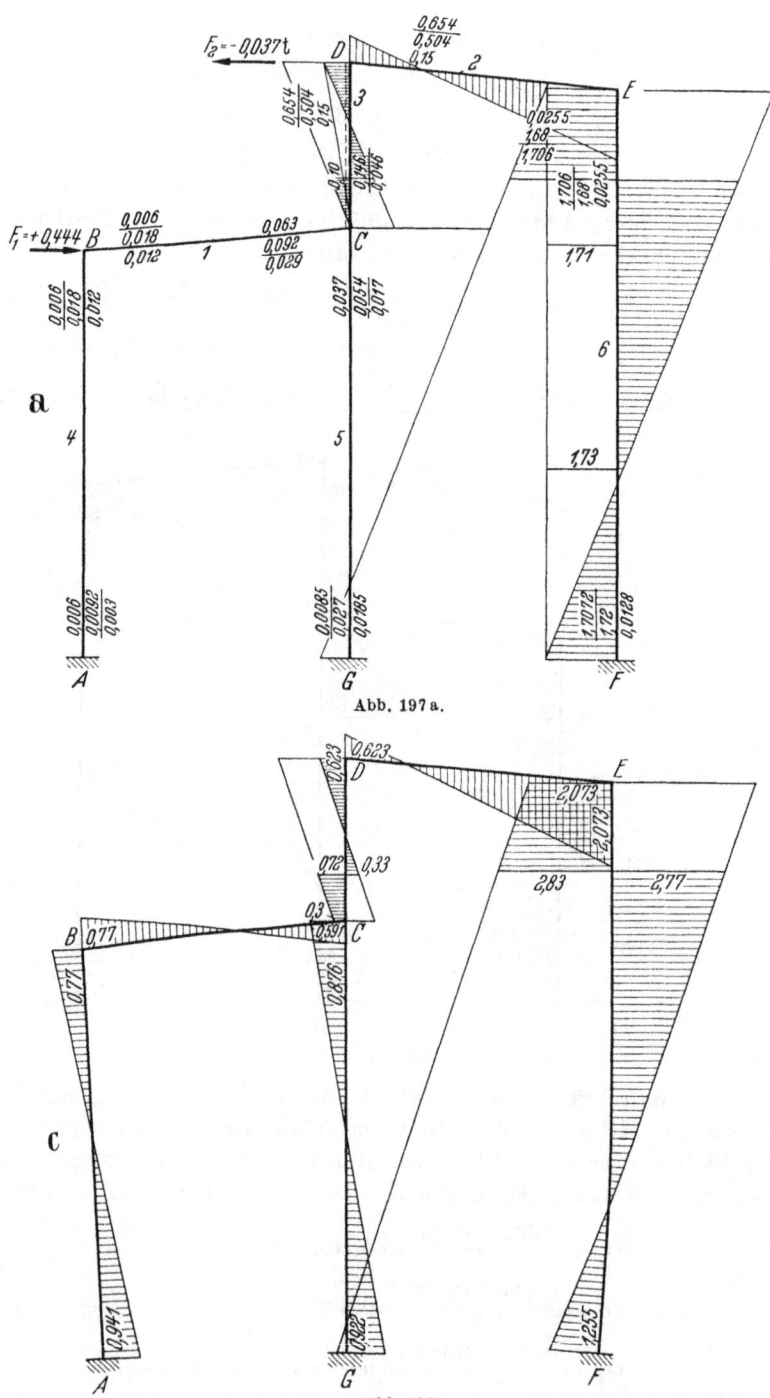

Abb. 197a.

Abb. 197c.

$$Q_4 = \frac{3,25 + 1,975}{7,57} = 0,783 \text{ t} \qquad Q = \frac{5,6}{0,8} = 7,0 \text{ t}$$

$$Q_5 = \frac{3,23 + 2,108}{7,67} = 0,783 \text{ t}$$

$$Q_6 = \frac{0,064 + 0,071}{13,8} = 0,01 \text{ t} .$$

IIa. Kranlasten am großen Rahmen. Die Konsole der Säule 3 ist mit $P_3 = 2,10$ t und diejenige der Säule 6 mit $P_6 = 11,20$ t, beide im Abstande von 0,50 m von der Säulenachse, belastet. Daher werden bei den Konsolen folgende Momente in die Säulen eingeleitet:

$$M_{03} = 2,10 \cdot 0,5 = 1,05 \text{ mt}$$

$$M_{06} = 11,20 \cdot 0,5 = 5,60 \text{ mt} .$$

Die Kreuzlinienabschnitte ergeben sich mit Hilfe von Tafel 6 und

$$c = \frac{1,17}{3,95} = 0,297 \text{ zu: } K_3^C = 0,735 \cdot 1,05 = -0,771 \text{ mt}$$

$$K_3^D = 0,495_5 \cdot 1,05 = -0,521 \text{ mt}$$

$$\text{und } c = \frac{11,62}{13,80} = 0,843 \qquad K_6^F = 1,133 \cdot 5,6 = +6,25 \text{ mt}$$

$$K_6^E = 0,925 \cdot 5,6 = +5,18 \text{ mt} .$$

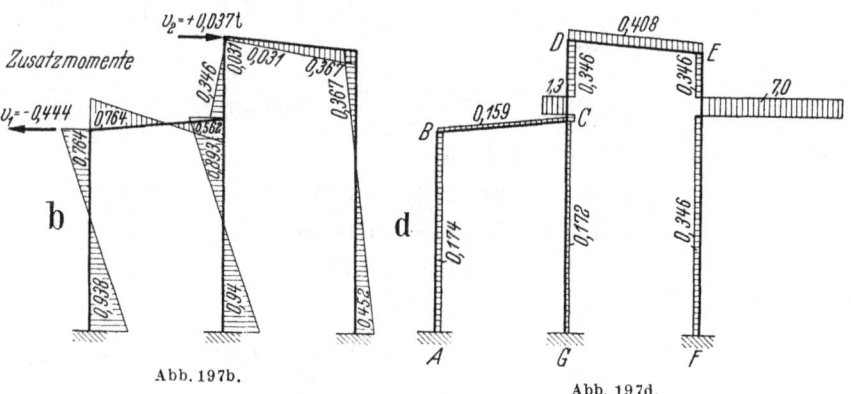

Abb. 197b.

Abb. 197d.

Mit diesen Werten wird:

$$m_3^C = K_3^D \cdot n_3^C = -0,521 \cdot 0,226 = -0,118 \text{ mt}$$

$$m_3^D = K_3^C \cdot n_3^D = -0,771 \cdot 0,190 = -0,147 \text{ mt}$$

$$m_6^F = K_6^E \cdot n_6^F = 5,18 \cdot 0,333 = +1,73 \text{ mt}$$

$$m_6^E = K_6^F \cdot n_6^E = 6,25 \cdot 0,274 = +1,71 \text{ mt} .$$

In Abb. 197a sind mit Hilfe dieser Werte die Momente für R. I aufgetragen. Die Festhaltekräfte errechnen sich zu $F_1 = +0,444$ t und $F_2 = -0,037$ t; die Zusatzmomente für R. II sind in Abb. 197b angegeben, die nun zusammen mit Abb. 197a die endgültigen Momente Abb. 197c ergeben; die zugehörige Querkraftslinie ist in Abb. 197d dargestellt.

III. Windbelastung von rechts. Die Belastung der Säule 6 durch Wind von rechts beträgt:

$$w = 0,096 \cdot 4,4 = 0,422 \text{ t/m}$$

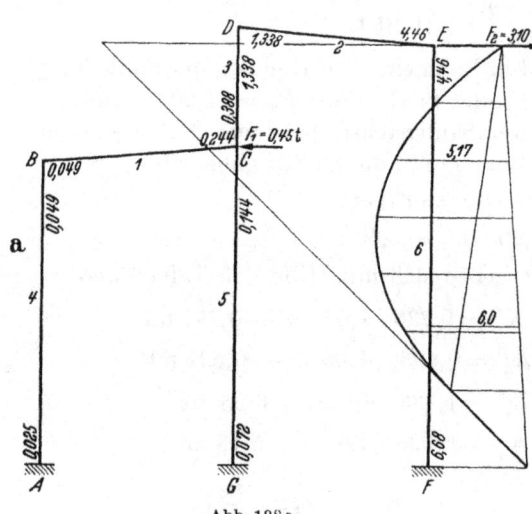

und auf die Höhe von 11,3 m: $W = 0,422 \cdot 11,3 = 4,77$ t. Die M_0 Momente und die Kreuzlinienabschnitte sind mit Hilfe von Tafel 5 und Tafel 3 zu ermitteln.

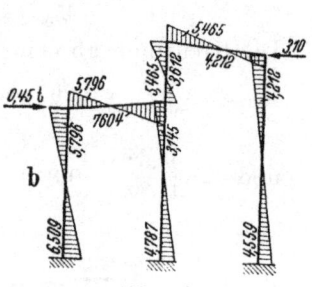

Abb. 198a.   Abb. 198 b.

$$A \cdot l = \frac{p \cdot c^2}{2} = \frac{0,422 \cdot 11,3^2}{2} = 27,0 \text{ mt} .$$

Die Momente in den $c/6$ Punkten sind:

$$0,0694 \cdot 0,422 \cdot 11,3^2 = 3,75 \text{ mt}$$
$$0,111 \cdot 0,422 \cdot 11,3^2 = 6,00 \text{ mt}$$
$$0,125 \cdot 0,422 \cdot 11,3^2 = 6,74 \text{ mt}$$

und die Kreuzlinienabschnitte:

$$K_6^F = -\frac{p \cdot c^2}{4\,l^2} (2\,l - c)^2 = -\frac{0,422 \cdot 11,3^2}{4 \cdot 13,8^2} (27,6 - 11,3)^2 = -18,9 \text{ mt},$$

$$K_6^E = -\frac{p \cdot c^2}{4\,l^2} (2\,l^2 - c^2) = -\frac{0,422 \cdot 11,3^2}{4 \cdot 13,8^2} (2 \cdot 13,8^2 - 11,3^2) = -18,0 \text{ mt}$$

und
$$m_6^F = K_6^E \cdot n_6^F = -18,0 \cdot 0,333 = -6,0 \text{ mt}$$
$$m_6^E = K_6^F \cdot n_6^E = -18,9 \cdot 0,274 = -5,17 \text{ mt} .$$

In Abb. 198a sind die Momente für R. I eingetragen.

Aus den Querkräften ergeben sich die Festhaltekräfte zu:

$$F_1 = -Q_4 + Q_5 + Q_3 = -\frac{0,025 + 0,049}{9,85} + \frac{0,072 + 0,144}{10,45} + \frac{0,388 + 1,338}{3,95}$$
$$= -0,0075 + 0,021 + 0,437 = 0,45 \text{ t}$$

$$F_2 = Q_6^E + Q_3 = \frac{4,77 \cdot 8,15}{13,8} - \frac{6,68 - 4,46}{13,8} + 0,437 = 2,82 - 0,16$$
$$+ 0,437 = 3,10 \text{ t}$$

und die Zusatzmomente $\overline{M} = 0{,}45\,\overline{\mathfrak{M}}' - 3{,}10\,\overline{\mathfrak{M}}''$ (Abb. 198 b). Die endgültigen Momente und Querkräfte zeigen die Abb. 198 c und

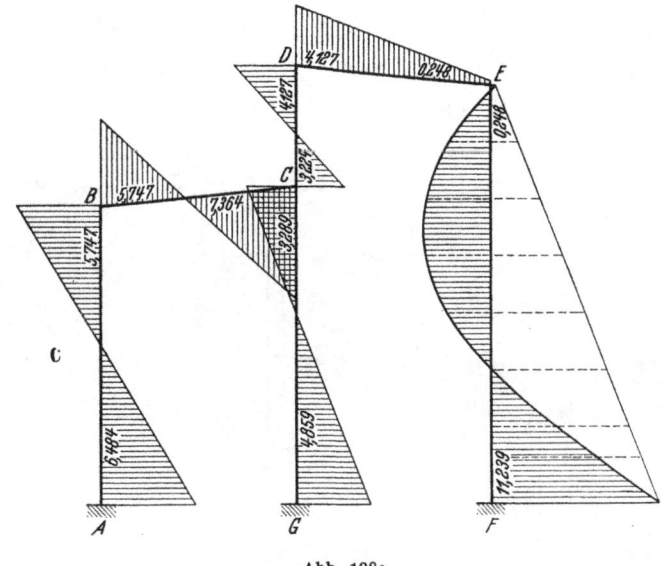

Abb. 198c.

198 d. Probe: Die horizontalen Auflagerkräfte in A, G und F müssen zusammen gleich dem Winddruck $W = 4{,}77\,\mathrm{t}$ sein, d. h.

$$Q_4^A + Q_5^G + Q_6^F = \frac{6{,}484 + 5{,}747}{9{,}85} + \frac{4{,}859 + 2{,}289}{10{,}45} + \frac{4{,}77 \cdot 5{,}65}{13{,}8}$$

$$+ \frac{11{,}239 - 0{,}248}{13{,}8} = 1{,}243 + 0{,}78 + 1{,}951 + 0{,}796 = 4{,}77\,\mathrm{t}.$$

IIIa. Windbelastung von links. Wie im vorhergehenden Belastungsfall ist

$$w = 0{,}422\,\mathrm{t/m}\,.$$

Die M_0 Momente und Kreuzlinien-abschnitte sind:

Säule 4: aus Tafel 5 und Tafel 3 ergibt sich

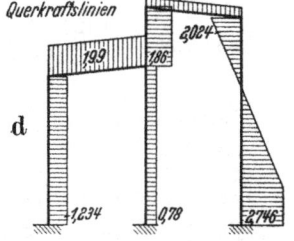

Abb. 198 d.

$$A \cdot l = \frac{p \cdot c^2}{2} = \frac{0{,}422 \cdot 7{,}35^2}{2} \doteq 11{,}39\,\mathrm{mt};$$

$$w_4 = 7{,}35 \cdot 0{,}422 = 3{,}10\,\mathrm{t}$$

in den $c/6$ Punkten $0{,}0694 \cdot 0{,}422 \cdot 7{,}35^2 = 1{,}58\,\mathrm{mt}$

$$0{,}111 \quad \cdot 0{,}422 \cdot 7{,}35^2 = 2{,}52\,\mathrm{mt}$$

$$0{,}125 \quad \cdot 0{,}422 \cdot 7{,}35^2 = 2{,}85\,\mathrm{mt}\,.$$

Die Kreuzlinienabschnitte:

$$K_4^A = -\frac{0,422 \cdot 7,35^2}{4 \cdot 9,85^2} \cdot (2 \cdot 9,85 - 7,35)^2 = -8,92 \text{ mt}$$

$$K_4^B = -\frac{0,422 \cdot 7,35^2}{4 \cdot 9,85^2} \cdot (2 \cdot 9,85^2 - 7,35^2) = -8,20 \text{ mt}$$

und hieraus $m_4^A = K_4^B \cdot n_4^A = -8,20 \cdot 0,333 = -2,73$ mt

$$m_4^B = K_4^A \cdot n_4^B = -8,92 \cdot 0,257 = -2,29 \text{ mt} .$$

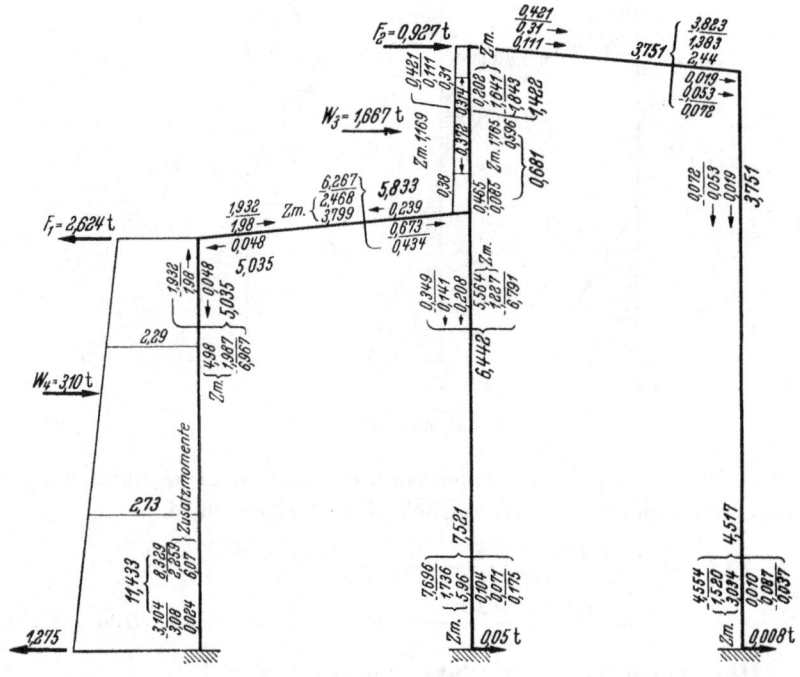

Abb. 199 a.

Säule 3: $M_0 = \dfrac{0,422 \cdot 3,95^2}{8} = 0,825$ mt; $K_3^C = K_3^D = -2 \cdot 0,825$

$$= -1,65 \text{ mt}$$

und $m_3^C = -1,65 \cdot 0,226 = -0,372$ mt; $m_3^D = -1,65 \cdot 0,190$

$$= -0,314 \text{ mt}$$

$$w_3 = 3,95 \cdot 0,422 = 1,667 \text{ t} .$$

Die Festhaltekräfte ergeben sich zu:

$$F_1 = \frac{3,1 \cdot 6,175}{9,85} - \frac{3,104 - 1,932}{9,85} + \frac{0,175 + 0,349}{10,45} + \frac{1,667}{2} - \frac{0,421 - 0,085}{3,95}$$

$$= 1,944 - 0,119 + 0,050 + 0,834 - 0,085 = 2,624 \text{ t}$$

$$F_2 = 0,834 + 0,085 + \frac{0,037 + 0,072}{13,8} = 0,927 \text{ t} .$$

In Abb. 199a sind die Momente vom R. I eingeschrieben, die Festhaltekräfte bestimmt und dann die Zusatzmomente von R. II in derselben Weise in die Abbildung eingeschrieben und die Gesamtmomente gebildet, die in Abb. 199 b dargestellt sind.

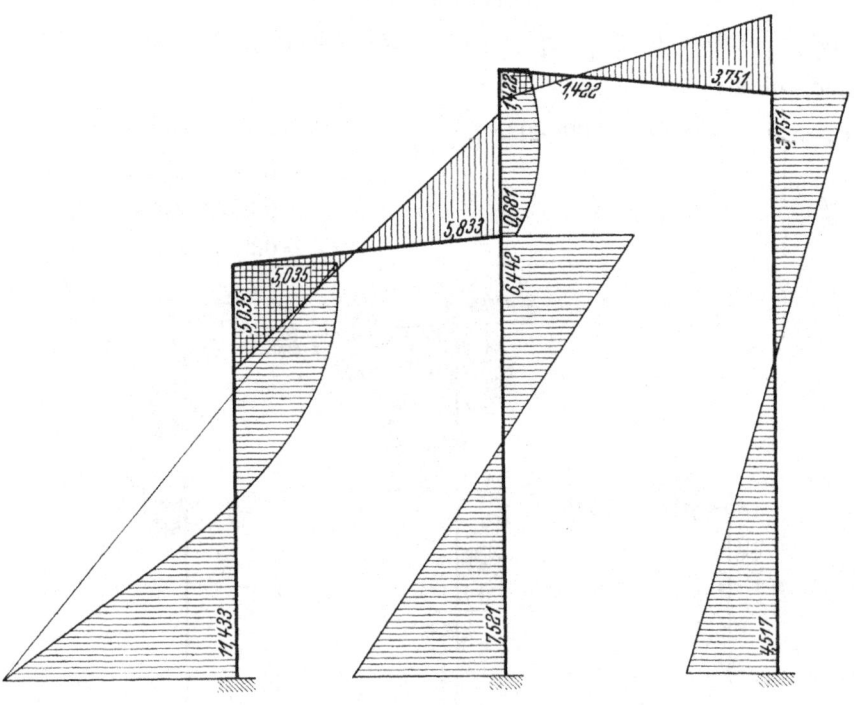

Abb. 199 b.

Probe: horizontaler Auflagerdruck in A, G und $F =$ Windbelastung;

also: $\dfrac{3{,}10 \cdot 3{,}675}{9{,}85} + \dfrac{11{,}433 + 5{,}035}{9{,}85} + \dfrac{7{,}521 + 6{,}442}{10{,}45} + \dfrac{4{,}517 + 3{,}751}{13{,}8}$

$= 1{,}156 + 1{,}671 + 1{,}336 + 0{,}60 = 4{,}763$ t; und Windbelastung $3{,}10 + 1{,}667 = 4{,}767$ t .

IV. Momente infolge Temperaturänderung um 20° C. Bei einer Temperaturzunahme von 20° C beträgt die Längenänderung eines Balkens $\varDelta l = + 0{,}00001 \cdot 20 \cdot 6{,}6 = + 0{,}00132$ m, wodurch die Säulen gegenseitige Verschiebungen ihrer Endpunkte erleiden. Die Längenunterschiede der Säulen können, da sehr gering, vernachlässigt werden. Wir berechnen wieder zunächst die Momente bei festgehaltenen Balkenenden und zwar bringen wir die Lager zweckmäßig bei C und D an.

Für die Verschiebung des Säulenkopfes B um $\varDelta_4 = 0{,}00132$ m errechnen sich die Momente für die Säule 4 zu:

$$\mathfrak{m}_4^A = 6 \cdot E \cdot k_4 \cdot \frac{\varDelta_4}{l_4 \cdot l_4'} \cdot f_4^A = 6 \cdot 2\,100\,000 \cdot 0,000423 \cdot \frac{0,00132}{9,85 \cdot 4,03} \cdot 3,28$$
$$= 0,177 \cdot 3,28 = +0,581 \text{ mt}$$

und $\mathfrak{m}_4^B = 6 \cdot E \cdot k_4 \cdot \dfrac{\varDelta_4}{l_4 \cdot l_4'} \cdot f_4^B = 0,177 \cdot 2,54 = -0,45 \text{ mt}$

und für die Säule 6 zu

$$\mathfrak{m}_6^F = 6 \cdot 2\,100\,000 \cdot 0,000302 \cdot \frac{0,00132}{13,8 \cdot 5,42} \cdot 4,60 = 0,672 \cdot 4,6$$
$$= 0,309 \text{ mt}$$
$$\mathfrak{m}_6^E = \qquad\qquad = 0,0672 \cdot 3,78$$
$$= 0,254 \text{ mt}.$$

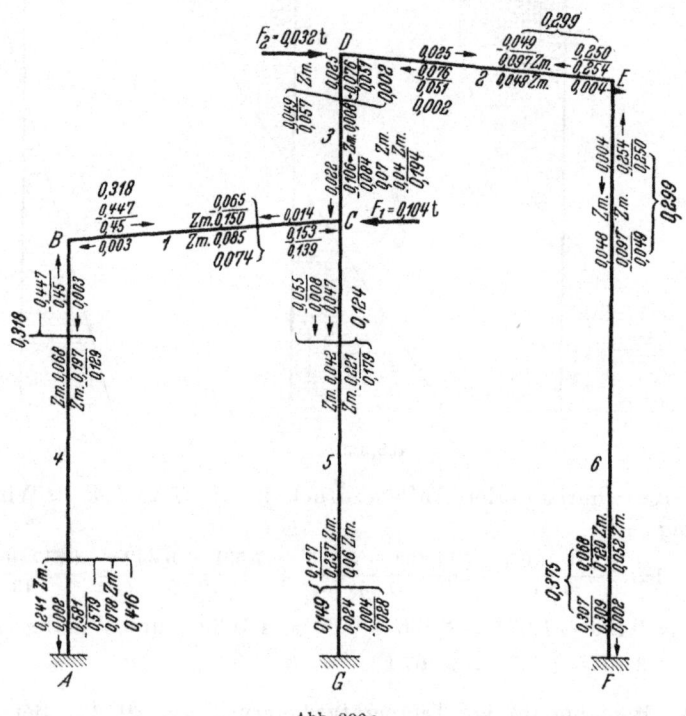

Abb. 200 a.

In Abb. 200 a sind diese Momente (R. I) eingeschrieben, weitergeleitet und die Summen gebildet; hieraus errechnen sich die Festhaltekräfte zu:

$$F_1 = \frac{0,579 + 0,447}{9,85} + \frac{0,028 + 0,055}{10,45} - \frac{0,084 - 0,051}{3,95} = 0,104 + 0,008$$
$$- 0,008 = 0,104 \text{ t}$$

$$F_2 = \frac{0,084 - 0,051}{3,95} - \frac{0,307 + 0,250}{13,8} = 0,008 - 0,04 = -0,032 \text{ t}.$$

Die Zusatzmomente infolge der Verschiebekräfte V_1 und V_2 gleich den entgegengesetzten Festhaltekräften sind ebenfalls in Abb. 200a eingeschrieben und dann die endgültigen Momente gebildet, die in Abb. 200b dargestellt sind.

Probe: $\dfrac{0,416 + 0,318}{9,85} - \dfrac{0,149 + 0,124}{10,45} - \dfrac{0,375 + 0,299}{13,8} = 0,075 - 0,026$
$$- 0,049 = 0\,.$$

Die Gesamtmomente und Querkräfte werden nun durch entsprechende Addition der ungünstigsten Belastungen ermittelt.

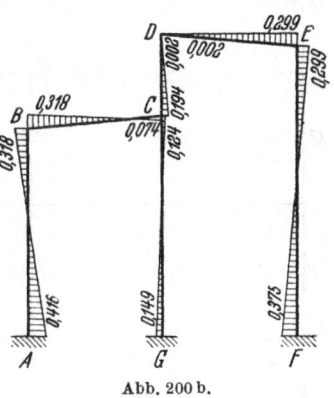

Abb. 200 b.

5. Beispiel. Berechnung eines fünfstöckigen Rahmens für horizontale Windbelastung.

Es soll die Tragkonstruktion eines mehrstöckigen Geschäftshauses für die horizontale Windbelastung berechnet werden. In Abb. 201 ist der zu berechnende Stockwerkrahmen dargestellt. Die Kellerdecke wird wegen der vorhandenen Querwände im Keller als unverschieblich angenommen, weshalb die Berechnung nur auf das Rahmensystem oberhalb der Kellerdecke ausgedehnt zu werden braucht. Da die Außenwände des Kellers massiv in Stahlbeton ausgeführt werden, kann hier in A und C volle Einspannung der Stützen angenommen werden, während in Gebäudemitte bei B nur teilweise Einspannung ($f_2^B = 0,2\,l$) eingesetzt wird, da im Keller nur eine entsprechend stärkere Stütze vorhanden ist. Mit den in Abb. 201 eingetragenen Abmessungen ergeben sich die Trägheitsmomente zu:

Stab 1 40/40 cm, $J_1 = \dfrac{0,4 \cdot 0,4^3}{12} = 0,00213$ m⁴

Stab 2 60/60 cm, $J_2 = \dfrac{0,6 \cdot 0,6^3}{12} = 0,0108$ m⁴,

Stab 3 Sämtliche Riegel werden gleich ausgebildet, da sie aus Fertigteilen mit biegungssteifem Anschluß an die Stützen hergestellt werden (Abb. 202).

$F = 0,35 \cdot 0,22 + 0,2 \cdot 0,5 = 0,077 + 0,100 = 0,177$ m²

St. M. $= 0,077 \cdot 0,11 + 0,1 \cdot 0,47 = 0,05547$ m³

Schwerpunktsabstand $s = \dfrac{0,05547}{0,177} = 0,312$ cm

12*

$$J' = \frac{0,35 \cdot 0,22^3}{12} = 0,00031 \text{ m}^4 \text{ und } J'' = \frac{0,2 \cdot 0,5^3}{12} = 0,00208 \text{ m}^4$$

$$J_s = 0,00031 + 0,00208 + 0,077 \cdot 0,202^2 + 0,1 \cdot 0,158^2$$
$$= 0,00802 \text{ m}^4 = J_3,$$

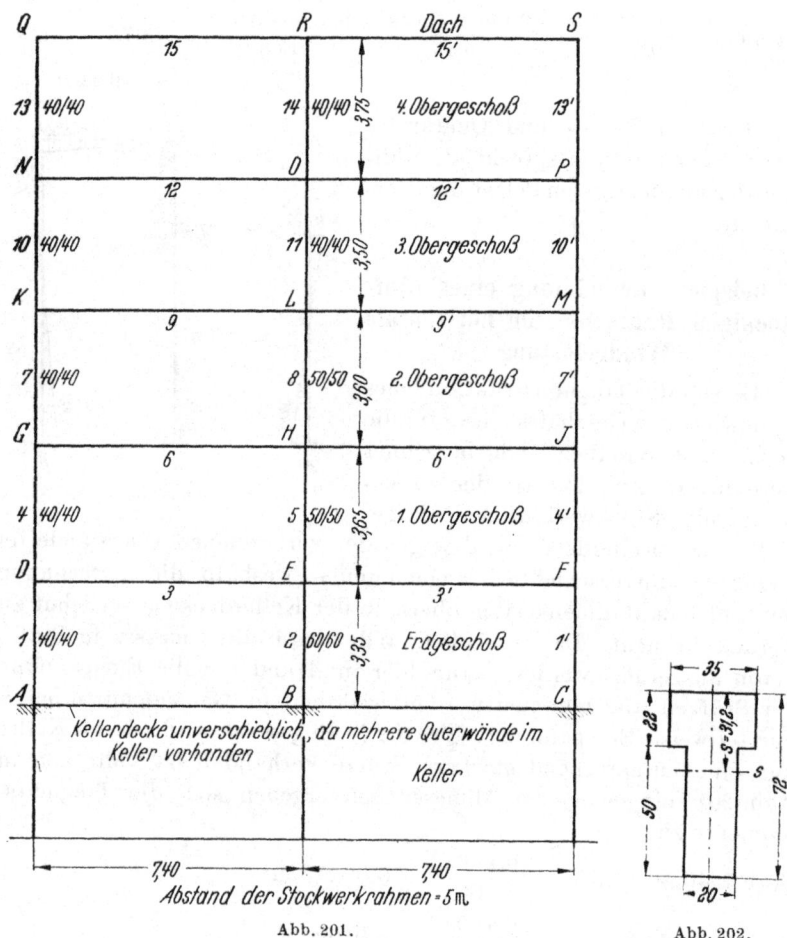

Abb. 201.

Abb. 202.

Stab 4, 7, 10, 11, 13 und 14 wie Stab 1,

Stab 5 und 8, 50/50 cm, $J_5 = \dfrac{0,5 \cdot 0,5^3}{12} = 0,0052 \text{ m}^4$,

Stab 11 und 14 wie Stab 1.

Zunächst ist wieder die Tabelle der Grundgrößen aufzustellen.

Wie in Kapitel VII, 2 dargelegt, sind bei Horizontalbelastung des Stockwerkrahmens zunächst die Momente und Querkräfte für die Verschiebungen der einzelnen Stockwerke zu berechnen.

Grundgrößen.

Stab	l m	$1000\,J$ m⁴	$1000\,k=\dfrac{J}{l}$	Knotenpunkt	$\dfrac{k}{\Sigma k}$	$n=\dfrac{f}{l}$ Tafel 1	f m	n' Tafel 2	$w=n'\cdot k$	μ z. B.: $\mu_{1-5}=\dfrac{w_5}{w_5+w_8+w_3'}$	Z Tafel 2
1	3,35	2,13	0,636	A	$\dfrac{0,636}{\infty}=0$	0,333	1,12	1,231	0,78		0,50
				D	$\dfrac{0,636}{1,668}=0,38$	0,273	0,83	1,333	0,85	$v_{1-3}=\dfrac{1,38}{2,10}=0,66;\quad v_{1-4}=0,34$	0,37
2	3,35	10,80	3,23	B	teilweise Einspannung	0,20	0,67	1,163	3,76		0,25
				E	$\dfrac{3,23}{3,593}=0,90$	0,219	0,73	1,143	3,70	$v_{2-3}=\dfrac{1,27}{4,29}=0,29_5;\quad v_{2-5}=0,41$	0,25
3	7,40	8,02	1,084	D	$\dfrac{1,084}{1,22}=0,89$	0,225	1,67	1,273	1,38	$v_{3-4}=\dfrac{0,72}{1,57}=0,46;\quad v_{3-1}=0,54$	0,29
				E	$\dfrac{1,084}{5,739}=0,19$	0,300₅	2,22	1,170	1,27	$v_{3-2}=\dfrac{3,70}{6,72}=0,55;\quad \begin{array}{l}v_{3-3}'=0,19\\ v_{3-5}=0,26\end{array}$	0,43
4	3,65	2,13	0,584	D	$\dfrac{0,584}{1,720}=0,34$	0,282	1,06	1,237	0,72	$v_{4-1}=\dfrac{1,85}{2,23}=0,38;\quad v_{4-2}=0,62$	0,39
				G	$\dfrac{0,584}{1,676}=0,35$	0,277	1,00	1,244	0,73	$v_{4-6}=\dfrac{1,36}{2,09}=0,65;\quad v_{4-7}=0,35$	0,39
5	3,65	5,20	1,425	E	$\dfrac{1,425}{5,398}=0,26_3$	0,289	1,05	1,229	1,75	$v_{5-2}=\dfrac{3,70}{6,24}=0,59;\quad v_{5-3}=0,205$	0,41
				H	$\dfrac{1,425}{3,612}=0,39$	0,271	0,99	1,255	1,79	$v_{6-8}=\dfrac{1,75}{4,27}=0,41;\quad v_{5-0}=0,29_5$	0,37
6	7,40	8,02	1,084	G	$\dfrac{1,084}{1,176}=0,92$	0,218	1,61	1,254	1,36	$v_{6-4}=\dfrac{0,73}{1,46}=0,50;\quad v_{6-7}=0,50$	0,28
				H	$\dfrac{1,084}{3,953}=0,27$	0,288	2,13	1,162	1,26	$v_{6-5}=\dfrac{1,79}{4,80}=0,37;\quad \begin{array}{l}v_{6-8}=0,37\\ v_{6-6}'=0,26\end{array}$	0,41
7	3,60	2,13	0,592	G	$\dfrac{0,592}{1,668}=0,35$	0,277	1,00	1,237	0,73	$v_{7-4}=\dfrac{0,73}{2,09}=0,35;\quad v_{7-8}=0,65$	0,39
				K	$\dfrac{0,592}{1,692}=0,35$	0,277	1,00	1,237	0,73	$v_{7-9}=\dfrac{1,34}{2,09}=0,64;\quad v_{7-10}=0,36$	0,39
8	3,60	5,20	1,444	H	$\dfrac{1,444}{3,595}=0,40$	0,271	0,97₅	1,209	1,75	$v_{8-5}=\dfrac{1,79}{4,31}=0,42;\quad v_{8-6}=0,29$	0,37
				L	$\dfrac{1,444}{2,776}=0,52$	0,257	0,92₅	1,228	1,77	$v_{8-11}=\dfrac{0,77}{3,29}=0,23;\quad v_{8-9}\ 0,38_5$	0,34
9	7,40	8,02	1,084	K	$\dfrac{1,084}{1,20}=0,90$	0,219	1,62	1,238	1,34	$v_{9-7}=\dfrac{0,73}{1,48}=0,49;\quad v_{9-10}=0,51$	0,28
				L	$\dfrac{1,084}{3,156}=0,34$	0,278	2,06	1,163	1,26	$v_{9-8}=\dfrac{1,77}{3,80}=0,47;\quad \begin{array}{l}v_{9-9}'=0,33\\ v_{9-11}=0,20\end{array}$	0,39
10	3,50	2,13	0,608	K	$\dfrac{0,608}{1,676}=0,36$	0,276	0,97	1,23	0,75	$v_{10-7}=\dfrac{0,73}{2,07}=0,36;\quad v_{10-9}=0,64$	0,38
				N	$\dfrac{0,608}{1,652}=0,37$	0,274	0,96	1,233	0,75	$v_{10-12}=\dfrac{1,32}{2,01}=0,66;\quad v_{10-13}=0,34$	0,38

Grundgrößen (Fortsetzung).

Stab	l m	$\dfrac{1000\,J}{m^4}$	$1000\\ k=\dfrac{J}{l}$	Knotenpunkt	$\dfrac{k}{\Sigma k}$	$n=\dfrac{f}{l}$ Tafel 1	f m	n' Tafel 2	$w\\ =n'\cdot k$	μ z. B.: $\mu_{1-5}=\dfrac{w_5}{w_5+w_3+w_2'}$	Ta
11	3,50	2,13	0,608	L	$\dfrac{0,608}{3,612}=0,17$	$0,303_5$	1,06	1,267	0,77	$v_{11-8}=\dfrac{1,77}{4,29}=0,41;\quad v_{11-9}=0,29_5$	0,
				O	$\dfrac{0,608}{2,736}=0,22$	0,296	$1,03_5$	1,279	0,78	$v_{11-14}=\dfrac{0,715}{3,235}=0,22;\quad v_{11-12}=0,39$	0,
12	7,40	8,02	1,084	N	$\dfrac{1,084}{1,176}=0,92$	0,218	1,61	1,214	1,32	$v_{12-10}=\dfrac{0,75}{1,44}=0,52;\quad v_{12-13}=0,48$	0,
				O	$\dfrac{1,084}{2,260}=0,48$	0,261	1,93	1,162	1,26	$v_{12-11}=\dfrac{0,78}{2,75_5}=0,28;\quad \begin{array}{l}v_{12-12'}=0,46\\ v_{12-14}=0,26\end{array}$	0,
13	3,75	2,13	0,568	N	$\dfrac{0,568}{1,692}=0,33_5$	0,279	$1,04_5$	1,208	0,69	$v_{13-10}=\dfrac{0,75}{2,07}=0,36;\quad v_{13-12}=0,64$	0,
				Q	$\dfrac{0,568}{1,084}=0,52_5$	0,256	0,96	1,240	$0,70_5$	$v_{13-15}=1,0$	0,
14	3,75	2,13	0,568	O	$\dfrac{0,568}{2,776}=0,20_5$	0,298	1,12	1,257	$0,71_5$	$v_{14-11}=\dfrac{0,78}{3,30}=0,24;\quad v_{14-12}=0,38$	0,
				R	$\dfrac{0,568}{2,168}=0,26$	0,290	1,09	1,270	0,72	$v_{14-15}=\dfrac{1,20}{2,4}=0,5$	0,
15	7,40	8,02	1,084	Q	$\dfrac{1,084}{0,568}=1,92$	0,158	1,17	1,190	1,29	$v_{15-13}=1$	0,
				R	$\dfrac{1,084}{1,652}=0,65_5$	0,241	$1,78_5$	1,103	1,20	$v_{15-14}=\dfrac{0,72}{1,92}=0,375;\quad v_{15-15'}=0,62_5$	0

I. Verschiebung von Riegel 15 (15′). Die Stäbe 13, 14 und 13′ werden jeweils um das Maß $\varDelta$ in den Knotenpunkten Q, R und S nach rechts verschoben.

a) Stab 13: $m_{13}^N = 1,045$ mt,

$$m_{13}^Q = 0,96 \text{ mt}.$$

b) Stab 14: $m_{14}^O = \dfrac{l'_{13}}{l'_{14}}\cdot f_{14}^O = \dfrac{1,745}{1,54}\cdot 1,12 = 1,27$ mt,
(Gl. 59)

$$m_{14}^R = \dfrac{l'_{13}}{l'_{14}}\cdot f_{14}^R = 1,13\cdot 1,09 = 1,23 \text{ mt}.$$

c) Stab 13′ wie Stab 13.

Auf Abb. 203a sind für die Stäbe 13 und 13′, in Abb. 203b für den Stab 14 die Momente und die Weiterleitung angegeben. Für die Verschiebung der Stäbe 13, 14 und 13′ sind die Gesamtmomente in Abb. 203c aufgetragen. Aus den Querkräften ergeben sich die Verschiebekräfte zu:

$$V_I^Q = Q_{13}+Q_{14}+Q'_{13} = \frac{1,04+1,14}{3,75}+\frac{1,46+1,49}{3,75}+\frac{1,04+1,14}{3,75} = 1,95 \text{ t},$$

$$V_I^N = Q_{13} + Q_{14} + Q'_{13} + Q_{10} + Q_{11} + Q'_{10} = 1,95 +$$

$$+ \frac{0,14 + 0,34 + 0,10 + 0,20 + 0,14 + 0,34}{3,5} = 1,95 + 0,36 = 2,31 \text{ t},$$

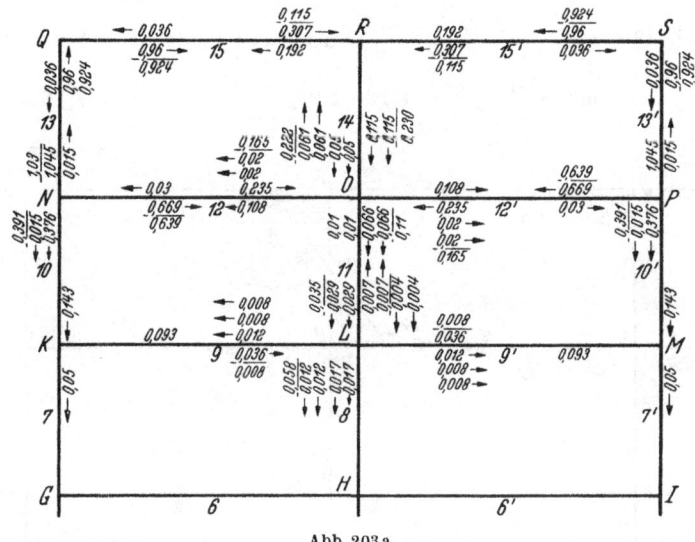

Abb. 203 a.

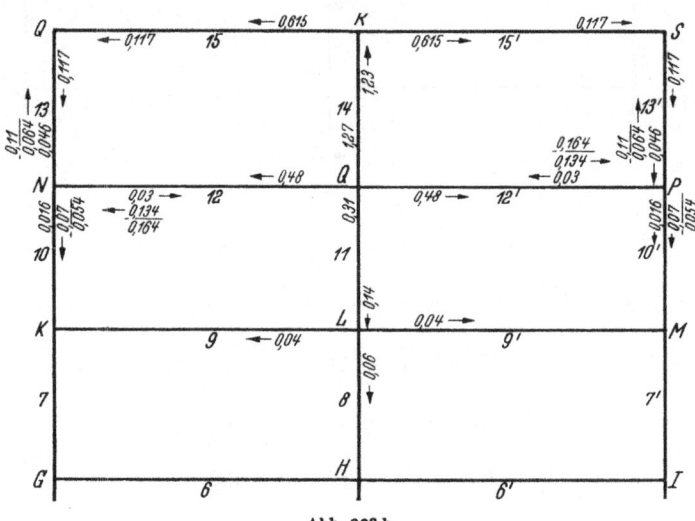

Abb. 203 b.

$$V_I^K = Q_{10} + Q_{11} + Q'_{10} + Q_7 + Q_8 + Q'_7 = 0,36 +$$

$$+ \frac{0,02 + 0,05 + 0,02 + 0,05}{3,6} = 0,36 + 0,04 = 0,40 \text{ t},$$

$$V_I^G = Q_7 + Q_8 + Q'_7 = 0,04 \text{ t} .$$

II. Verschiebung von Riegel 12 (12′). (Abb. 204a—c).

a) Stab 10: $\mathfrak{m}_{10}^K = 0,97$ mt,

$\qquad\qquad \mathfrak{m}_{10}^N = 0,96$ mt.

b) Stab 11: $\mathfrak{m}_{11}^L = \dfrac{l'_{10}}{l'_{11}} \cdot f_{11}^L = \dfrac{1,57}{1,405} \cdot 1,06 = 1,12 \cdot 1,06 = 1,18$ mt,

$\qquad\qquad \mathfrak{m}_{11}^O = \dfrac{l'_{10}}{l'_{11}} \cdot f_{11}^O = 1,12 \cdot 1,03_5 \qquad\qquad = 1,16$ mt.

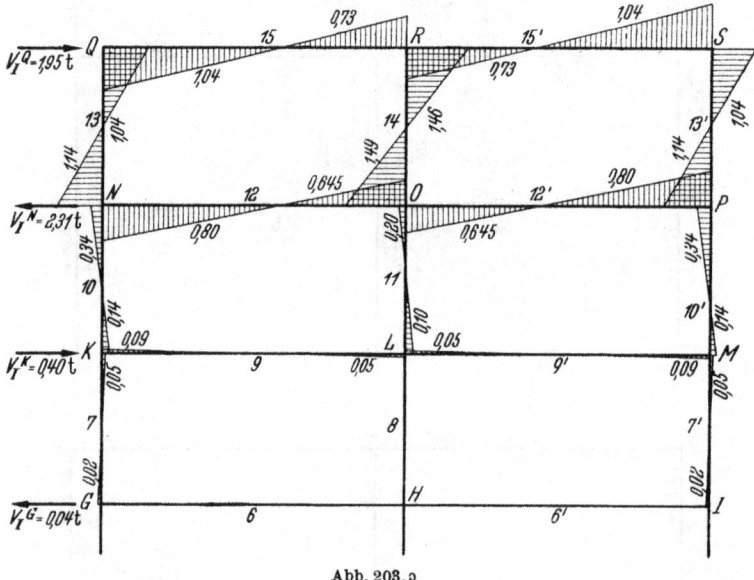

Abb. 203.ɔ

Die Verschiebekräfte

$$V_{II}^Q = \frac{1,042}{3,75} = -0,278 \text{ t},$$

$$V_{II}^N = 0,278 + \frac{6,844}{3,50} = 0,278 + 1,955 = +2,233 \text{ t},$$

$$V_{II}^K = 1,955 + \frac{1,227}{3,60} = 1,955 + 0,341 = -2,296 \text{ t},$$

$$V_{II}^G = 0,341 + \frac{0,109}{3,65} = 0,341 + 0,03 = +0,371 \text{ t},$$

$$V_{II}^D = 0,03 + \frac{0,021}{3,50} = 0,03 + 0,006 = -0,036 \text{ t},$$

$$V_{II}^A = +0,006 \text{ t}.$$

III. Verschiebung von Riegel 9 (9′)* (Abb. 205)

a) Stab 7 u. 7′: $\mathfrak{m}_7^G = 1,0$ mt,

$\qquad\qquad \mathfrak{m}_7^K = 1,0$ mt,

———————

* Berechnung wie bei Riegel 15 und 12.

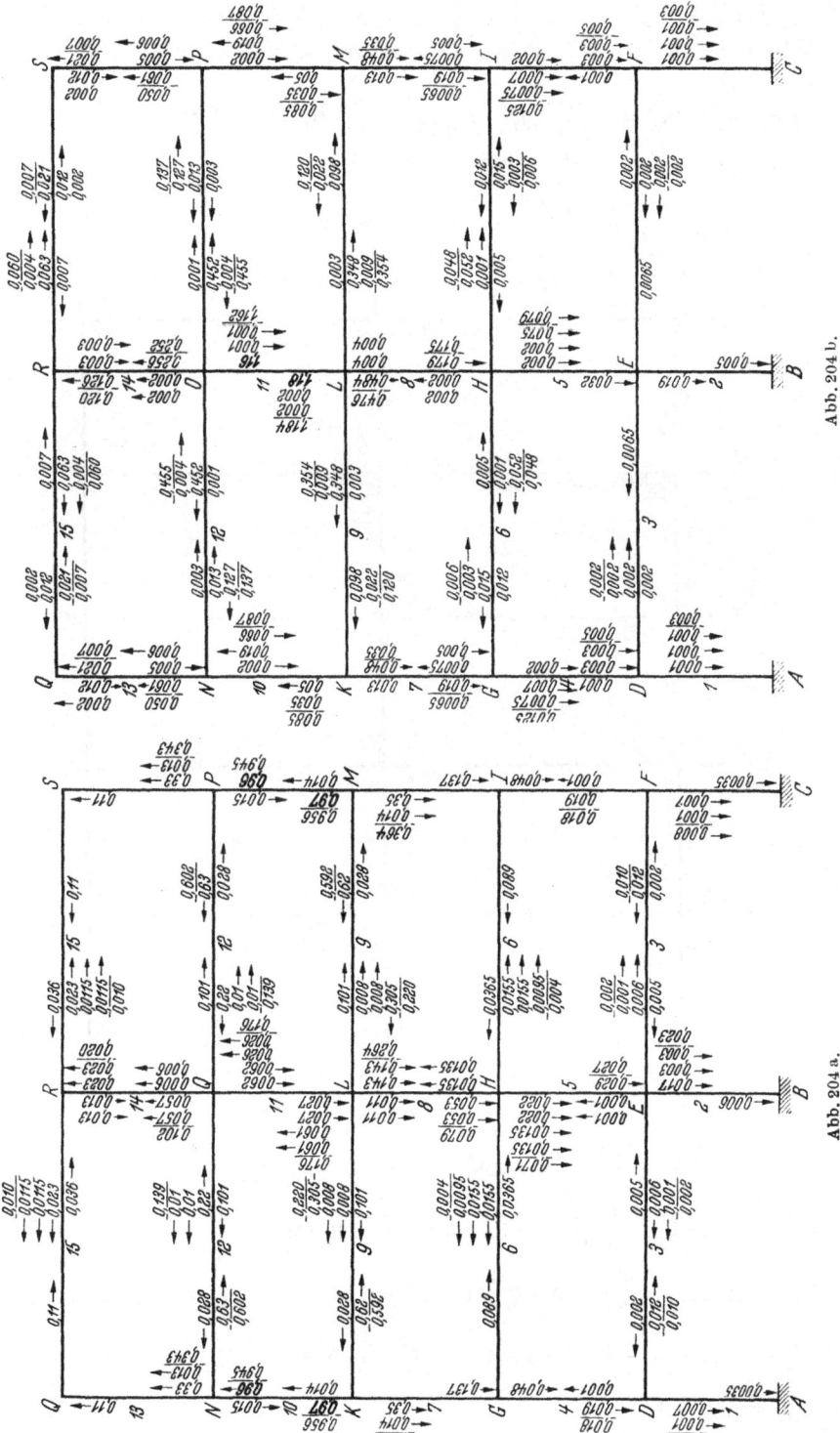

Abb. 204 a.

Abb. 204 b.

b) Stab 8: $m_8^H = \dfrac{k_8 \cdot l_7'}{k_7 \cdot l_8'} \cdot f_8^H = \dfrac{1,444 \cdot 1,60}{0,592 \cdot 1,70} \cdot 0,975 = 2,24$ mt,

$\qquad\qquad m_8^L = 2,29 \cdot 0,925 = 2,12$ mt.

Die Verschiebekräfte:

$$V_{III}^Q = \frac{0,107}{3,75} = 0,0285 \text{ t},$$

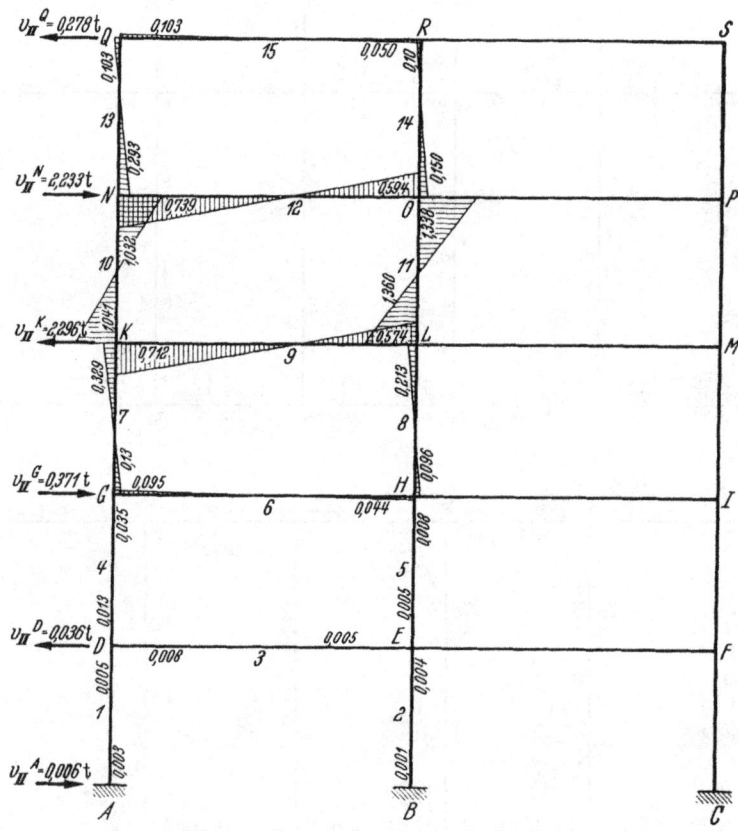

Abb. 204 c.

$$V_{III}^N = 0,028_5 + \frac{1,342}{3,50} = 0,0285 + 0,384 = 0,412_5 \text{ t},$$

$$V_{III}^K = 0,384 + \frac{9,510}{3,60} = 0,384 + 2,64 = 3,024 \text{ t},$$

$$V_{III}^G = 2,64 + \frac{1,892}{3,65} = 2,64 + 0,519 = 3,159 \text{ t},$$

$$V_{III}^D = 0,519 + \frac{0,285}{3,50} = 0,519 + 0,081 = 0,600 \text{ t},$$

$$V_{III}^A = 0,081 \text{ t}.$$

IV. Verschiebung von Riegel 6* (6′) (Abb. 206)

a) Stab 4 u. 4′: $\mathfrak{m}_4^D = 1{,}06$ mt,

$\mathfrak{m}_4^G = 1{,}00$ mt,

b) Stab 5, $\mathfrak{m}_5^E = \dfrac{1{,}425 \cdot 1{,}59}{0{,}584 \cdot 1{,}61} \cdot 1{,}05 = 2{,}41 \cdot 1{,}05 = 2{,}53$ mt,

$\mathfrak{m}_5^H = 2{,}41 \cdot 0{,}99 \qquad = 2{,}39$ mt.

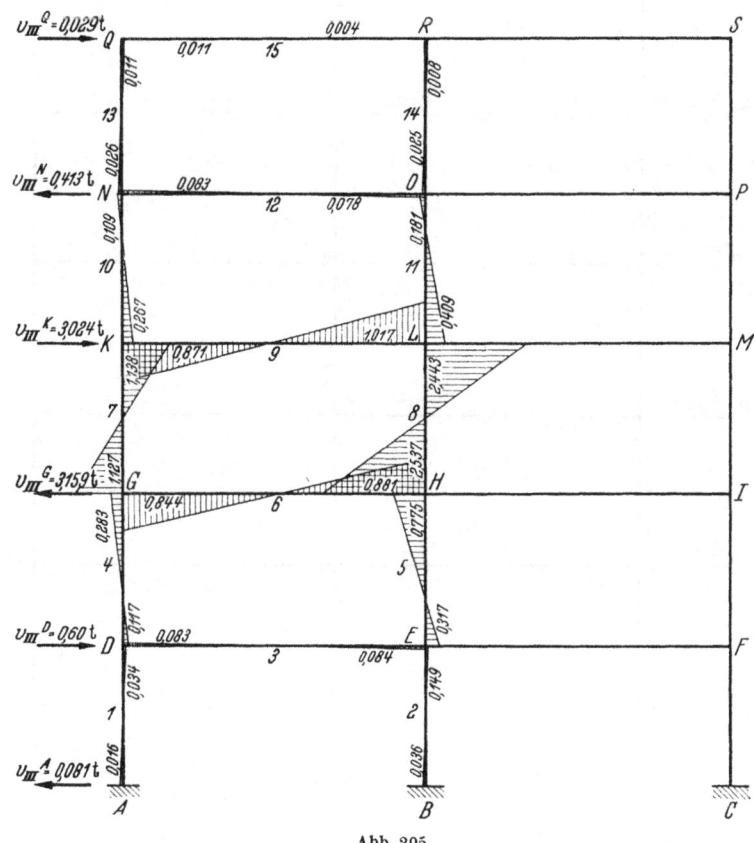

Abb. 205.

Die Verschiebekräfte

$$V_{IV}^Q = \frac{0{,}004}{3{,}75} = 0{,}001 \text{ t,}$$

$$V_{IV}^N = 0{,}001 + \frac{0{,}151}{3{,}50} = 0{,}001 + 0{,}043 = 0{,}044 \text{ t,}$$

$$V_{IV}^K = 0{,}043 + \frac{1{,}893}{3{,}60} = 0{,}043 + 0{,}526 = 0{,}569 \text{ t,}$$

---

* Berechnung wie bei Riegel 15 und 12.

$$V_{IV}^{G} = 0{,}526 + \frac{9{,}968}{3{,}65} = 0{,}526 + 2{,}73 = 3{,}256 \text{ t,}$$

$$V_{IV}^{D} = 2{,}73 + \frac{2{,}546}{3{,}35} = 2{,}73 + 0{,}76 = 3{,}49 \text{ t,}$$

$$V_{IV}^{A} = 0{,}76 \text{ t.}$$

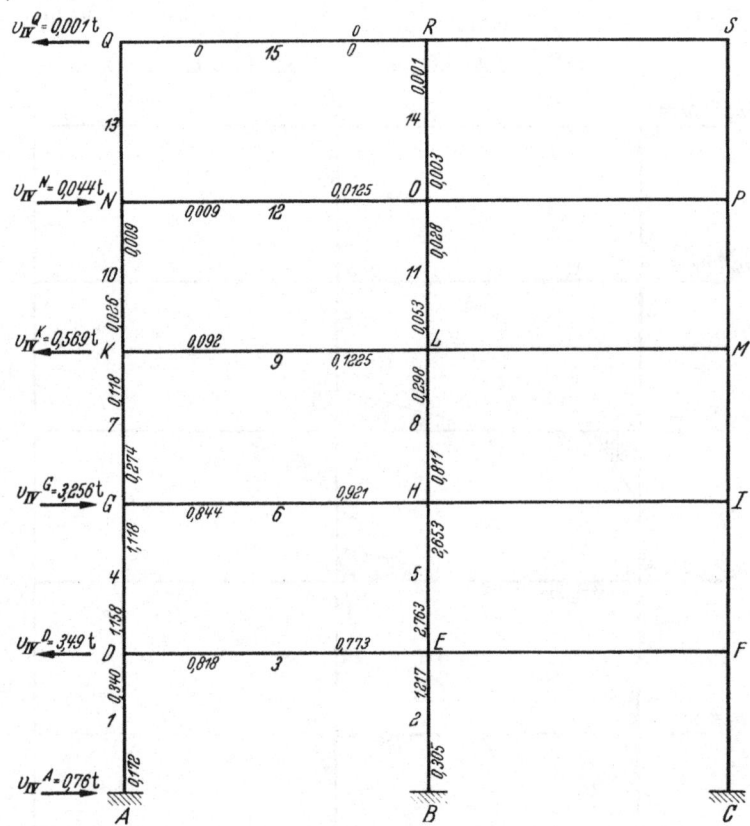

Abb. 206.

V. Verschiebung von Riegel 3 (3′)* (Abb. 207)

a) Stab 1: $m_1^A = 1{,}12$ mt,

    (1′) $m_1^D = 0{,}83$ mt,

b) Stab 2: $m_2^B = \dfrac{3{,}23 \cdot 1{,}30}{0{,}636 \cdot 1{,}95} \cdot 0{,}67 = 3{,}38 \cdot 0{,}67 = 2{,}26$ mt,

          $m_2^E = 3{,}38 \cdot 0{,}73 \qquad\qquad\qquad = 2{,}47$ mt.

Die Verschiebekräfte

$$V_{V}^{Q} = 0; \quad V_{V}^{N} = \frac{0{,}012}{3{,}50} = 0{,}003 \text{ t}; \quad V_{V}^{K} = 0{,}003 + \frac{0{,}206}{3{,}6} = 0{,}003 + 0{,}057$$
$$= 0{,}06 \text{ t};$$

---

* Berechnung wie bei Riegel 15 und 12.

$$V_V^G = 0,057 + \frac{1,798}{3,65} = 0,057 + 0,493 = 0,55 \text{ t}; \quad V_V^D = 0,493 + \frac{9,194}{3,35}$$
$$= 0,493 + 2,743 = 3,236 \text{ t},$$
$$V_V^A = 2,743 \text{ t}.$$

Berechnung der Windbelastung.

Die Stockwerkrahmen liegen in Abständen von 5 m; die Windbelastung beträgt demnach für 1 stgdm.

$$w = 5,0 \cdot 0,096 = 0,48 \text{ t}.$$

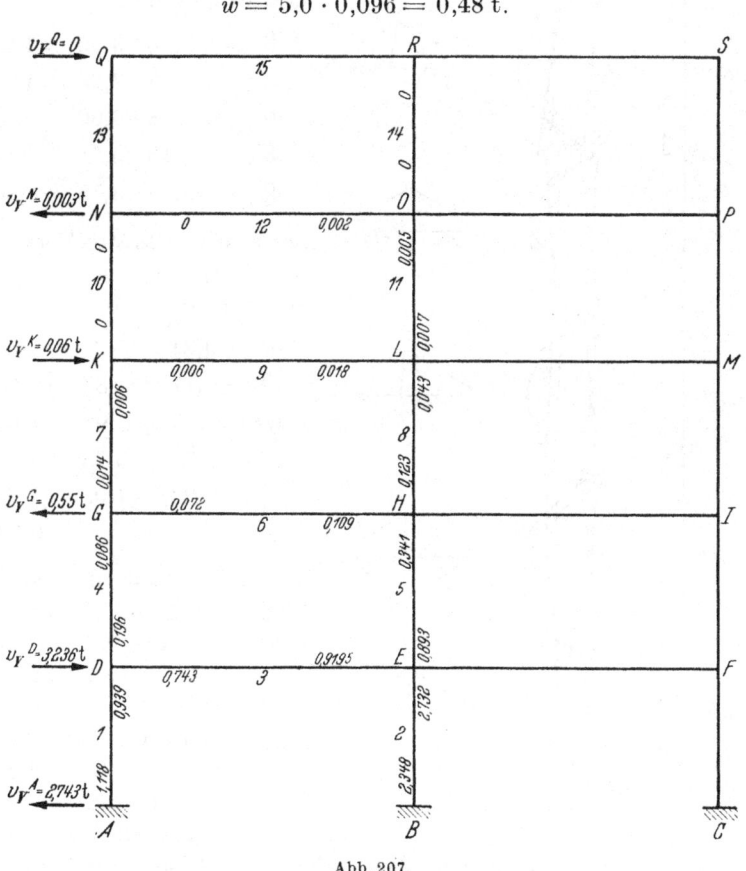

Abb. 207.

Um für den Stockwerkrahmen die Festhaltekräfte (Verschiebekräfte) aus Windbelastung zu bestimmen, wird zunächst die Stütze
als durchlaufender Träger auf festgehaltenen Stützpunkten für die
Belastung $w = 0,48$ t berechnet. In Abb. 208 ist die Berechnung
graphisch durchgeführt. Die M_0-Momente für die einzelnen Stock-
werkshöhen sind:

$$M_1 = \frac{0,48 \cdot 3,35^2}{8} = 0,06 \cdot 3,35^2 = 0,67 \text{ mt},$$

$$M_4 = \qquad\qquad = 0,06 \cdot 3,65^2 = 0,80 \text{ mt}$$

$$M_7 = \qquad\qquad = 0,06 \cdot 3,60^2 = 0,78 \text{ mt}$$

$$M_{10} = \qquad\qquad = 0,06 \cdot 3,50^2 = 0,74 \text{ mt}$$

$$M_{13} = \qquad\qquad = 0,06 \cdot 3,75^2 = 0,85 \text{ mt}.$$

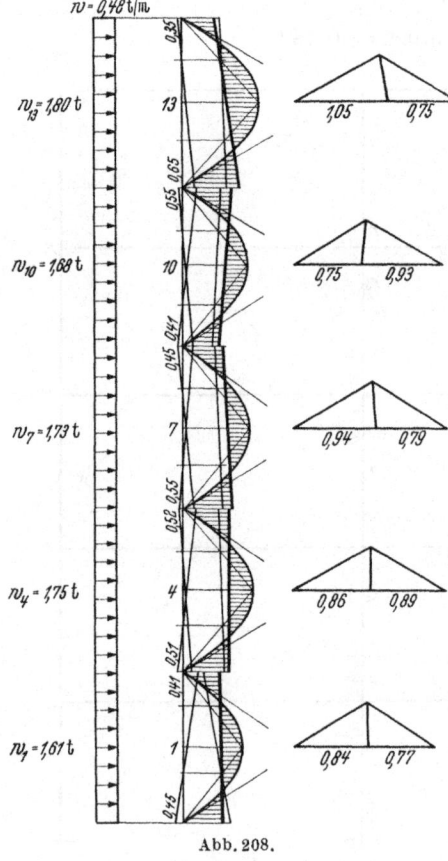

Abb. 208.

Die Belastungen der einzelnen Stockwerke:

$$W_1 = 0,48 \cdot 3,35 = 1,61 \text{ t}$$
$$W_4 = 0,48 \cdot 3,65 = 1,75 \text{ t}$$
$$W_7 = 0,48 \cdot 3,60 = 1,73 \text{ t}$$
$$W_{10} = 0,48 \cdot 3,50 = 1,68 \text{ t}$$
$$W_{13} = 0,48 \cdot 3,75 = 1,80 \text{ t}.$$

Die Festhaltekräfte (Verschiebekräfte) ergeben sich aus den Kraftdreiecken zu

$$A = 0,84 \text{ t}$$
$$D = 0,77 + 0,86 = 1,63 \text{ t}$$
$$G = 0,89 + 0,94 = 1,83 \text{ t}$$
$$K = 0,79 + 0,75 = 1,54 \text{ t}$$
$$N = 0,93 + 1,05 = 1,98 \text{ t}$$
$$Q = \qquad\qquad = 0,75 \text{ t}.$$

Wir haben also den Stockwerkrahmen mit diesen umgekehrten Festhaltekräften, d. h. als Verschiebekräften zu belasten.

In den Abb. 203c, 204c, 205, 206 und 207 sind nun für die Verschiebungszustände die Momente mit den zugehörigen Belastungen angegeben. Wir haben also diese Verschiebungszustände so zu addieren, daß sie der wirklichen Belastung durch Wind, d. h. den aus Abb. 208 sich ergebenden Festhaltekräften entspricht. Wir erhalten also folgende Bedingungsgleichungen:

$$+ 1,95 \cdot a - 0,278 \cdot b + 0,0285 \cdot c - 0,001 \cdot d + 0 \qquad \cdot e = 0,75 \text{ t}$$
$$- 2,31 \cdot a + 2,233 \cdot b - 0,4125 \cdot c + 0,044 \cdot d - 0,003 \cdot e = 1,98 \text{ t}$$
$$+ 0,40 \cdot a - 2,296 \cdot b + 3,024 \quad \cdot c - 0,569 \cdot d + 0,06 \quad \cdot e = 1,54 \text{ t}$$

$$-0,04 \cdot a + 0,371 \cdot b - 3,159 \quad \cdot c + 3,256 \cdot d - 0,55 \quad \cdot e = 1,83 \text{ t}$$
$$0 \cdot a - 0,036 \cdot b + 0,60 \quad \cdot c - 3,49 \quad \cdot d + 3,236 \cdot e = 1,63 \text{ t}$$

Auflösung der Gleichungen.

Reihe	a	b	c	d	e		
1	+ 1,95	− 0,278	+ 0,0285	− 0,001	0	0,75	Reihe 1 durch
2	+ 1,0	− 0,143	+ 0,0146	− 0,0005	0	0,384	1,95 dividiert
3	− 2,31	+ 2,233	− 0,412	+ 0,044	− 0,003	1,98	
4	+ 2,31	− 0,330	+ 0,034	− 0,001	0	+ 0,89	+ (2,31 · Reihe 2)
5	+ 0,40	− 2,296	+ 3,024	− 0,569	+ 0,06	1,54	
6	− 0,40	+ 0,057	− 0,006	+ 0,0002	0	− 0,154	− (0,40 · Reihe 2)
7	− 0,04	+ 0,371	− 3,159	+ 3,256	− 0,55	1,83	
8	+ 0,04	− 0,006	+ 0,001	− 0,0	0	0,015	+ (0,04 · Reihe 2)
9	0	− 0,036	+ 0,60	− 3,49	+ 3,236	1,63	
10	0	0	0	0	0	0	(0 · Reihe 2)
11		+ 1,903	− 0,378	+ 0,043	− 0,003	+ 2,87	Reihe 3 + Reihe 4
12		+ 1	− 0,199	+ 0,0226	− 0,001	+ 1,510	Reihe 11 : 1,903
13			− 2,239	+ 3,018	− 0,569	+ 0,06	+ 1,386	Reihe 5 + Reihe 6
14			+ 2,239	− 0,446	+ 0,049	− 0,002	+ 3,380	+ (2,239 · Reihe 12)
15			+ 0,365	− 3,158	+ 3,256	− 0,55	+ 1,845	Reihe 7 + Reihe 8
16			− 0,365	+ 0,0735	− 0,008	+ 0,001	− 0,550	− (0,365 · Reihe 12)
17			− 0,036	+ 0,60	− 3,49	+ 3,236	+ 1,63	Reihe 9 + Reihe 10
18			+ 0,036	− 0,007	+ 0,001	− 0,000	+ 0,054	+ (0,036 · Reihe 12)
19				+ 2,572	− 0,520	+ 0,058	+ 4,766	Reihe 13 + Reihe 14
20				+ 1,0	− 0,202	+ 0,022	+ 1,854	Reihe 19 : 2,572
21				− 3,084	+ 3,248	− 0,549	+ 1,295	Reihe 15 + Reihe 16
22				+ 3,084	− 0,624	+ 0,068	+ 5,720	+ (3,086 · Reihe 20)
23				+ 0,593	− 3,489	+ 3,236	+ 1,684	Reihe 17 + Reihe 18
24				− 0,593	+ 0,120	− 0,013	− 1,100	− (0,593 · Reihe 20)
25					+ 2,624	− 0,481	7,015	Reihe 21 + Reihe 22
26					+ 1,0	− 0,183	2,675	Reihe 25 : 2,624
27					− 3,369	+ 3,223	+ 0,584	Reihe 23 + Reihe 24
28					+ 3,369	− 0,618	+ 9,010	+ (3,369 · Reihe 26)
						+ 2,605	+ 9,594	Reihe 27 + Reihe 28

oder $2,605 \cdot e = 9,594$. Hieraus

$$e = \frac{9,594}{2,605} = 3,68, \text{ in Reihe 26 eingesetzt, ergibt}$$

$d = 2,675 + 0,183_5 \cdot 3,68 = 2,675 + 0,675 = 3,350$, mit Reihe 20

$c = 1,85 - 0,022 \cdot 3,68 + 0,202 \cdot 3,350 = 1,85 - 0,081 + 0,677 = 2,450$,
  mit Reihe 12

$b = 1,51 + 0,001_6 \cdot 3,68 - 0,022_6 \cdot 3,35 + 0,199 \cdot 2,45$
  $= 1,51 + 0,005_9 - 0,075_8 + 0,489 = 1,93$, mit Reihe 2

$a = 0,384 + 0,000_5 \cdot 3,35 - 0,014_6 \cdot 2,45 + 0,143 \cdot 1,93$
  $= 0,384 + 0,0017 - 0,0358 + 0,277 = 0,627.$

Ausrechnung der endgült.

	A_1	D_1	B_2	E_2	D_3	E_3	D_4	G_4	E_5	H_5	G_6	H_6	G_7
$\mathfrak{M}_I$	—	—	—	—	—	—	—	—	—	—	—	—	−0,02
$\mathfrak{M}_{II}$	+0,003	−0,005	−0,001	+0,004	+0,008	−0,005	−0,013	+0,035	−0,005	+0,008	−0,095	+0,044	−0,130
$\mathfrak{M}_{III}$	−0,016	+0,034	−0,036	+0,149	−0,083	+0,084	+0,117	−0,283	+0,317	−0,775	+0,844	−0,881	−1,127
$\mathfrak{M}_{IV}$	+0,172	−0,340	+0,305	1,217	+0,818	−0,773	−1,158	+1,118	−2,763	+2,653	+0,844	−0,921	+0,274
$\mathfrak{M}_V$	1,118	+0,939	−2,348	+2,732	−0,743	+0,919	+0,196	−0,086	+0,893	−0,341	−0,072	+0,109	−0,014
0,627 $\mathfrak{M}_I$	—	—	—	—	—	—	—	—	—	—	—	—	−0,0125
1,931 $\mathfrak{M}_{II}$	+0,005	−0,009	−0,002	+0,007	+0,015	−0,009	−0,025	+0,067	−0,009	+0,015	−0,183	+0,085	−0,252
2,450 $\mathfrak{M}_{III}$	−0,039	+0,083	−0,088	+0,365	−0,203	+0,205	+0,287	−0,693	+0,776	−1,897	+2,065	−2,160	−2,760
3,350 $\mathfrak{M}_{IV}$	+0,576	−1,140	+1,023	4,080	+2,742	−2,593	−3,880	+3,745	−9,270	+8,895	+2,830	−3,090	+0,919
3,68 $\mathfrak{M}_V$	−4,110	+3,455	−8,645	+10,04(	+2,735	−3,384	+0,721	−0,316	+3,285	−1,254	−0,265	+0,401	−0,051
M	−3,567	+2,38₉	−7,71₂	+6,33₃	+5,29	−5,78₁	−2,89₇	+2,80₄	−5,22	+5,76	+4,44₇	+4,76₄	−1,65₃

Die Auflösung der Gleichungen erfolgt nun mit Hilfe des GAUSSschen Reduktionsverfahrens auf Seite 191. Die Koeffizienten, mit welchen die Momente der einzelnen Verschiebungszustände zu multiplizieren sind, ergeben sich nach S. 191 zu:

$$a = 0{,}627$$
$$b = 1{,}935$$
$$c = 2{,}450$$
$$d = 3{,}350$$
$$\text{und } e = 3{,}680$$

Die Multiplikation der Momente und die Addition derselben wurde auf Seite 192 und 193 durchgeführt. Die endgültigen Momente M infolge der horizontalen Verschiebekräfte sind in Abb. 209 aufgetragen, wozu noch für die Außenstützen die aus R. I sich ergebenden Momente von Abb. 208 hinzukommen. In Abb. 209a sind die Gesamtmomente der Außenstützen für Windbelastung angegeben. Die kleinen Momente in den Riegeln 3, 6, 9, 12 und 13 aus R 1 (Abb. 208) sind vernachlässigt.

Zur Beachtung.

Infolge eines Maßfehlers in Abb. 214 und eines Fehlers bei der Bestimmung der Festhaltekräfte in Abb. 226 ist ein Neudruck der Seiten 197 bis 208 notwendig geworden.

Der Verfasser.

Momente (Abb. 209).

H_8	L_8	K_9	L_9	K_{10}	N_{10}	L_{11}	O_{11}	N_{12}	O_{12}	N_{13}	$Q_{15}Q_{13}$	O_{14}	R_{14}	R_{15}
− 0	+ 0	− 0,09	+ 0,05	+ 0,14	− 0,34	+ 0,10	− 0,20	+ 0,80	− 0,645	1,14	+ 1,04	− 1,49	+ 1,46	− 0,73
+ 0,096	− 0,213	+ 0,712	− 0,574	+ 1,041	− 1,032	+ 1,360	− 1,338	+ 0,739	− 0,594	+ 0,293	− 0,103	+ 0,15	− 0,10	+ 0,05
− 2,537	+ 2,443	+ 0,871	− 1,017	+ 0,267	− 0,109	+ 0,409	− 0,181	− 0,083	+ 0,078	− 0,026	+ 0,011	− 0,025	+ 0,008	− 0,004
+ 0,811	− 0,298	+ 0,092	− 0,122	− 0,026	+ 0,009	+ 0,053	+ 0,028	+ 0,009	− 0,0125	−	−	+ 0,003	− 0,001	−
− 0,123	+ 0,043	+ 0,006	+ 0,018	—	—	+ 0,007	+ 0,005	—	+ 0,002	—	+	—	—	—
− 0	+ 0	− 0,056	+ 0,031	+ 0,088	− 0,213	+ 0,063	− 0,125	+ 0,501	− 0,404	− 0,715	+ 0,651	− 0,934	+ 0,915	− 0,457
+ 0,186	− 0,412	+ 1,377	− 1,109	+ 2,018	− 2,000	+ 2,635	− 2,588	+ 1,428	− 1,148	+ 0,567	− 0,199	+ 0,291	− $0,193_8$	+ 0,097
− 6,210	+ 5,990	+ 2,133	− 2,490	+ 0,654	− 0,267	+ 1,002	− 0,443	− 0,203	+ 0,191	0,0637	+ 0,027	− 0,061	+ $0,019_5$	− 0,0098
+ 2,720	+ 0,999	+ 0,308	+ 0,411	− 0,087	+ 0,030	+ 0,178	+ 0,094	+ 0,030	+ 0,042	—	—	+ 0,010	− 0,003	—
− 0,453	+ 0,158	+ 0,022	+ 0,066	—	—	+ 0,026	+ 0,018	—	+ 0,007	—	—	—	—	—
− 3,76	+ 4,74	+ $3,16_8$	− $3,09_1$	− 1,36	+ 1,55	− 1,72	+ $2,09_6$	+ $1,75_6$	$1,39_6$	$0,21_2$	+ 0,48	$0,69_4$	+ 0,74	− 0,37

Rechnungsprobe. Für die Momente aus der Horizontalbelastung (Abb. 209) ergibt sich die Bedingung, daß die Summe der hieraus ermittelten Querkräfte in den einzelnen Stockwerken gleich der zugehörigen Horizontalbelastung sein muß, also:

Stützenreihe 13, 14, 13': $Q = \dfrac{(0{,}21 + 0{,}48) \cdot 2 + 0{,}69 + 0{,}74}{3{,}75} = 0{,}75\,\text{t},$

Stützenreihe 10, 11, 10': $Q = \dfrac{(1{,}36 + 1{,}55) \cdot 2 + 1{,}72 + 2{,}09}{3{,}5} = 2{,}74\,\text{t}$

$$(0{,}75 + 1{,}98 = 2{,}73\,\text{t}),$$

Stützenreihe 7, 8, 7': $Q = \dfrac{(1{,}65 + 1{,}80) \cdot 2 + 3{,}76 + 4{,}74}{3{,}6} = 4{,}28\,\text{t}$

$$(0{,}75 + 1{,}98 + 1{,}54 = 4{,}27\,\text{t}),$$

Stützenreihe 4, 5, 4': $Q = \dfrac{(2{,}89 + 2{,}80) \cdot 2 + 5{,}22 + 5{,}76}{3{,}65} = 6{,}11\,\text{t}$

$$(0{,}75 + 1{,}98 + 1{,}54 + 1{,}83 = 6{,}10\,\text{t}),$$

Stützenreihe 1, 2, 1': $Q = \dfrac{(3{,}57 + 2{,}39) \cdot 2 + 7{,}71 + 6{,}33}{3{,}35} = 7{,}74\,\text{t}$

$$(0{,}75 + 1{,}98 + 1{,}54 + 1{,}83 + 1{,}63 = 7{,}73\,\text{t}).$$

Die Übereinstimmung mit der Belastung ist vollkommen ausreichend.

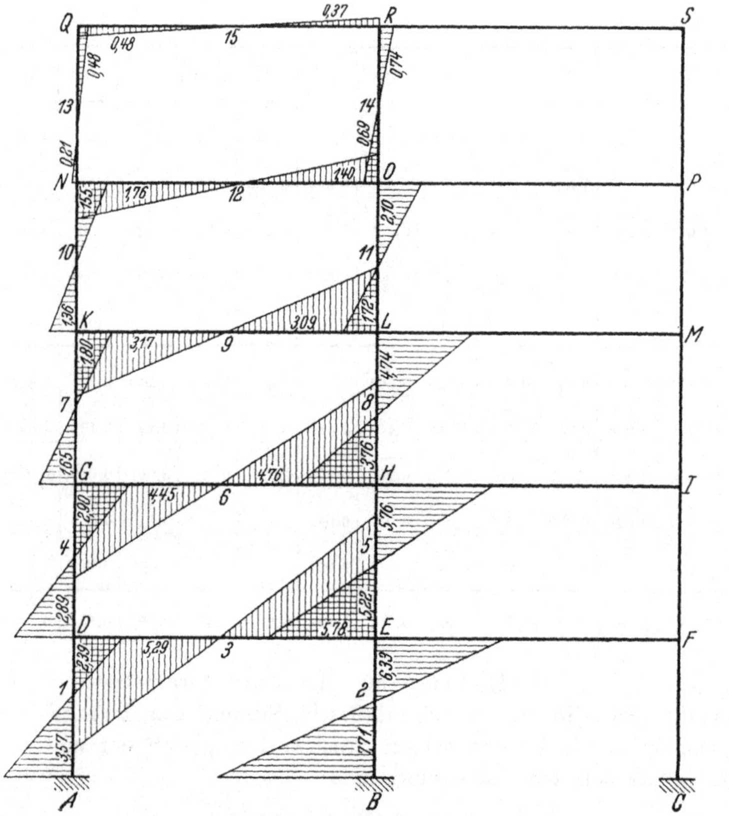

Abb. 209.

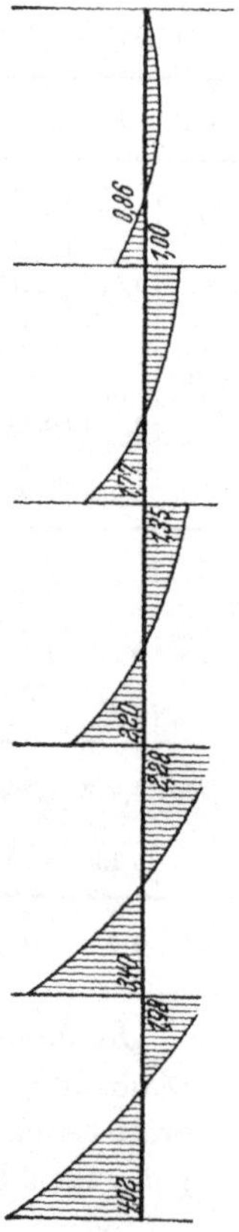

Abb. 209a.

6. Beispiel. Berechnung eines Rahmenbinders einer Maschinenhalle mit Zugband und ohne Zugband.

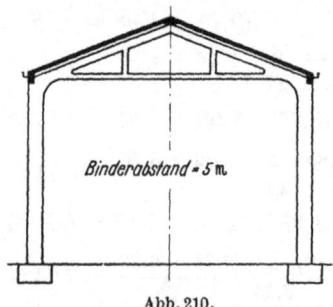

Binderabstand = 5 m.

Abb. 210.

Für den in Abb. 210 dargestellten Rahmenbinder in Stahlbeton wird die Berechnung sowohl mit Zugband als auch ohne Zugband durchgeführt.

a) *Rahmenbinder mit Zugband.*

Das Zugband wird ebenfalls in Stahlbeton ausgeführt, jedoch ist das Trägheitsmoment des Zugbandquerschnitts im Verhältnis zum Rahmenbinder gering. Es wird deshalb angenommen, daß das Zugband keine Momente übernimmt.

Die Trägheitsmomente sind:

$$J_1 = J_4 = \frac{0,5 \cdot 1,0^3}{12} = 0,0417 \text{ m}^4, \qquad J_2 = J_3 = \frac{0,5 \cdot 0,92^3}{12} = 0,0324 \text{ m}^4.$$

Grundgrößen (Abb. 211).

Stab	l m	$\dfrac{1000\,J}{m^4}$	$k = \dfrac{1000\,J}{l}$	Knoten-punkt	$\dfrac{k}{\Sigma k}$	$n = \dfrac{f}{l}$ Tafel 1	f m	z aus Tafel 2
1	12,20	41,7	3,42	A	$\dfrac{3,42}{\infty} = 0$	0,333	4,07	0,50
				B	$\dfrac{3,42}{3,30} = 1,04$	0,209	2,55	0,27
2	9,81	32,4	3,30	B	$\dfrac{3,30}{3,42} = 0,97$	0,224	2,20	0,29
				C	$\dfrac{3,30}{3,30} = 1,0$	0,211	2,07	0,27
3	9,81	32,4	3,30	C			2,07	
				D			2,20	
4	12,20	41,7	3,42	D			2,55	
				E			4,07	

I. Belastung durch Eigengewicht. Binderabstand 5,0 m:

Dachplatte 10 cm

$$0,1 \cdot 2,4 = 0,240 \text{ t/m}^2$$

Dachpappe $\qquad\qquad = 0,020 \text{ t/m}^2$

$$\overline{\; 0,260 \text{ t/m}^2}$$

für 1 lfd. m Dachbinder

$$5,0 \cdot 0,26 = 1,30 \text{ t/m}$$

Dachbinder

$$0,92 \cdot 0,5 \cdot 2,4 = 1,104 \text{ t/m}$$

$$g = 2,404 \text{ t/m}$$
$$G = 2,404 \cdot 9,81$$
$$= 23,6 \text{ t}$$

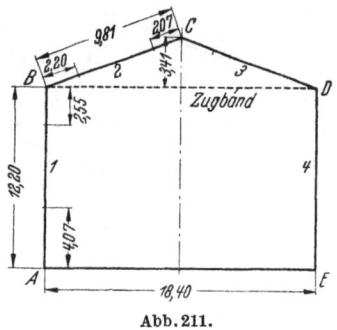

Abb. 211.

und die Komponente senkrecht zum Dachbinder

$$g' = g \cdot \cos\alpha = 2,404 \cdot \frac{9,20}{9,81} = 2,25 \text{ t/m} \quad \text{und} \quad G' = 2,25 \cdot 9,81 = 22,07 \text{ t}$$

somit für Stab 2 und 3

$$M_0 = \frac{2,25 \cdot 9,81^2}{8} = 27,0 \text{ mt}.$$

In Abb. 212 sind die Momente und Querkräfte für R. I durch Auf-klappen des Rahmens wie beim durchlaufenden Träger graphisch bestimmt. In Abb. 213 sind die Festhaltekräfte des Rahmens in B und D

13*

bestimmt; sie ergeben sich aus den Kräfteplänen unter Verwendung der aus Abb. 212 erhaltenen Auflagerkräfte zu:

$$F_B = F_D = 33,0 \text{ t}.$$

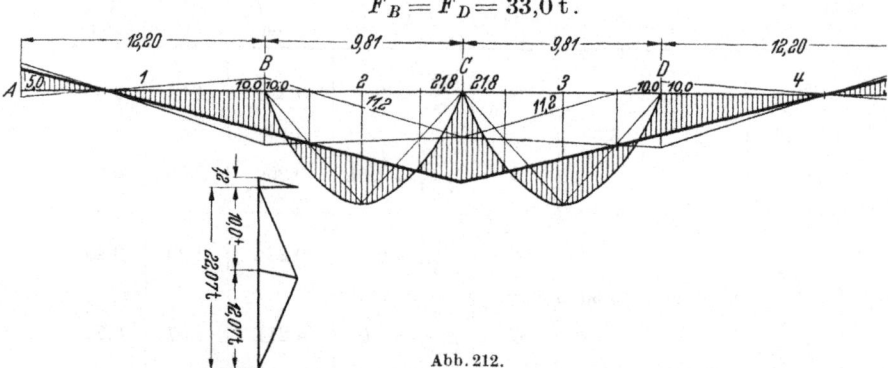

Abb. 212.

Diese Kraft muß von dem Zugband aufgenommen werden, und verursacht eine Zugbandverlängerung bei $\sigma_e = 1000 \text{ kg/cm}^2$ Zugbeanspruchung von

$$\Delta l = \frac{F_B \cdot l}{f_z \cdot E_z} = \sigma_e \cdot \frac{l}{E_z} = 1000 \cdot \frac{1840}{2\,100\,000} = 0,876 \text{ cm}.$$

Der Punkt B bzw. D verschiebt sich also nach außen um

$$\frac{\Delta l}{2} = \frac{0,876}{2} = 0,438 \text{ cm}.$$

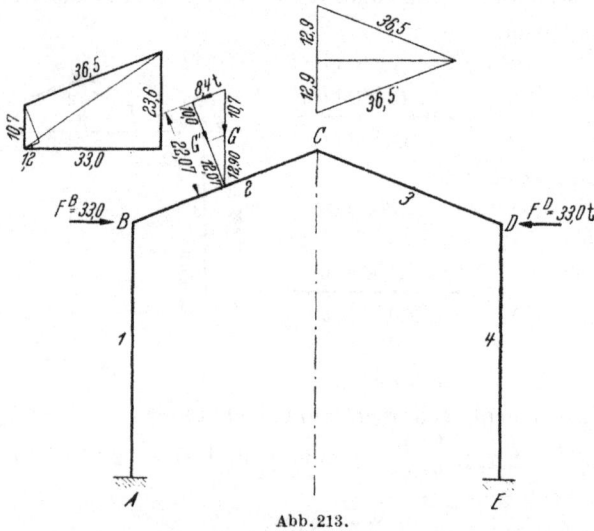

Abb. 213.

In Abb. 214 ist der Verschiebungsplan für die Verschiebung des Stabes 1 in B um $\frac{\Delta l}{2} = \Delta_1 = 0,438$ cm aufgetragen. Für den Stab 2 ergibt sich dann eine gegenseitige Verschiebung von $\Delta_2 = 1,262$ cm.

Die Momente im Stab 1 für die Verschiebung von $\varDelta_1 = 0,438$ cm ergeben sich zu (nach Gl. 47)

$$\mathfrak{m}_1^A = 6 \cdot E_z \cdot k_1 \cdot \frac{\varDelta_1}{l_1 \cdot l_1'} \cdot f_1^A$$

$$= 6 \cdot 2100000 \cdot 0,00342 \cdot \frac{0,00438}{12,20 \cdot 5,58} \cdot 4,07 = 2,77 \cdot 4,07 = 11,27 \text{ mt} \quad \text{und}$$

$$\mathfrak{m}_1^B = 6 \cdot E \cdot k_1 \cdot \frac{\varDelta_1}{l_1 \cdot l_1'} \cdot f_1^B = 2,77 \cdot 2,55 = 7,06 \text{ mt}.$$

Die Momente in Stab 2 für die Verschiebung $\varDelta_2 = 1,262$ cm betragen

$$\mathfrak{m}_2^B = 6 \cdot 2100000 \cdot 0,0033 \cdot \frac{0,01262}{9,81 \cdot 5,54} \cdot 2,20 = 9,67 \cdot 2,20 = 21,3 \text{ mt},$$

$$\mathfrak{m}_2^C = \qquad\qquad\qquad\qquad = 9,67 \cdot 2,07 = 20,0 \text{ mt}.$$

In Abb. 215 sind die Momente für die Verschiebungen der einzelnen Stäbe 1, 2, 3 und 4, wobei 3 und 4 gleich 2 und 1 sind, eingetragen, jeweils über den Rahmen weitergeleitet und dann addiert.

Werden nun die Momente für festgehaltene Knotenpunkte (R. I) Abb. 212 hinzugerechnet, so ergeben sich die endgültigen Momente für Eigengewicht (Abb. 216). Auch die Querkraftslinie ist angegeben, aus der sich dann mit Hilfe der Kräftepläne die Zugkraft im Zugband zu $Z = 6,07$ t ergibt mit

$$F_e = \frac{6070}{1000} = 6,07 \text{ cm}^2.$$

II. Belastung durch Schnee. Auf 1 m² waagerechte Projektion einer Dachfläche ist $s = 75$ kg/m². Dies ergibt einen senkrechten Druck auf 1 m² schräge Dachfläche

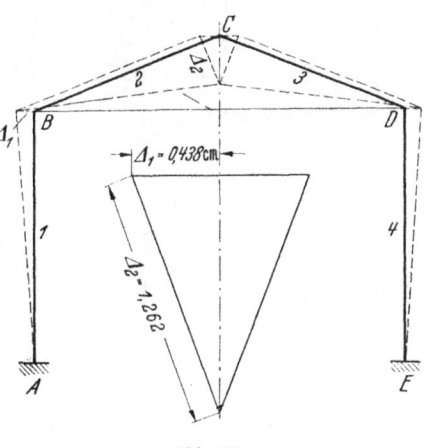

Abb. 214.

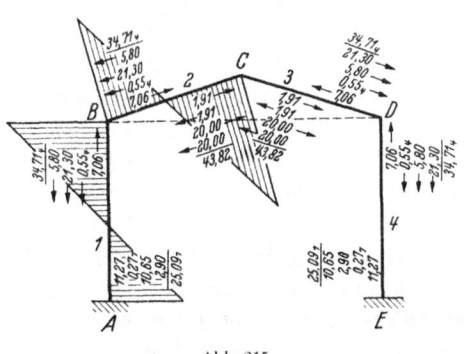

Abb. 215.

$$s_s = 75 \cdot \cos^2 \alpha = 75 \cdot 0,94^2 = 66 \text{ kg/m}^2$$

und die Komponente parallel zur Dachschräge

$$s_p = 75 \cdot \sin \alpha \cdot \cos \alpha = 75 \cdot 0,35 \cdot 0,94 = 25 \text{ kg/m}^2.$$

Es wird dann $M_0 = \dfrac{5 \cdot 0,066 \cdot 9,81^2}{8} = 3,97 \text{ mt}$

$\qquad$ und $S_s = 5,0 \cdot 0,066 \cdot 9,81 = 3,24 \text{ t}$

$\qquad$ und $S = 5,0 \cdot 0,75 \cdot 9,2 = 3,45 \text{ t}.$

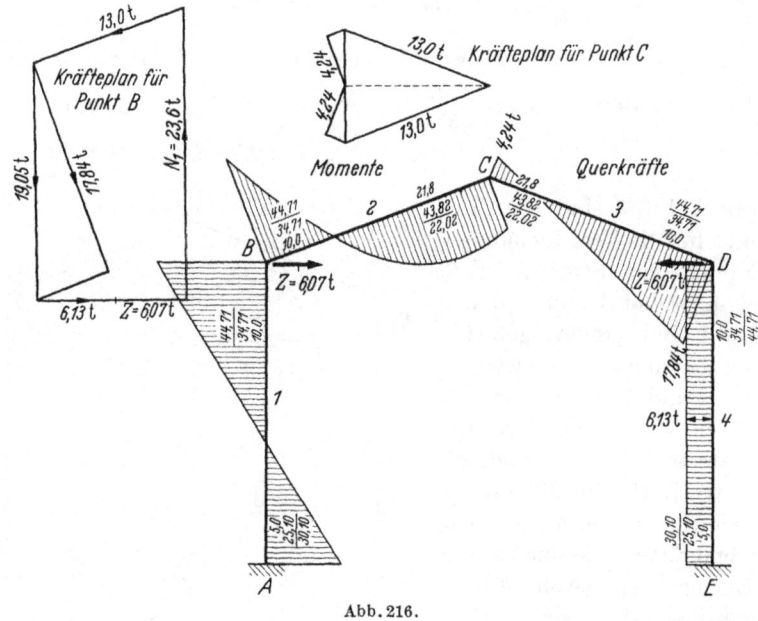

Abb. 216.

Für beiderseitige Schneebelastung sind in Abb. 217 die Momente für Rechnungsabschnitt 1 (R. I) und die Festhaltekräfte F_B und F_D aus den Kräfteplänen ermittelt. Wie bei der Eigengewichtsbelastung wird aus dem Kräfteplan für Belastung von Stab 2 die Größe der Kraft $C = 1,80$ t entnommen und in den Kräfteplan für Punkt C übertragen. Hierbei muß die in Richtung der Dachschräge mitwirkende Kraft hinzugenommen werden. Dieselbe Kraft wirkt von Belastung des Stabes 3. Die Gesamtkraft ist dann zu zerlegen in Richtung von Stab 2 und 3. Ebenso wird der Kräfteplan für Punkt B aufgestellt, aus dem sich dann durch Zerlegung der Resultierenden R^B in Richtung Zugband und Vertikale die Festhaltekraft ergibt zu $F_B = 4,97$ t $= F_D$. Ferner ist noch der Verlauf der Stützlinie eingetragen, wobei jedoch die Schneebelastung nur als Gesamtkraft berücksichtigt wurde.

Für einseitige Schneebelastung sind in Abb. 218 die Momente, Querkräfte und Festhaltekräfte ermittelt und aufgetragen. Die Festhaltekräfte ergeben sich zu $F_B = 2,31$ t und $F_D = 2,65$ t.

III. Belastung durch Wind. Einseitiger Winddruck von links:
Winddruck senkrecht zur Dachfläche

$$w = 1,2 \cdot 80 \cdot \sin \alpha = 1,2 \cdot 80 \cdot 0,35 = \text{rd. } 35 \text{ kg/m}^2$$

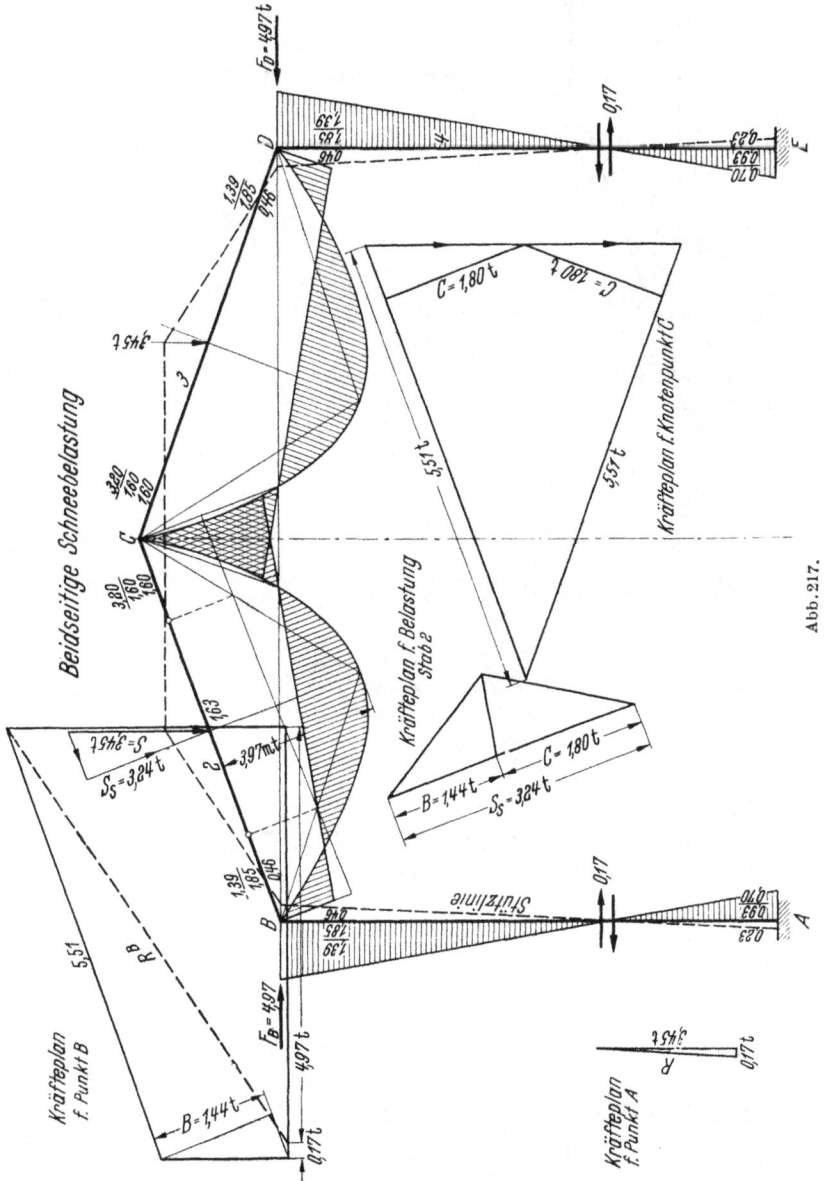

Abb. 217.

und bei 5 m Binderentfernung für 1 lfd. m Binder

$$w = 35 \cdot 5 = 175 \text{ kg/m}$$

Winddruck auf die senkrechte Wand $w = 1,2 \cdot 80 = 96 \,\text{kg/m}^2$
bzw. $\qquad 5 \cdot 96 = 480 \,\text{kg/m}.$

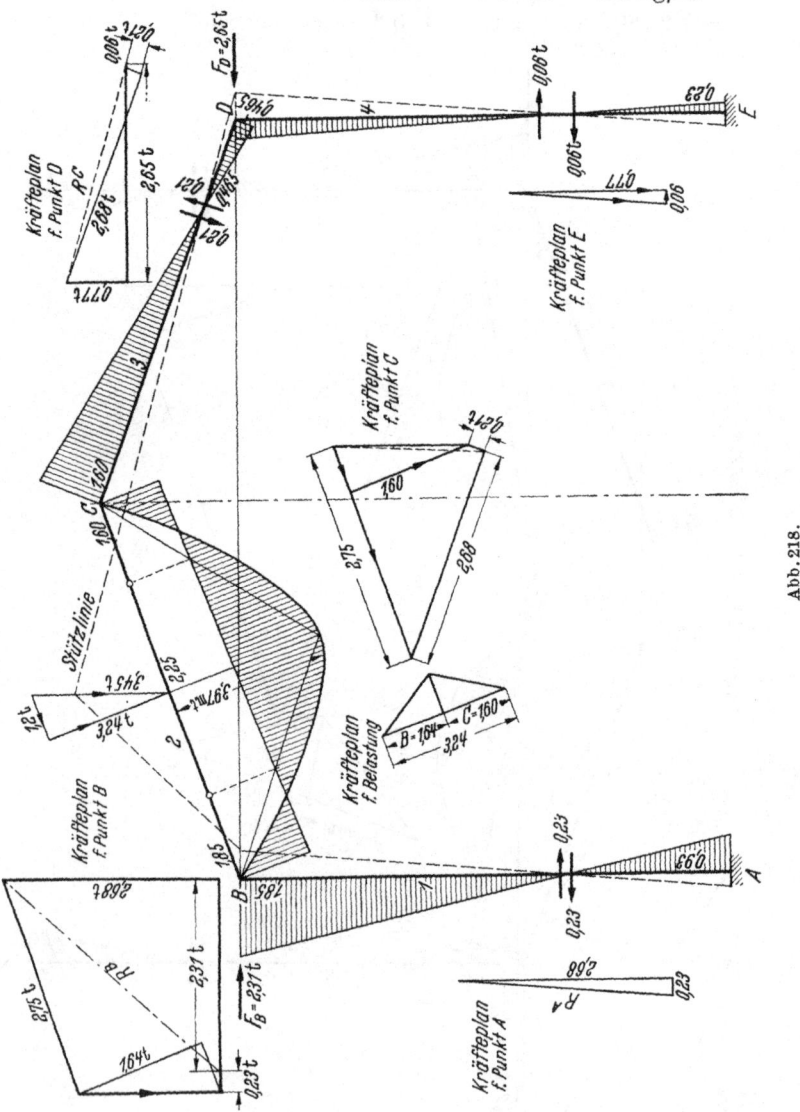

Abb. 218.

Für Stab 1: $M_0 = \dfrac{0,48 \cdot 12,2^2}{8} = 8,93 \,\text{mt}$ und

$\qquad\qquad W_1 = 12,2 \cdot 0,48 = 5,85 \,\text{t}.$

Für Stab 2: $M_0 = \dfrac{0,175 \cdot 9,81^2}{8} = 2,12 \,\text{mt}^*$

$\qquad\qquad W_2 = 9,81 \cdot 0,175 = 1,72 \,\text{t}^*.$

* In Abb. 219: 2,14 mt bzw. 1,75 t eingetragen.

Die Ermittlung der Momente, Querkräfte und Festhaltekräfte ist in Abb. 219 durchgeführt. Die Festhaltekräfte ergeben sich zu

$$F_B = 2{,}52\,\text{t} \quad \text{und} \quad F_D = 0{,}76\,\text{t}.$$

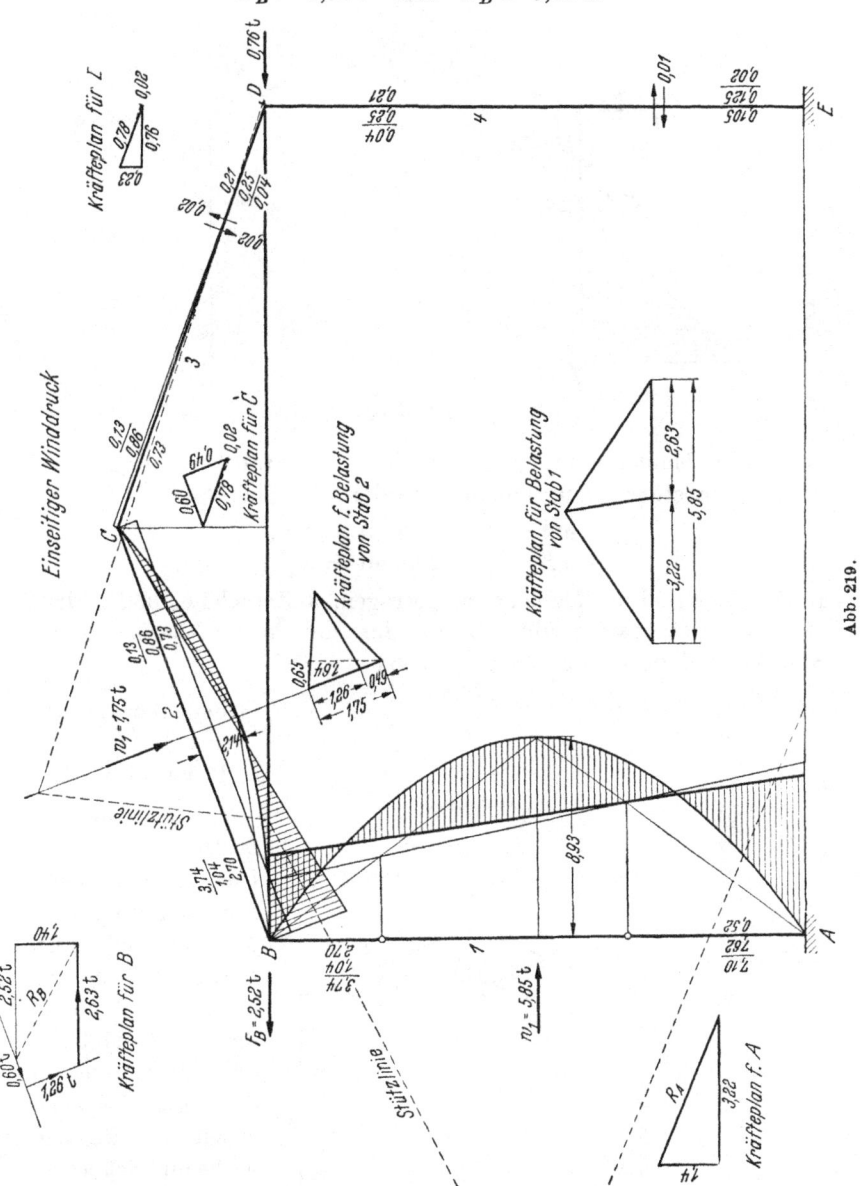

Abb. 219.

Für die einseitigen Belastungen durch Schnee und Wind sind noch die Momente für einseitige horizontale Verschiebung des Rahmens zu be-

stimmen. Bei Annahme eines steifen Zugbands verschieben sich di
Punkte B und D um dasselbe Maß. Bei dem symmetrischen Rahme

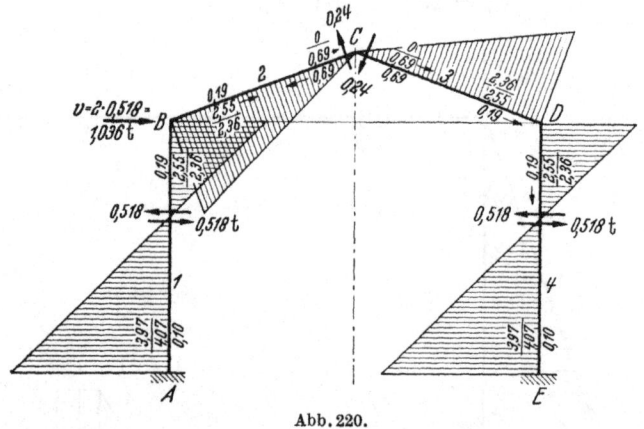

Abb. 220.

können die Momente infolge Verschiebung von Stab 1 und 4 gleich der
Festpunktabständen angenommen werden. Es sind also

$$m_1^A = f_1^A = 4{,}07 \text{ mt} = m_4^E,$$
$$m_1^B = f_1^B = 2{,}55 \text{ mt} = m_4^D.$$

In Abb. 220 sind die Momente eingetragen, weitergeleitet und addiert.
Die Verschiebekraft ergibt sich aus der Summe der Querkräfte von
Stab 1 und 4 zu $V = 2 \cdot 0{,}518 = 1{,}036$ t.

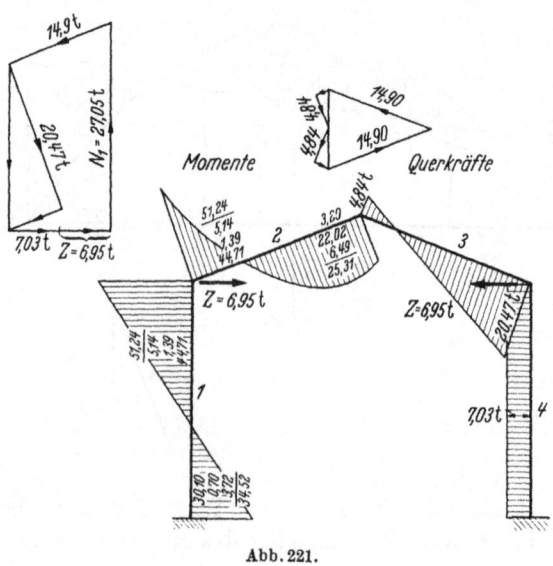

Abb. 221.

Gesamtmomente
und Kräfte aus
R. I und R. II.

*1. Eigengewicht und
beiderseitige Schnee-
last.* In Abb. 216 sind
für Eigengewicht die
Momente und Kräfte
unter Berücksichti-
gung der Zugband-
dehnung (bei 1000 kg/
cm² Beanspruchung
des Zugbandes) ange-
geben. Für Eigenge-
wicht und Schneelast
erhöht sich dann die
Zugkraft im Zugband,
wenn die Schneelast

$5 \cdot 0{,}075 = 0{,}375$ t/m und das Eigengewicht $\dfrac{23{,}6}{9{,}2} = 2{,}57$ t/m beträgt, um

$\dfrac{6{,}07 \cdot 0{,}375}{2{,}57} = 0{,}88$ t also auf $\mathbf{Z} = 6{,}07 + 0{,}88 = \mathbf{6{,}95\ t.}$

Die Festhaltekräfte von je $33{,}0 + 4{,}97 = 37{,}97$ t ergeben also eine Zugkraft im Zugband von 6,95 t, und umgerechnet für Festhaltekräfte von je 1 t beträgt die Zugkraft im Zugband $\dfrac{6{,}95}{37{,}97} = \mathbf{0{,}18\ t.}$

Bei 6,07 cm² Stahlquerschnitt des Zugbandes wird die Beanspruchung des Zugbandes $\sigma = \dfrac{6{,}95}{6{,}07} = 1145$ kg/cm² und die Dehnung des Zug-bandes $\varDelta = \dfrac{0{,}876 \cdot 1145}{1000} = 1{,}003$ cm. Die durch die Dehnung des Zug-bandes entstehenden Zusatzmomente aus Schneelast ergeben sich nun durch Multiplikation der Momente von Abb. 215 mit dem Faktor $\dfrac{1{,}003 - 0{,}876}{0{,}876} = 0{,}145.$

In Abb. 221 sind die Momente und Kräftepläne für Eigengewicht und beiderseitige Schneelast eingetragen.

    2. Linksseitige Schneelast. Aus Abb. 218: $F_B = 2{,}31$ t und $F_D = 2{,}65$ t. Zerlegt man die Festhaltekräfte in zwei gleiche $F_B = F'_D = 2{,}31$ t und einer ein-seitig wirkenden $F''_D = 0{,}34$ t, so ergibt sich für die beiden Festhaltekräfte von 2,31 t eine Zugkraft im Zugband (s. un-ter 1.) von $2{,}31 \cdot 0{,}18 = 0{,}41$ t und die Momente aus Abb. 215

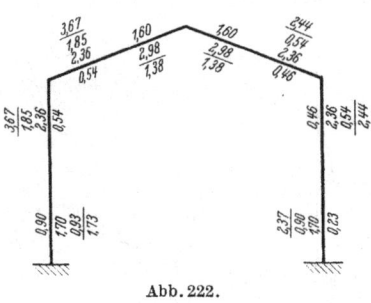

Abb. 222.

durch Multiplikation mit $\dfrac{0{,}41}{6{,}07} = 0{,}068$, ferner die Momente infolge von $F''_D = 0{,}34$ t aus Abb. 220 durch Multiplikation mit $\dfrac{0{,}34}{1{,}036} = 0{,}228$. In Abb. 222 sind diese Momente eingetragen und mit den Momenten aus R_I (Abb. 218) addiert.

    3. Linksseitiger Winddruck. Aus Abb. 219: $F_B = 2{,}52$ t und $F_D = 0{,}76$ t. Die Momente für die Verschiebekraft

$$V = -F_B - F_D = -2{,}52 - 0{,}76 = -3{,}28\ t$$

erhält man aus Abb. 220 durch Multiplikation mit $\dfrac{3{,}28}{1{,}036} = 3{,}14$. Im Zugband entsteht in diesem Falle eine Druckkraft, die sich daraus ergibt, daß die Festhaltekräfte sich jeweils auf beide Stützen zu gleichen Teilen übertragen. Die für den Druck im Zugband in Rechnung zu stellende

Festhaltekraft beträgt dann $F_Z = \dfrac{2,52}{2} - \dfrac{0,76}{2} = 0,88\,\text{t}$, woraus dann

im Zugband eine Druckkraft von $D = 0,88 \cdot 0,18 = 0,16\,\text{t}$ entsteht.

Die Momente aus dieser Druckkraft werden wieder aus Abb. 215 durch

Multiplikation mit $\dfrac{-0,16}{6,07} = -0,026$ erhalten. In Abb. 223 sind diese

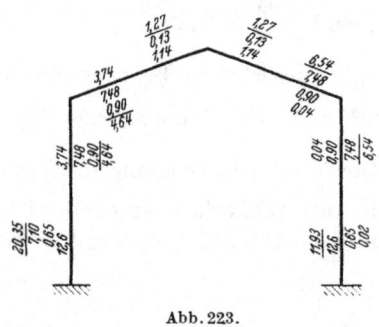

Momente eingetragen und mit denjenigen von Abb. 219 addiert.

4. Eigengewicht, linksseitige Schnee- und Windlast. Hierfür erhält man die Gesamtmomente (Abb. 224) durch Addition von Abb. 216, 222 und 223, die Zugkraft im Zugband $Z = 6,07 + 0,41 - 0,16 = 6,32\,\text{t}$ und die Beanspruchung im Zugband $Z = \dfrac{6,32}{6,07}$

Abb. 223.

$= 1040\ \text{kg/cm}^2$. Mit Hilfe der

Querkräfte ergeben sich aus den Kräfteplänen der Abb. 224 noch die Normalkräfte in den Stäben und die Auflagerkräfte.

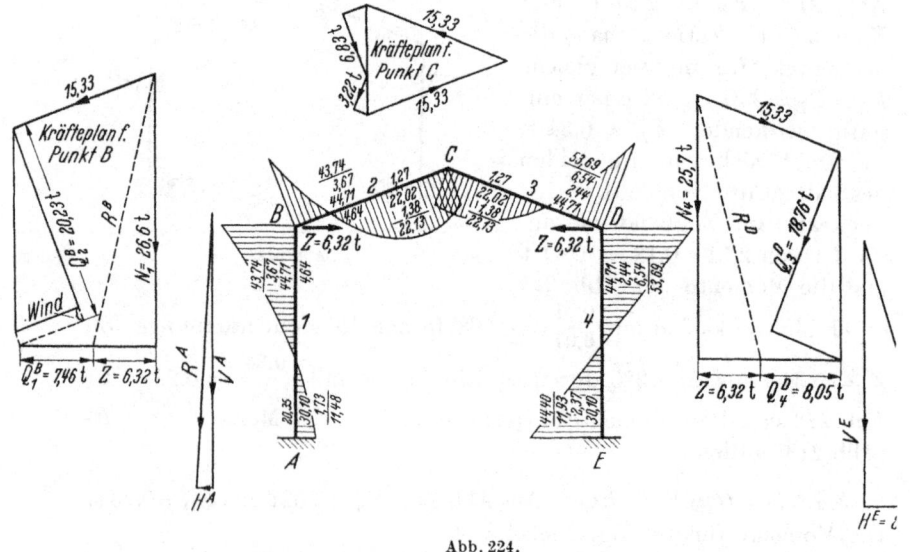

Abb. 224.

Querkräfte aus den Momenten:

Stab 1: $\dfrac{11,48 + 43,74}{12,2} = 4,53\,\text{t}$,   Stab 3: $\dfrac{22,13 + 53,69}{9,81} = 7,72\,\text{t}$,

Stab 2: $\dfrac{43,74 + 22,13}{9,81} = 6,70\,\text{t}$,   Stab 4: $\dfrac{53,69 + 44,40}{12,2} = 8,03\,\text{t}$.

Querkräfte an den Stabenden:

$$Q_1^A = \frac{5,85}{2} - 4,53 = -1,60\,\mathrm{t}, \qquad\qquad Q_1^B = \frac{5,85}{2} + 4,53 = 7,46\,\mathrm{t},$$

$$Q_2^B = \frac{22,07}{2} + \frac{3,24}{2} + \frac{1,45}{2} + 6,70 = 20,23\,\mathrm{t}, \quad Q_2^C = 6,83\,\mathrm{t},$$

$$Q_3^C = \frac{22,07}{2} - 7,72 = 3,215\,\mathrm{t}, \qquad\qquad Q_3^D = 18,755\,\mathrm{t},$$

$$Q_4^D = Q_4^E = 8,05\,\mathrm{t}.$$

Die Auflagerkräfte:

$$V_A = 27,0\,\mathrm{t} \quad\text{und}\quad V_E = 26,3\,\mathrm{t},$$
$$H_A = -1,60\,\mathrm{t} \quad\text{und}\quad H_E = 8,03\,\mathrm{t}.$$

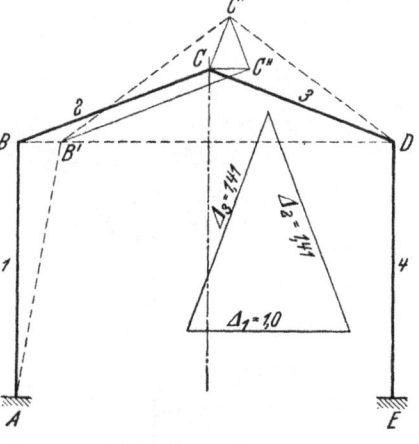

Abb. 225.

b) Rahmenbinder ohne Zug-band. Für Rechnungsabschnitt I sind die Momente dieselben wie unter a) mit Zugband. Wenn das Zugband nun wegfällt, so können sich die Punkte B und D unterschiedlich verschieben. Wir erhalten also zwei Verschiebungszustände:

Verschiebungszustand 1: Verschiebung von B, wobei D festgehalten ist

,,   2:   ,,   ,, D, ,, B ,,   ,,.

In Abb. 225 ist der Verschiebungszustand 1 aufgetragen, bei Verschiebung von B nach B' um die Größe $\Delta_1 = 1$ wird die gegenseitige Verschiebung von Stab 2:

$$\Delta_2 = C'C'' = 1,41 \text{ und von Stab 3: } \Delta_3 = CC' = 1,41.$$

Die Momente hierfür errechnen sich zu:

Verschiebung von Stab 1:

$$\mathfrak{m}_1'^A = f_1^A = 4,07\,\mathrm{mt},$$
$$\mathfrak{m}_1'^B = f_1^B = 2,55\,\mathrm{mt}.$$

Verschiebung von Stab 2:

$$\mathfrak{m}_2''^B = \varkappa_2 \cdot f_2^B \cdot 1,41 = \frac{k_2 \cdot l_1 \cdot l_1'}{k_1 \cdot l_2 \cdot l_2'} \cdot 1,41 \cdot 2,20 = 1,71 \cdot 2,20 = 3,75\,\mathrm{mt},$$

$$\mathfrak{m}_2''^C = \varkappa_2 \cdot f_2^C \cdot 1,41 = \frac{3,30 \cdot 12,2 \cdot 5,58}{3,42 \cdot 9,81 \cdot 5,54} \cdot 1,41 \cdot 2,07 = 1,71 \cdot 2,07 = 3,53\,\mathrm{mt}.$$

Verschiebung von Stab 3: wie bei Stab 2.

Die Einzelmomente $\mathfrak{m}$ sind in Abb. 226 eingetragen, weitergeleite
und addiert, woraus sich die Gesamtmomente für den Verschiebungszustand 1 ergeben.

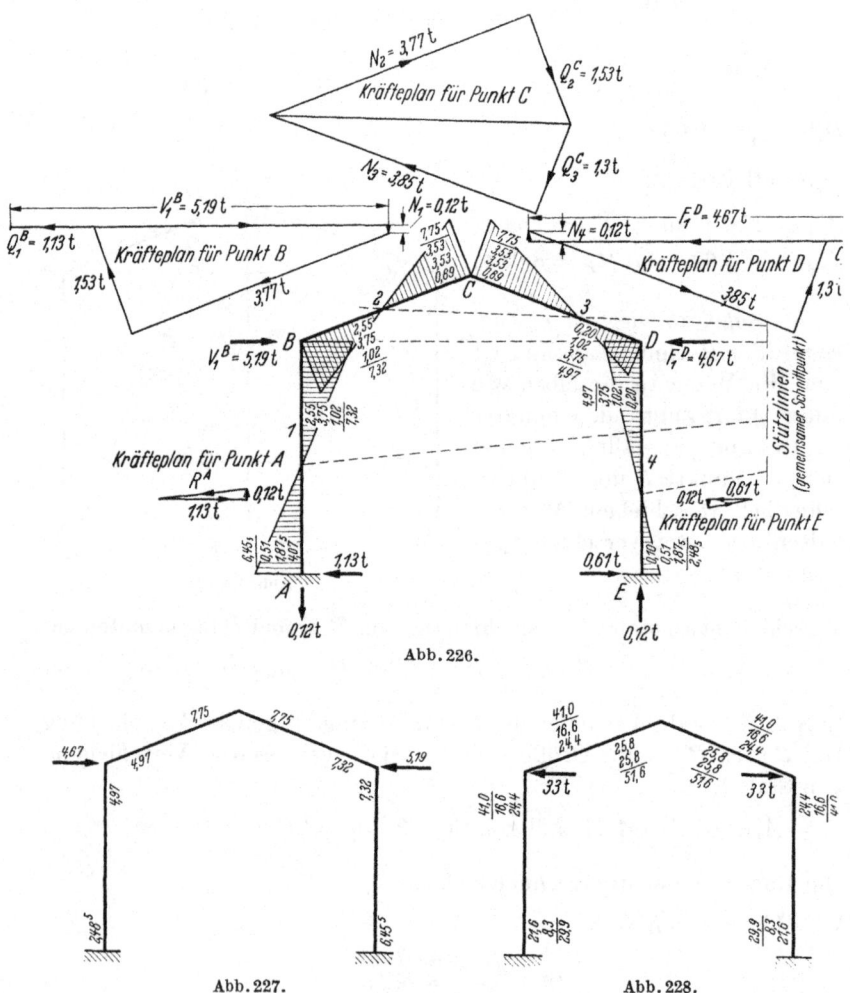

Abb. 226.

Abb. 227.   Abb. 228.

Mit Hilfe der Querkräfte:

$$Q_1 = \frac{7,32 + 6,45}{12,2} = 1,13\,\text{t}, \qquad Q_3 = \frac{7,85 + 4,97}{9,81} = 1,3\,\text{t},$$

$$Q_2 = \frac{7,32 + 7,75}{9,81} = 1,53\,\text{t}, \qquad Q_4 = \frac{4,97 + 2,485}{12,2} = 0,61\,\text{t}$$

ergeben sich nun aus den Kräfteplänen (Abb. 226) die Verschiebekraf
$V_B = 5,19\,\text{t}$ und die Festhaltekraft $F_D = 4,67\,\text{t}$.

Da der Rahmen symmetrisch ist, ergeben sich für den Verschiebungszustand 2 die in Abb. 227 dargestellten Momente und Kräfte.

1. Belastung durch Eigengewicht. Nach Abb. 213 sind die Festhaltekräfte in B und $D = 33$ t; damit diese $= 0$ werden, erhalten wir folgende Bedingungsgleichungen:

$$a \cdot 5,19 + b \cdot 4,67 = -33,0\,\text{t},$$
$$a \cdot 4,67 + b \cdot 5,19 = -33,0\,\text{t},$$

hieraus:

$$a = -3,34 \quad \text{und} \quad b = -3,34.$$

Die Momente von Abb. 226 und 227 sind also je mit $-3,34$ zu multiplizieren, um die Zusatzmomente infolge der Verschiebekräfte $V = 33$ t zu erhalten (Abb. 228).

Die endgültigen Momente für Eigengewicht aus Abb. 212 und 228 sind in Abb. 229 eingetragen.

Für einseitige Belastung durch Schnee und Wind sind die Festhaltekräfte

$$F_1^B = 2,31 - 2,52 = -0,21\,\text{t}$$

und

$$F_4^D = 2,65 + 0,76 = \quad 3,41\,\text{t}$$

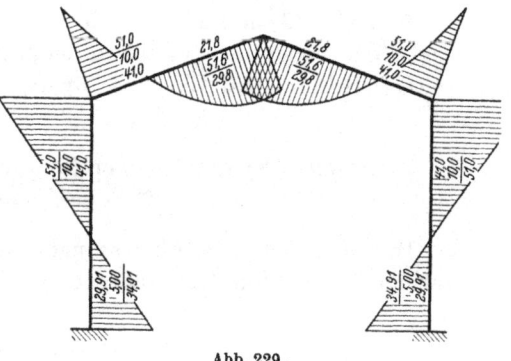

Abb. 229.

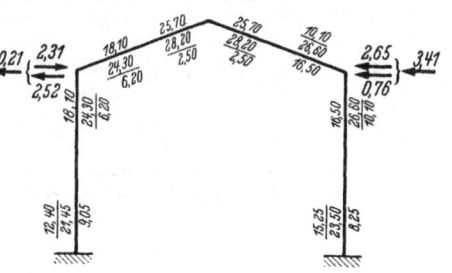

Abb. 230.

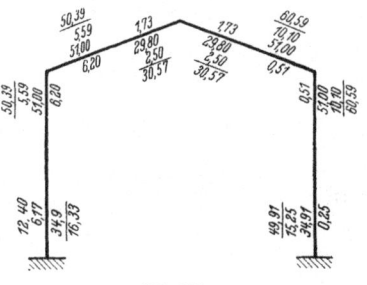

Abb. 231.

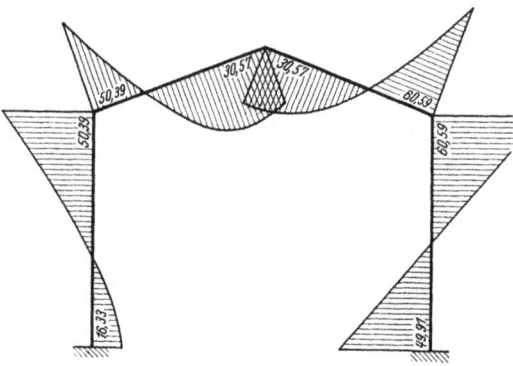

Abb. 231a.

entgegengesetzt als Verschiebekräfte einzusetzen, so daß die Bedingungsgleichungen lauten:

$$a \cdot 5{,}19 + b \cdot 4{,}67 = + 0{,}21 \text{ t}$$

$$a \cdot 4{,}67 + b \cdot 5{,}19 = - 3{,}41 \text{ t}$$

hieraus: $a = 3{,}32$ und $b = - 3{,}64$.

In Abb. 226 sind hierfür die Zusatzmomente errechnet. Abb. 231
und 231a zeigen die endgültigen Momente aus Eigengewicht sowie einseitiger Schnee- und Windlast für den Rahmen ohne Zugband.

7. Beispiel. Symmetrischer Rahmen mit stark veränderlichem Trägheitsmoment.

In Abb. 232 sind die Abmessungen des Rahmens und das Belastungsschema für ständige Last angegeben.

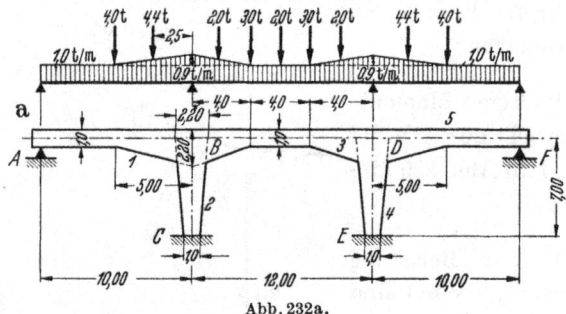

Abb. 232a.

Bei 40 cm Breite und rechteckigem Querschnitt des Rahmens ergeben
sich die Trägheitsmomente zu

$$J = \frac{0{,}4}{12} \cdot h^3 = 0{,}0333 \cdot h^3 \, m^4.$$

Wie in Abschnitt III, Kapitel X dargelegt, sind zunächst die Stabdrehwinkel α und β nach Gl. (94), (95) und (96) zu bestimmen:

$$E \cdot \alpha^A = \frac{1}{l} \sum_0^l w \cdot x',$$

$$E \cdot \alpha^B = \frac{1}{l} \sum_0^l \cdot w \cdot x,$$

$$E \, \beta = \frac{1}{l^2} \sum_0^l w \cdot x \cdot x'.$$

Stab 1: Aufteilung in 10 Lamellen gemäß Abb. 232b.

Für Lamelle 10, die im Bereich der Stütze liegt, kann das Trägheitsmoment gleich ∞ eingesetzt werden.

Stab 1

Lamelle	Δx m	J_x m⁴	x m	x' m	$w = \frac{\Delta x}{J_x}$	$w \cdot x'$	$w\,x$	$w \cdot x \cdot x'$
1	1,0	0,0333	0,50	9,50	30	285,0	15,0	142,5
2	1,0	0,0333	1,50	8,50	30	255,0	45,0	382,5
3	1,0	0,0333	2,50	7,50	30	225,0	75,0	562,5
4	1,0	0,0333	3,50	6,50	30	195,0	105,0	682,5
5	1,0	0,0333	4,50	5,50	30	165,0	135,0	742,5
6	1,0	0,0468	5,50	4,50	21,35	96,1	117,5	529,5
7	1,0	0,084	6,50	3,50	11,90	41,6	77,4	270,0
8	1,0	0,1365	7,50	2,50	7,32	18,3	54,9	137,2
9	1,0	0,2075	8,50	1,50	4,82	7,2	40,9	61,5
10	1,0	∞	9,50	0,50	0	0	0	0
					$\Sigma =$	1288,2	665,7	3510,7

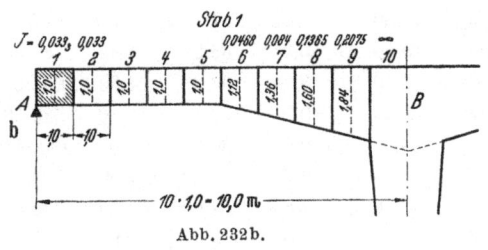

Abb. 232b.

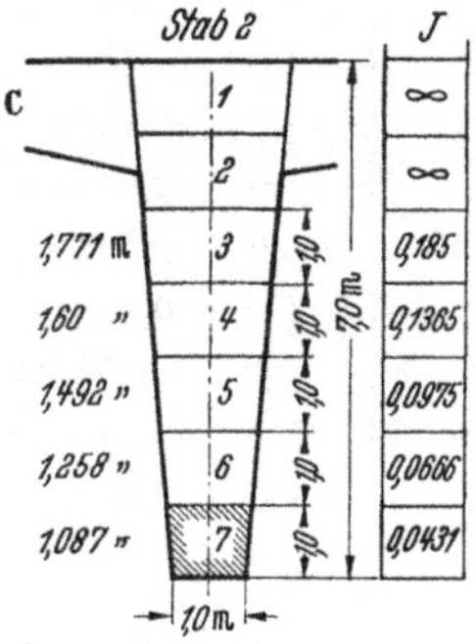

Abb. 232c.

Hieraus ergeben sich:

$$E \cdot \alpha_1^A = \frac{1}{10} \cdot 1288,2 = 128,82,$$

$$E \cdot \alpha_1^B = \frac{1}{10} \cdot 665,7 = 66,57,$$

$$E \cdot \beta_1 = \frac{1}{10^2} \cdot 3510,7 = 35,11.$$

Ebenso für *Stab 2* gemäß Abb. 232c: Für die Lamellen 1 und 2 im Bereich des Riegels werden wieder die Trägheitsmomente gleich ∞ eingesetzt.

Somit aus Tabelle Seite 210 $E \cdot \alpha_2^B = \frac{1}{7} \cdot 109,7 = 15,7,$

$$E \cdot \alpha_2^C = \frac{1}{7} \cdot 318,8 = 45,6,$$

$$E \cdot \beta_2 = \frac{1}{7^2} \cdot 465,05 = 9,52.$$

Stab 2

Lamelle	Δx	J_x	x	x'	$w = \dfrac{\Delta x}{J_x}$	$w \cdot x'$	$w \cdot x$	$w \cdot x \cdot x'$
1	1,0	∞	0,50	6,50	0	0	0	0
2	1,0	∞	1,50	5,50	0	0	0	0
3	1,0	0,185	2,50	4,50	5,40	24,30	13,50	60,75
4	1,0	0,136$_5$	3,50	3,50	7,33	25,65	25,65	89,80
5	1,0	0,097$_5$	4,50	2,50	10,25	25,65	46,15	115,40
6	1,0	0,066$_7$	5,50	1,50	15,00	22,50	82,50	123,70
7	1,0	0,043$_1$	6,50	0,50	23,20	11,60	151,00	75,40
					$\Sigma =$	109,70	318,80	465,05

Ferner für *Stab 3* gemäß Abb. 232d, wobei die Trägheitsmomente der Lamellen 1 und 9 gleich ∞ eingesetzt werden.

Stab 3

Lamelle	Δx	J_x	x	$l - x$	w	$w \cdot x'$	$w \cdot x$	$w \cdot x \cdot x'$
1	1,0	∞	0,50	11,50	0	0	0	0
2	1,0	0,1783	1,50	10,50	5,61	58,90	8,42	88,40
3	1,0	0,1018	2,50	9,50	9,84	93,50	24,60	233,50
4	1,0	0,0507	3,50	8,50	19,71	167,50	69,10	586,50
5	4,0	0,0333	6,00	6,00	120,00	720,00	720,00	4320,00
6	1,0	0,0507	8,50	3,50	19,71	69,10	167,50	586,50
7	1,0	0,1018	9,50	2,50	9,84	24,60	99,50	233,50
8	1,0	0,1783	10,50	1,50	5,61	8,42	58,90	88,40
9	1,0	∞	11,50	0,50	0	0	0	0
					$\Sigma =$	1142,02	1142,02	6136,8

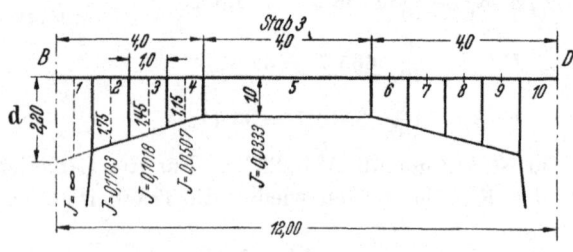

Abb. 232 d.

Damit wird:
$$E \cdot \alpha_3^B = E \cdot \alpha_3^D = \frac{1142,02}{12,0} = 95,2\,,$$
$$E \cdot \beta_3 = \frac{6136,8}{12,0^2} = 42,5\,.$$

M_0-Momente für Stab 1:

Belastung 1,0 t/m : $M_0 = \dfrac{1,0 \cdot 10^2}{8} = 12,5$ mt,

Dreiecksbelastung 0,9 t : M_0 in $\dfrac{l}{2}$: $\dfrac{p\,l^2}{48} = \dfrac{0,9 \cdot 10,0^2}{48} = 1,875$ mt

in 0,204 l : $M_{0\,max} = 0,0266\,p \cdot l^2 = 0,0266 \cdot 0,9 \cdot 10^2 = 2,395$ mt,

Belastung 4,0 t u. 4,4 t : M_0 in $\dfrac{l}{2}$: $\left(2,0 + \dfrac{4.4 \cdot 2,5}{10,0}\right) \cdot 5,0 = 15,5$ mt,

M_0 unter der Last 4,4 t : $\left(2,0 + \dfrac{4,4 \cdot 7,5}{10,0}\right) \cdot 2,5 = 13,25$ mt.

In Abb. 232e sind die Einzel- und Gesamtmomente aufgetragen.

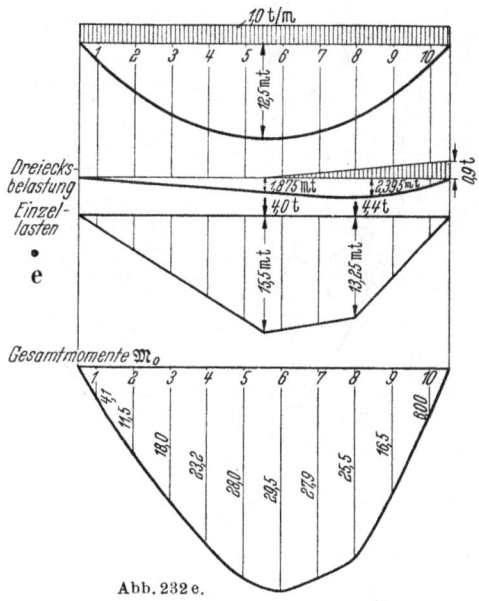

Abb. 232 e.

M_0-Momente für Stab 3 (Abb. 232f).

Belastung 1,0 t/m : $M_0 = \dfrac{1,0 \cdot 12^2}{8} = 18,0$ mt,

Dreiecksbelastung 0,9 t : $M_0 = \dfrac{0,9 \cdot 4^2}{6} = 2,4$ mt,

Einzellasten : unter der Last 2,0 t : $M_0 = 6,0 \cdot 2,0 = 12$ mt,

unter der Last 3,0 t : $M_0 = 6,0 \cdot 4,0 - 2,0 \cdot 2,0 = 20$ mt,

in $\dfrac{l}{2}$: $M_0 = 6,0 \cdot 6,0 - 2,0 \cdot 4,0 - 3,0 \cdot 2,0 = 22$ mt,

14*

Kreuzlinienabschnitte: Nach Gl. (101) ist

$$K_1^A = -l \cdot \frac{\overset{l}{\underset{0}{\Sigma}} \cdot M_0 \cdot w \cdot x}{\overset{l}{\underset{0}{\Sigma}} w \cdot x \cdot x'} \quad \text{und} \quad K_1^B = -l \cdot \frac{\overset{l}{\underset{0}{\Sigma}} M_0 \cdot w \cdot x'}{\overset{l}{\underset{0}{\Sigma}} w \cdot x \cdot x'}.$$

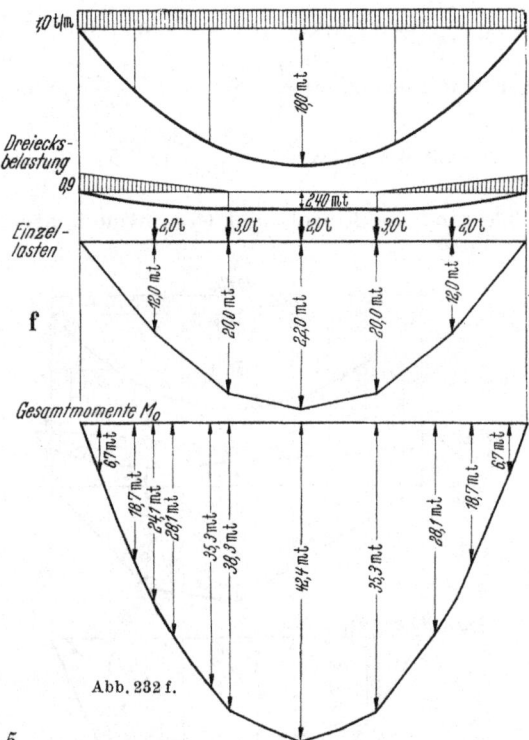

Abb. 232 f.

Stab 1 und 5.

Lamelle	$w \cdot x'$	$w \cdot x$	M_0	$M_0 \cdot w \cdot x'$	$M_0 \cdot w \cdot x$
1	285,0	15,0	4,1	1169	62
2	255,0	45,0	11,5	2933	518
3	225,0	75,0	18,0	4050	1350
4	195,0	105,0	23,2	4524	2436
5	165,0	135,0	28,0	4620	3780
6	96,1	117,5	29,5	2835	3466
7	41,6	77,4	27,9	1161	2159
8	18,3	54,9	25,5	467	1400
9	7,2	40,9	16,5	119	675
10	0	0	6,0	0	0
			$\Sigma =$	21878	15846

Hieraus $\qquad K_1^A = -10,0 \cdot \dfrac{15846}{3510,7} = -45,2 \text{ mt},$

$$K_1^B = -10,0 \cdot \frac{21878}{3510,7} = -62,4 \text{ mt}.$$

Stab 3. Da bei diesem Stab das Trägheitsmoment symmetrisch zur Mitte veränderlich ist, sind die Kreuzlinienabschnitte unabhängig von der Trägerform und können mit Hilfe der Tafel 4 ermittelt werden:

$$K_3^A = K_3^B = -\frac{1,0 \cdot 12,0^2}{4} - \frac{0,9 \cdot 4,0^2}{4 \cdot 12,0} \cdot 20 - 3 \cdot \frac{2,0 \cdot 2,0}{12} \cdot 10$$

$$-\frac{2}{3} \cdot 3,0 \cdot 12 - \frac{3}{8} \cdot 2,0 \cdot 12,0 = -85 \text{ mt}.$$

Zur Kontrolle sei nachstehend noch die Differenzenrechnung mit veränderlichem Trägheitsmoment durchgeführt:

Lamelle	$w \cdot x'$	M_0	$M_0 \cdot w \cdot x'$
1	0	6,7	0
2	58,9	18,7	1101
3	93,5	28,1	2627
4	167,5	35,3	5913
5	720,0	42,4	30528
6	69,1	35,3	2439
7	24,6	28,1	691
8	8,42	18,7	157
9	0	6,7	0
		$\Sigma =$	43456

Hieraus: $\qquad K_3^A = K_3^B = -12,0 \cdot \dfrac{43456}{6136,8} = -85 \text{ mt}.$

Bestimmung der Festpunkte, Verteilungsmasse und Übergangszahlen.

Stab	$E \cdot \alpha$	$E \cdot \beta$
1 (5)	$E \cdot \alpha_1^A = 128,8 = E \cdot \alpha_5^F$ $E \cdot \alpha_1^B = 66,6 = E \cdot \alpha_5^D$	35,1
2 (4)	$E \cdot \alpha_2^B = 15,7 = E \cdot \alpha_4^D$ $E \cdot \alpha_2^C = 45,6 = E \cdot \alpha_4^E$	9,52
3	$E \cdot \alpha_3^B = 95,2 = E \cdot \alpha_3^D$	42,5

Da in A freie Auflagerung vorhanden ist, so ist $f_1^A = 0$, und es wird dann der Drehwinkel τ_1^B nach Gl. (6):

$$E \cdot \tau_1^B = E \cdot \alpha_1^B - E \cdot \beta_1 \cdot \frac{l_1}{l_1 - f_1^A} = E \cdot \alpha_1^B - E \cdot \beta_1 = 66{,}6 - 35{,}1$$
$$= 31{,}5 = \tau_5^D.$$

In C und E ist der Rahmen voll eingespannt, d. h. also der Widerlagerdrehwinkel $\varepsilon_2^C = \varepsilon_4^E = 0$, so daß sich ergibt

$$f_2^C = \frac{E \cdot \beta_2 \cdot h_2}{E \cdot \alpha_2^C + 0} = \frac{9{,}52 \cdot 7{,}0}{45{,}6} = 1{,}46 \text{ m und hieraus}$$

$$E \cdot \tau_2^B = 15{,}7 - 9{,}52 \cdot \frac{7{,}0}{7{,}0 - 1{,}46} = 3{,}7 = E \cdot \tau_4^D$$

$$E \cdot \tau_{1-2}^B = \frac{1}{\frac{1}{31{,}5} + \frac{1}{3{,}7}} = 3{,}32 ,$$

hieraus der Festpunktsabstand f_3^B nach Gl. (99) $(E \cdot \varepsilon_3^B = E \cdot \tau_{1-2}^B)$

$$f_3^B = \frac{E \cdot \beta_3 \cdot l_3}{E \cdot \alpha_3^B + E \cdot \varepsilon_3^B} = \frac{42{,}5 \cdot 12{,}0}{95{,}2 + 3{,}32} = 5{,}18 \text{ m} = f_3^D$$

ebenso: $\quad E \cdot \tau_3^D = 95{,}2 - 42{,}5 \cdot \dfrac{12{,}0}{12{,}0 - 5{,}18} = 20{,}4 = E \cdot \tau_3^B$

$$E \cdot \tau_{3-4}^D = \frac{1}{\frac{1}{20{,}4} + \frac{1}{3{,}7}} = 3{,}15 = E \cdot \varepsilon_5^D$$

$$f_5^D = \frac{35{,}1 \cdot 10{,}0}{66{,}6 + 3{,}15} = 5{,}03 \text{ m} = f_1^B,$$

ferner $\quad E \cdot \tau_{1-3}^B = \dfrac{1}{\dfrac{1}{31{,}5} + \dfrac{1}{20{,}4}} = 12{,}5 = E \cdot \varepsilon$

$$f_2^B = \frac{9{,}52 \cdot 7{,}0}{15{,}7 + 12{,}5} = 2{,}36 \text{ m} = f_4^D$$

Verteilungsmaße nach Gl. (26)

$$\mu_{1-3}^B = \frac{\dfrac{1}{E \cdot \tau_3^B}}{\dfrac{1}{E \cdot \tau_2^B} + \dfrac{1}{E \cdot \tau_2^B}} = \frac{\dfrac{1}{20{,}4}}{\dfrac{1}{20{,}4} + \dfrac{1}{3{,}7}} = 0{,}154 \text{ und } \mu_{1-2}^B = 0{,}846$$

und

$$\mu_{3-2}^B = \frac{\dfrac{1}{E \cdot \tau_2^B}}{\dfrac{1}{E \cdot \tau_2^B} + \dfrac{1}{E \cdot \tau_1^B}} = \frac{\dfrac{1}{3{,}7}}{\dfrac{1}{3{,}7} + \dfrac{1}{31{,}5}} = 0{,}895 \text{ und } \mu_{3-1}^B = 0{,}105$$

und die Übergangszahlen:

$$Z_3^{B\text{-}D} = \frac{f_3^D}{l - f_3^D} = \frac{5{,}18}{6{,}82} = 0{,}76 = Z_3^{D\text{-}B}$$

$$Z_2^{B\text{-}C} = \frac{f_2^C}{l - f_2^C} = \frac{1{,}46}{5{,}54} = 0{,}264 = Z_4^{D\text{-}E}.$$

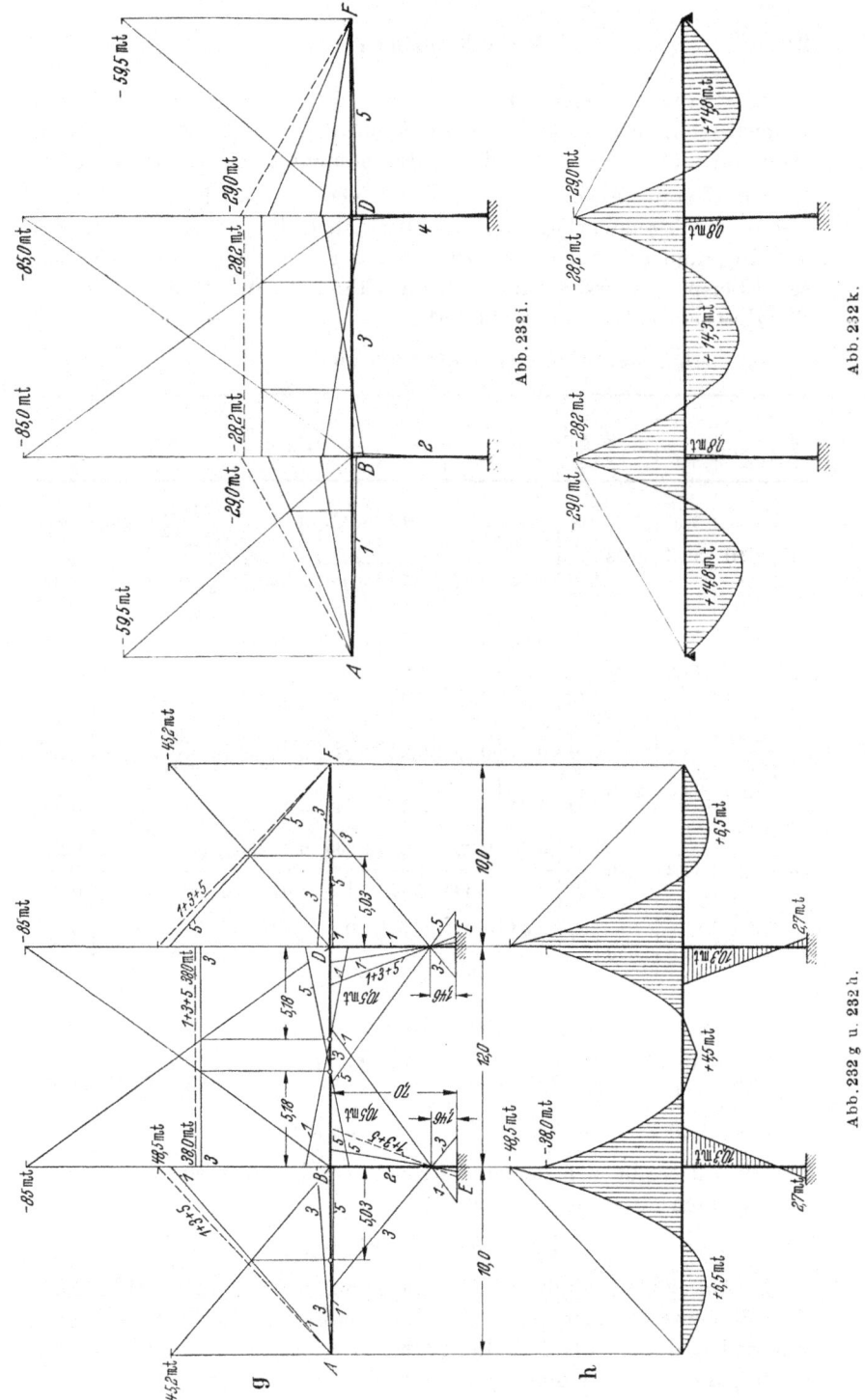

Abb. 232 g u. 232 h.

Abb. 232 i.

Abb. 232 k.

Mit diesen errechneten Festpunkten, Verteilungsmaßen und Kreuzlinienabschnitten werden nun die Momente in Abb. 232g graphisch ermittelt und in Abb. 232h die Schlußmomentenlinie aufgetragen.

Zum Vergleich und zur besonderen Veranschaulichung, wie stark sich im vorliegenden Fall die Veränderlichkeit des Trägheitsmomentes auf die Momentenverteilung auswirkt, wird nachstehend noch dasselbe Beispiel untersucht unter der Annahme des durchweg *konstanten Trägheitsmomentes* $J = 0,0333$ m⁴.

Man erhält dann die Grundgrößen zu:

Stab	l m	$\dfrac{1000\,J}{\text{m}^4}$	$1000\,k=\dfrac{J}{l}$	Knotenpunkt	$\dfrac{k}{\Sigma k}$	$n=\dfrac{j}{l}$ Tafel 1	j	n'	$w=n'\cdot k$	μ	z
1	10,0	33,3	3,33	A	∞	0	0	1,227	4,09	$\mu_{1-2}=\dfrac{6,31}{9,76}=0,65$	0
				B	0,44₂	0,27	2,70	1,0	3,33	$\mu_{1-3}\quad=0,35$	0,37
2	7,0	33,3	4,76	B	0,78	0,22₅	1,57	1,333	6,31	$\mu_{2-1}=\dfrac{3,33}{6,78}=0,49$	0,29
				C	0	0,333	2,33	1,17	5,57	$\mu_{2-3}=\quad 0,51$	0,50
3	12,0	33,3	2,78	B	0,34	0,28	3,36	1,24	3,45	$\mu_{3-1}=\dfrac{3,33}{9,64}=0,34_5$	0,39
				D	0,34	0,28	3,36	1,24	3,45	$\mu_{3-2}\quad=0,65_5$	0,39
4	7,0	33,3	4,76	D	0,78	0,22₅	1,57	1,333	6,31	$\mu_{4-5}=0,49$	0,29
				E	0	0,333	2,33	1,17	5,57	$\mu_{4-3}=0,51$	0,50
5	10,0	33,3	3,33	D	0,44	0,27	2,70	1,0	3,33	$\mu_{5-3}=0,35$	0,37
				F	∞	0	0	1,227	4,09	$\mu_{5-4}=0,65$	0

Kreuzlinienabschnitte: für Stab 1 nach Tafel 4

$$K_1^A = -\frac{1,0\cdot 10^2}{4} - \frac{3}{8}\cdot 4,0\cdot 10,0 - \frac{4,4\cdot 2,5\cdot 7,5}{10,0^2}\cdot 17,5 - \frac{53}{960}\cdot 0,9\cdot 10,0^2$$

$$= -25,0 - 15 - 14,5 - 5,0 = -59,5 \text{ mt}$$

für Stab 2 ergibt sich derselbe Kreuzlinienabschnitt wie in der vorhergehenden Berechnung, d. h.

$$K_3^B = K_3^D = -85 \text{ mt.}$$

In Abb. 232i sind die Schlußlinien konstruiert und in Abb. 232k die Momente aufgetragen. Die Verteilung der Momente ist nun wesentlich anders als in Abb. 232h. Die positiven Momente sind größer, die Stützenmomente wesentlich kleiner geworden.

Made in United States
Orlando, FL
22 March 2026